农作物高产与防灾减灾技术系列丛书

芝麻

高产与防灾减灾技术

卫双玲　主编

中原农民出版社

·郑州·

图书在版编目(CIP)数据

芝麻高产与防灾减灾技术/卫双玲主编.—郑州:中原农民出版社,2016.1(2019.1重印)
(农作物高产与防灾减灾技术系列丛书/张新友主编)
ISBN 978-7-5542-1357-5

Ⅰ.①芝… Ⅱ.①卫… Ⅲ.①芝麻-高产栽培-栽培技术 Ⅳ.①S565.3

中国版本图书馆CIP数据核字(2015)第316070号

出版社:中原农民出版社
(地址:郑州市经五路66号 电话:0371-65751257
邮政编码:450002)
网址:http://www.zynm.com
发行单位:全国新华书店
承印单位:河南安泰彩印有限公司
投稿信箱:DJJ65388962@163.com 交流QQ:895838186
策划编辑电话:13937196613
邮购热线:0371-65724566
开本:890mm×1240mm A5
印张:10
字数:277千字
版次:2016年5月第1版 印次:2019年1月第2次印刷

书号:ISBN 978-7-5542-1357-5 定价:25.00元

本书作者

主　　编　卫双玲

副 主 编　高桐梅　梁慧珍　李茜茜　周学东

编写人员　吴　寅　张仙美　张从永　焦宏廷

序

农业是人类的衣食之源、生存之本。人类从诞生之日起，就始终在追求食能果腹、更好满足口舌之需。漫长的一部人类发展史，可以说就是一部与饥饿斗争的历史。即使到了今天人类社会物质财富极大丰富的时期，在地球上的许多角落，依然有大量人口处于饥饿和营养不良的状态，粮食危机的阴影始终笼罩在人类社会之上。对于我国这样一个人口众多的大国，粮食的安全问题更是攸关重大。

党的十八大以来，习近平总书记高度重视粮食问题，多次强调："中国人的饭碗任何时候都要牢牢端在自己手上。""我们的饭碗应该主要装中国粮。""一个国家只有立足粮食基本自给，才能掌握粮食安全主动权，进而才能掌控经济社会发展这个大局"。当前，我国经济发展已经进入新常态，保障国家粮食安全面临着工业化、城镇化带来的粮食需求刚性增长、资源环境约束不断强化、国际市场挤压等诸多新挑战，保持粮食生产的良好发展态势、解决好 13 亿多中国人的饭碗问题，始终是治国理政的一件头等大事，任何时候都不能放松。

科学技术是第一生产力，依靠科技进步发展现代农业，是我们党一以贯之的重要方针。持续提升农作物品质和产量，保障粮食稳产增产、提质增效更是离不开农业科学技术的引领与支撑。一方面是通过推动农业科技创新，利用培育优良新品种、改进栽培生产技术等科技手段，深入挖掘农作物增产潜力，不断提高农作物单产来达到粮食总产量的提升；另一个重要的方面则是研究自然灾害以及病虫害的形成规律，找到针对性防范措施，减少各种灾害造成的损失，以此达到稳步提升产量的目的。

农作物生长在大自然中，无时无刻不受气候条件的影响，因此农业生产与气象息息相关。风、雨、雪、雹、冷、热、光照等气象条件对农业生产活动都有很大的影响。我国是一个地域广阔的农业大国，气候条件复杂多变，特别是在我国北方区域，随着温度上升和环境变化，在农业生产过程中，干旱、洪涝、冰雹和霜冻等各种自然灾害近年来发生的频次和强度明显增加。极端气候和水旱灾害的频繁发生严重威胁着粮食的稳定生产，已经是造成我国农产品产量和品质波动的重要因素，其中干旱、洪涝灾害的危害非常重，其造成的损失占全部农作物自然灾害损失的70%左右。面对频繁发生的自然灾害，生产上若是采取的防控应对技术措施不到位或者不当，会造成当季农作物很大程度减产，甚至绝收。为此，利用好优质高产稳产和防灾减灾技术进行科学种田是关键。

近年来，国家高度重视和大力支持农业科技创新工作，一大批先进实用的农业科研成果广泛应用于生产中，取得了显著成效。为了使这些新技术能够更好地服务于农业生产，促进粮食生产持续向好发展，我们组织河南省农业科学院、河南农业大学有关专家、技术人员系统地编写了“农作物高产与防灾减灾技术系列丛书”。本套丛书主要涵盖小麦、玉米、水稻、花生、大豆、芝麻、油菜、甘薯、棉花 9 种主要粮油棉作物，详细阐释了农业专家们多年来开展科学研究的技术成果与从事生产实践的宝贵经验。该丛书主要针对农作物优质高产高效生产和农业生产中自然灾害的类型、成因及危害，着重从品种利用、平衡施肥、水分调控、自然灾害和病虫草害综合防控等方面阐述技术路线，提出应对策略和应急管理技术方案，针对性和实用性强，深入浅出，图文并茂，通俗易懂，希望广大农业工作者和读者朋友从中获得启示和帮助，全面理解和掌握农作物优质高产高效生产和防灾减灾技术，提高种植效益，为保障国家粮油安全做出积极贡献。

中国工程院　院士
河南省农业科学院　院长 研究员
张新友

前 言

芝麻是我国古老的优质油料作物之一，在我国种植历史悠久，生产分布范围广。芝麻以营养物质丰富，养生保健功效好，逐渐受到我国不同阶层消费群体的青睐。近年来，国内外芝麻贸易市场活跃，市场缺口大，我国芝麻年消费量在100万吨以上，但年平均产量仅在60万~80万吨，从2006年起我国已由过去的世界第一大出口国转变为世界第一大进口国和消费国，年进口量达到30万吨以上。因此，发展芝麻产业，提升我国芝麻产品国内外市场的竞争力势在必行。

在我国随着农村产业结构的变化，芝麻的种植模式发生了较大变化，过去由单个农户种植的生产模式逐渐被农民种植合作社所取代。在新形势下，如何挖掘芝麻的高产潜力和提高抗灾能力，降低生产成本，提升芝麻产量和商品品质，实现增产增效，已成为我国当前限制芝麻产业发展的瓶颈。本书在多年研究的基础上，阐述了芝麻的生长发育规律、产量品质形成规律及其与环境条件的关系（高产栽培理论）、芝麻机械化播种、合理密植、肥水高效利用、科学促控、安全贮藏、立体多熟等高产高效生产技术；并对芝麻生育时期的高（低）温、干旱、洪涝渍害、病虫草害、冰雹等多种灾害的成因，以及灾害对芝麻生育、产量和品质的影响与高效稳产抗逆综合技术进行了论述。本书既反映了近年来芝麻生产上新的研究成果和高产经验，又重点介绍了芝麻在遭遇不同自然灾害前后的防灾减灾对策，旨在为芝麻科研、教学、生产和管理者提供参考，以更好地指导芝麻生产。

本书的编写人员有：卫双玲研究员（河南省农业科学院芝麻研究中心）、高桐梅博士（河南省农业科学院芝麻研究中心）、梁慧珍研究员（河南省农业科学院芝麻研究中心）、张仙美研究员（河南省漯河市农业科学院）、吴寅博士（河南省农业科学院芝麻研究中心）、焦宏廷副研究员（河南省农业科学院）、张从永农艺师（河南省项城市农业局）。全书在充分讨论研究的基础上，根据每个人的特长及其在相关领域内取得的成绩，采取各尽所能、自愿选择的办法，认真编写好每一个章节，并进行了多次的讨论和修改。在编写期间，得到了芝麻产业技术体系首席科学家张海洋研究员、河南省农业科学院植物保护研究所生物防治研究室主任刘红彦研究员的支持和帮助，并提出了宝贵意见，在此一并表示感谢。

由于芝麻高产栽培发展迅速，本书涉及范围广、内容多，更由于编写人员水平有限，不足之处在所难免，敬请同行和读者多提宝贵意见。

编　者

2016 年 1 月

目 录

第一章 我国芝麻生产概况 …… 1

第一节 芝麻的营养价值与综合利用 …… 2
第二节 我国芝麻生产形势 …… 10
第三节 影响芝麻产量的主要因素与我国芝麻栽培技术的发展概况 …… 14

第二章 我国芝麻的生态区划与种植制度 …… 18

第一节 我国芝麻产区分布与特点 …… 19
第二节 我国芝麻种植制度及模式 …… 29

第三章 芝麻高产的生物学基础 …… 33

第一节 芝麻的形态特征与生育特性 …… 34
第二节 芝麻生长发育的环境条件 …… 52
第三节 不良环境条件对芝麻生长发育的影响 …… 60

第四章 芝麻高产栽培理论与实践 …… 69

第一节 产量构成因素的形成 …… 70
第二节 芝麻高产栽培理论 …… 81
第三节 芝麻高产栽培技术 …… 130
第四节 芝麻机械化种植技术 …… 142

第五章 芝麻生理性病害发生的原因与防控 …… 151

第一节 僵苗不发 …… 152
第二节 营养缺乏 …… 157

第三节　花果发育异常 …… 162
第四节　旺长与倒伏 …… 166

第六章　芝麻低温冷害与防救策略 …… 170

第一节　低温冷害对芝麻形态结构的影响 …… 171
第二节　芝麻低温危害的防救策略 …… 174

第七章　芝麻高温干旱的危害与防救策略 …… 183

第一节　高温干旱对芝麻生长的影响 …… 184
第二节　芝麻抗旱防救技术措施 …… 192

第八章　芝麻洪涝渍害与防救策略 …… 211

第一节　洪涝渍害的成因及特点 …… 212
第二节　洪涝渍害对芝麻生长发育的影响 …… 216
第三节　洪涝渍害的防救策略 …… 218

第九章　冰雹对芝麻的危害与防救策略 …… 221

第一节　冰雹的成因及特点 …… 222
第二节　冰雹灾害对芝麻的影响 …… 229
第三节　芝麻抗雹防救策略 …… 230

第十章　主要病虫危害与防救策略 …… 236

第一节　芝麻病害种类及防治 …… 237
第二节　芝麻主要地上害虫种类及防治 …… 257
第三节　芝麻主要地下害虫种类及防治 …… 272

第十一章　芝麻田间杂草的发生与防治技术 …… 284

第一节　杂草的发生及分布 …… 285
第二节　芝麻田间杂草防治技术 …… 289

第十二章　其他（工业粉尘与废气等） …… 292

第一节　工业粉尘对芝麻的危害与防救策略 …… 293
第二节　工业废气对芝麻的危害及防救策略 …… 297
第三节　工业废液对芝麻的危害及防救策略 …… 303

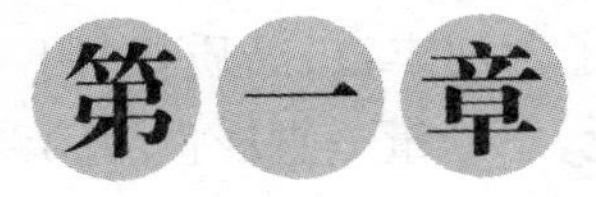

第一章

我国芝麻生产概况

本章导读： 本章在系统说明芝麻的营养价值与人体健康、详细介绍我国芝麻生产形势的基础上，对我国芝麻生产发展进行了展望与分析。旨在让读者了解我国芝麻生产的历史概况、基本形势、当前主要问题和未来发展方向。

芝麻是我国的优质油料作物之一，其种子含油丰富，品质好，用途广。我国芝麻生产历史悠久，种植地域广泛，总产量一直居世界第一位。新中国成立以来，芝麻生产不断发展，虽然生产量不及油菜籽、花生等，但总产量却一直上升，是其他油料作物不能取代的优质油料产品。

第一节 芝麻的营养价值与综合利用

芝麻是人类重要的油料作物，也是现代民众生活中不可替代的优质食用油原料和营养保健食品。芝麻营养价值高，用途广泛，芝麻产品成为越来越多的消费者喜食的家常食品。

一、芝麻籽粒的营养价值

芝麻籽内含有丰富的营养物质，见表1－1，芝麻籽粒中含有18%～20%的蛋白质及丰富的粗纤维、矿物质、氨基酸和多种维生素。据中国预防医学院营养与食品卫生研究所和国家质量监测测试中心（郑州）测定，100克白芝麻中，含有蛋白质18.4克，脂肪52.0克，还含有灰分5.2克，维生素B_1 0.36毫克，维生素B_2 0.26毫克，烟酸3.80毫克，维生素E 38.28毫克，钾266.0毫克，钠32.20毫克，钙620.00毫克，镁202.00毫克，铁14.10毫克，锰1.17毫克，锌4.21毫克，铜1.41毫克，磷513.00毫克，硒4.06毫克。

芝麻籽粒中还含有生理活性成分，对人体具有保健作用，是其他油料作物不能取代的优质油料产品。据现代营养学分析，芝麻籽仁中含有人体所需的多种营养素,其蛋白质含量多于肉类,其中氨基酸含量十分丰富,含钙量为牛奶的 2 倍,还含有维生素 A、维生素 D 及丰富的 B 族维生素。芝麻含脂肪更为丰富,高达 52% ~60% ,还有较多的卵磷脂,可防止头发过早变白或脱落。芝麻主要分白芝麻和黑芝麻两种。白芝麻主要作为油用及糕点辅料,黑芝麻多作为糕点辅料,中医常以黑芝麻入药,据测定黑芝麻中含有丰富的优质蛋白质、脂肪酸、钙、磷等,营养之全是许多食品所无法媲美的,多种不饱和脂肪酸可促进皮肤新陈代谢,起到营养和护肤作用,黑芝麻含有毛发生长所需要的蛋白质、脂肪和丰富的维生素 B_1、维生素 B_2、维生素 B_6、卵磷脂等,在现实生活中坚持服食黑芝麻,有乌发、美发之功效。

表 1-1 芝麻籽粒养分与其他作物比较(克/100 克)

作物	脂肪	蛋白质	碳水化合物	粗纤维	水分
芝麻(白)	52.0	18.4	21.7	9.8	5.3
花生仁	50.0	25.8	16.2	—	5.5
大豆	20.1	35.0	18.7	4.8	15.5
油菜籽	30.0	31.0	24.0	—	4.7
小麦粉	1.8	9.9	74.6	0.6	12.0
玉米(黄)	4.3	8.5	72.2	1.3	12.0

芝麻油品质优良,营养丰富,醇香可口,既是强身健体的滋补品,也是风味别致的调味品。芝麻籽粒和芝麻油中的脂肪、油酸和亚油酸含量之和高于其他同类油料作物,其中,芝麻籽粒脂肪含量一般在 50% 以上,芝麻油中油酸和亚油酸含量之和超过 85% ,均为人体易消化吸收的不饱和脂肪酸(表 1-2)。在不饱和脂肪酸中,特别是亚油酸含量高。亚油酸是人体不能合成而又必需的脂肪酸,可抑制人体血液中胆固醇的合成,有抗氧化、抗癌的功效,具有预防动脉硬化的作用,对软化血管,防治因血管硬化引起的疾病非常有益。油酸可降低血液总胆固醇和有害胆固醇,能够减少胆固醇在血管上的沉积,有预防动脉硬化等功效,对中老年人的心脑血管疾病有重要的预防作

用。同时，芝麻中还含有芝麻酚、芝麻林素等抗氧化物质，不仅使得芝麻油耐贮放，不易变质，而且能够增强亚油酸的生理活性，防止食物中维生素的分解，有助于消化和吸收，抑制人体胆固醇、脂肪的形成。所以，经常食用芝麻油或芝麻制品有益于预防冠心病、高血压、糖尿病和肥胖症等疾病，具有明显的延年益寿作用。

表 1－2　芝麻油中脂肪酸组分与其他作物比较（%）

作物	硬脂酸	油酸	亚油酸	亚麻酸	棕榈酸
芝麻（白）	4.92	42.2	44.33		8.56
花生仁	3.0	53.0	26.0		
豆油	3.9	22.8	50.8	6.8	<0.5
菜籽油	2.0	66.5	14.2		
棉籽油	3.0	7.5	51.5		

芝麻中维生素 E 含量高，具抗氧化作用，经常食用能清除自由基，延缓衰老。中医认为，芝麻味甘、性平，有补血、润肠、通乳、养发等功效，适于治疗身体虚弱、头发早白、贫血、大便燥结、头晕耳鸣等症状。黑芝麻糊的效用更胜鲜奶，多食之皮肤会滑溜、少皱纹，还会令肤色红润白净，更可以治便秘。对于利用节食来减肥的人，由于其营养的摄取量不够，皮肤会变得干燥、粗糙，而芝麻中含有防止人体发胖的物质蛋黄素、胆碱、肌糖，因此芝麻吃多了并不会发胖，粗糙的皮肤也可获得改善。

此外，芝麻还含有丰富的硒，是食物中含硒最高的作物之一。科学家已经证明，充足的硒可使抗氧化剂有效地将人体内的过氧化氢转化为水；含有硒的多种酶能够调节甲状腺的工作，参与氨基酸的合成。据澳大利亚《悉尼时报》报道，多吃富含硒的芝麻、大蒜可以使前列腺的发病率降低 63%。芝麻的含铁量为各种食物之首，比同量菠菜所含的铁多 3 倍，故在治疗缺铁性贫血方面，芝麻是任何食物所无法比拟的。

二、芝麻叶的营养价值

芝麻叶为芝麻生产的副产品，芝麻叶营养丰富，含有丰富的蛋白质和糖类物质，可作为优质蛋白源。据郑州大学测定，芝麻叶中总蛋白质含量31.32%，总糖25.26%，脂肪7.54%，灰分9.24%，其蛋白质、总糖含量较高，因此，芝麻叶可作为一种天然优质的叶蛋白源为人们提供营养素。

芝麻叶中富含矿质元素，芝麻叶中钾、钙、镁、磷、铁的含量较高（表1－3），其中钙的含量比传统脱水蔬菜菠菜(4 110 微克/克)高出近6倍，说明芝麻叶是良好的钙源。铁铜比为29∶1，锌铜比为13∶10，为较理想的比例，相互之间的拮抗作用小，有利于元素的吸收；尤其是硒的含量达0.20 微克/克，属富硒农产品，可以提高人体免疫力，促进淋巴细胞的增殖及抗体和免疫球蛋白的合成，具有防癌抗癌的作用，对结肠癌、皮肤癌、肝癌、乳腺癌等多种癌症具有明显的抑制和防护作用。此外，芝麻叶中富含黄酮和多酚，是优良的保健食品原料，芝麻叶中黄酮含量为122.8 毫克/克，多酚含量为44.8 毫克/克，对于预防冠心病、动脉粥样硬化等具有显著功效。

表1－3　芝麻叶中矿物质元素含量（微克/克）

矿质元素	含量	矿质元素	含量
钙	24 142.30	锰	135.44
镁	6 533.21	铜	10.93
钾	24 754.40	铬	0.62
钠	869.11	硒	0.20
铁	312.62	磷	5 469.11
锌	14.60	—	—

三、芝麻的综合利用

（一）芝麻是加工业的重要原料

随着我国芝麻加工业的发展和人民消费结构的变化，在人们的日常生活中，用芝麻制作的食品很多，利用芝麻籽经过加工而成的产品较多，如芝麻香油、水洗芝麻、炒食芝麻粉、芝麻糖、芝麻片、麻酥、麻饼、麻烘糕、芝麻酱（油）、芝麻豆腐、芝麻乳、黑芝麻糊；利用芝麻叶可制作为干芝麻叶或罐头。我国芝麻食品加工虽多为传统的小作坊生产，但在市场经济的带动下，蕴藏着大规模生产的巨大潜力。随着我国规模加工、龙头企业的崛起，就可改变以原材料、粗产品出口转化为成品、精产品出口，获得更大的经济效益。

（二）芝麻的医用价值和保健作用

芝麻的医疗保健作用，在我国古代的医书、史册和诗词中有很多记述。《神农本草经》记载：芝麻"味甘，性平，无毒，主治伤中虚羸，补五内，补心脏，益气力，长肌肉，填髓脑，久服强身不老"。南齐时《名医别录》记载：芝麻"坚筋骨，明耳目，耐饥渴，延年"。唐时《食疗本草》记载：芝麻"治虚劳，滑肠胃，行风气，通血脉，祛头风，润肤"。李时珍《本草纲目》记载：胡麻有迟早二种，黑、白、赤三色，胡麻取油以白者为胜，服食、药用以黑色为良，其功能利大肠、生秃发、通大小肠、生肌、长肉、止痛、清臃肿、补交裂。《药性赋》记载：胡麻能补肝、肾，养血润燥。《妇经》记载：胡麻补肝肾，润五脏，治肾不足、虚风眩晕、风痹瘫痪、大便燥结、病后虚羸、须发早白、产妇少乳。《唐本草》记载：胡麻可"填精、益髓、补血"。《宋史·丁少微传》记载：隐居在陕西华山的道士丁少微，"年百余岁，康强无疾"，受到宋太宗赵光义的召见，宋太宗问他长寿而健壮之由，丁少微便以长期服食的黑芝麻奉献。明代《天工开物》提到芝麻"发之而泽、腹之而膏，腥膻得之而芳，毒历得之而鲜"。现代中医学认为黑芝麻的医疗保健功能为强身健体，延年益

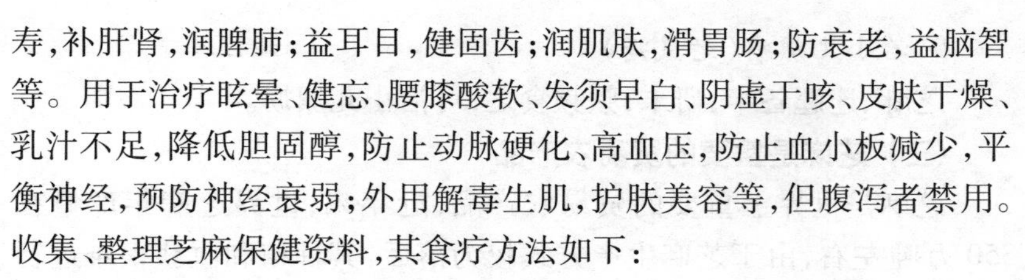

寿,补肝肾,润脾肺;益耳目,健固齿;润肌肤,滑胃肠;防衰老,益脑智等。用于治疗眩晕、健忘、腰膝酸软、发须早白、阴虚干咳、皮肤干燥、乳汁不足,降低胆固醇,防止动脉硬化、高血压,防止血小板减少,平衡神经,预防神经衰弱;外用解毒生肌,护肤美容等,但腹泻者禁用。收集、整理芝麻保健资料,其食疗方法如下:

1. 增乳作用

芝麻炒香,研成细末,加少许食盐,另将鸡蛋煮熟后,剥去外壳同芝麻末食用,以能消化为度,可用于产后乳汁不足,有增乳作用,如加猪蹄汤效果更好。

2. 支气管炎

芝麻15克,生姜15克,瓜蒌一个,水煎服,每日一剂,可治慢性支气管炎。

3. 治便秘

芝麻、胡桃肉、松子各15克,共捣烂加蜂蜜调服,每日一次,早、晚空腹服用,可治阴虚所致的肠燥、便秘以及老人便秘。

4. 治肾虚眩晕

黑芝麻、枸杞、何首乌各15克,杭菊花0.5克,水煎服,可治肝肾虚所致的眩晕、头发早白等症。黑芝麻、胡桃肉(捣烂)、桑葚(研末)各等量,混合蜂蜜调匀,每次服二三汤勺,每日三次,空腹服下,可治肝肾虚所致的头晕、眼花、便秘等。

5. 益气作用

芝麻、糯米煮粥加糖食用,有润五脏、强筋骨、益气力之功效。

6. 治疗疮疡

若治疮疡久不收口,则用黑芝麻捣烂敷之可愈。

7. 治咳嗽咽干

芝麻12克,甜杏10克,共捣烂开水冲服,或水煮加冰糖。每日一剂,可治久病咳嗽、干咳无痰、咽干等症。

8. 治疗阳痿和腰酸腿疼

以芝麻、旱稻米各半,加紫河车共研成细末,做成蜜丸早晚服用,可治疗阳痿、腰酸腿疼。

9. 治小儿瘰疬(老鼠疮)

芝麻、连翘各半,研末,频频食之,可治小儿瘰疬。

(三)芝麻是重要的贸易农产品

芝麻是世界上重要的贸易农产品,近年来,世界芝麻年产量在350万吨左右,由于芝麻生产方式较为落后,其种植和收获很难进行机械化大规模生产,世界70多个主要芝麻生产国,几乎均为发展中国家。芝麻不同于水稻、大豆、玉米等作物的生产方式,大宗作物在先进国家已经大都采用机械化、规模化生产种植,主产国如美国、巴西、阿根廷,同时均为大豆的主要输出国,而芝麻即使是大的生产国,其输出的能力也并不大,比如中国这个芝麻生产大国,就存在相当数量芝麻进口。

近年来,随着芝麻生产与消费量的增加,世界芝麻的市场需求越来越旺盛,芝麻的年贸易量已由20世纪80年代的34万吨左右,上升到2010年的90万吨以上,主要出口国包括印度、苏丹和埃塞俄比亚,3个国家的平均年出口总量占世界总量的52.0%;主要进口国包括日本、中国和美国,3个国家的年进口总量占世界总量的41.2%。在这30年中,埃塞俄比亚、印度的芝麻生产发展较快,年生产量大幅增加,年出口量增幅也较大。

我国芝麻生产量大,以其籽大皮薄、口感好、品质优而享誉国内外,但由于消费量的增加和芝麻加工业的发展,其年进口量进入21世纪后快速增加,在20世纪80年代我国为世界第一大芝麻出口国,1981~1991年平均年出口量占世界的25.5%;自2004年以来我国已转变为第一大进口国家,10年平均年进口量达20.41万吨,其中2010年年进口量达39.1万吨,占世界总进口量的39.7%,对外依存度增加。因此,快速发展芝麻产业,满足国内市场需求,提高国内芝麻的总产量,势在必行。

(四)芝麻饼粕可作为优质饲料或有机肥料

芝麻榨油后的饼粕约含蛋白质38%、碳水化合物20%、粗脂肪10%、磷3%、钾1.5%及其他矿质元素,均是良好的饲料和肥料,有很高的经济价值,如制作畜禽精饲料。用水代法取油后的下脚料为麻渣,其含有丰富的蛋白质、无机盐、微量元素和维生素,沥水晒干后可作为家畜的配合饲料。

芝麻加工后的饼粕、麻渣及其他下脚料中含有丰富的氮、磷、钾及多种矿质元素,是一种优质肥料。据分析,芝麻饼粕中,约含有6%的氮,3%的磷,1.5%的钾,以及其他的有机质,用作肥料不仅能提高产量,而且可显著改进作物品质。用作瓜、果肥料,可提高瓜、果糖分;用作烟叶肥料,可使烟叶色泽、香味更佳;施用于西瓜、甜瓜、甘蔗、柑橘,则可提高作物糖分,减少纤维;施用于花卉,则叶色娇嫩、花色鲜艳,人见人爱。此外,芝麻秸秆粉碎以后可以作为牛、羊等家畜的饲料。

芝麻秸秆、蒴壳也可沤制成有机肥料,供其他作物吸收利用,对增加土壤有机质、培肥地力也有良好的作用。随着我国科学技术的发展,芝麻及其副产品的加工利用方面有着更加广阔的前景。

(五)芝麻腾茬早,有利于下季作物增产

在作物栽培制度中,由于芝麻生育期短,腾茬早,茬口轻,地力肥,土壤理化性状较好,有利于轮作倒茬及后茬作物生长发育。特别是在黄淮流域及长江中下游地区,对小麦有显著的增产效果,是冬小麦的好茬口,历来倍受重视。故有"芝麻茬、小旱堡"的评价。一般芝麻茬小麦比大豆茬、甘薯茬小麦增产20%以上,而且芝麻收获后种子出手快,价格好,更有利于小麦备播和购置化肥、农药等农用物资,是一种投资少、见效快、以油养地、以油促粮的最佳耕作方式。

(六)作为蜜源作物

芝麻是公认的滋补强壮剂。芝麻花蜂蜜是蜜蜂采集芝麻的花蜜或分泌物,经过充分酿造而贮藏在巢脾内的甜物质,是药食同源的天然营养品,是一种成分极为复杂的糖类复合体,其蜜适合头晕眼花、肾虚腰酸、津液不足、大便燥结、须发早白、发枯脱落、高血压、血管硬化、产后妇女、贫血者、慢性神经炎、末梢神经炎患者服用。

在芝麻生育期间,6~8月为芝麻花期,花器大,花冠中含有较大的蜜腺,开花量多,是一种优良的蜜源作物。利用芝麻田发展养蜂业,亦可增加经济收入。

第二节 我国芝麻生产形势

一、世界生产现状

芝麻是世界上最古老的优质油料作物之一,是人们日常生活中必需的农产品之一,也是食品加工产业重要的原料。据国际粮农组织统计,2001 ~2010 年十年间,全世界芝麻年平均种植面积为 728.74 万公顷,平均单产 481.1 千克/公顷,年总产量 351.3 万吨。芝麻种植主要分布在亚洲、非洲等发展中国家,其中印度、苏丹、缅甸和中国四大主产国的芝麻年平均总种植面积 509.31 万公顷,占世界总种植面积的 69.9%;年平均总产量达 223.9 万吨,占世界同期总产量的 63.7%。近年来,随着芝麻加工业的发展,国际芝麻贸易活跃,芝麻价格持续上升,市场需求量逐年上升,使得世界芝麻生产呈逐年扩大的趋势。尤其是印度、苏丹等芝麻主产国,随着芝麻价格的不断攀升,国际市场的芝麻产品日益紧俏,对芝麻科研的投入不断加大,新品种、新技术的推广力度加大,生产水平不断提高。

二、中国生产现状

我国芝麻栽培历史悠久,一般认为是公元前 2 世纪由张骞出使西域从大宛引进来的,据 11 世纪(北宋)沈括著的《梦溪笔谈》记载,芝麻是由“张骞自大苑(宛)得油麻之种,亦为之麻。故以胡麻别之”。我国浙江省文物管理委员会于 1956 ~1959 年在太湖流域的吴

兴钱山漾和杭州水田畈这两处遗址的出土文物中都发现有炭化芝麻种子，据考证，这些芝麻出产的年代，相当于公元前770年至公元前480年（春秋），表明芝麻迄今至少已有2 000多年的历史。最早有芝麻记载的是公元前1世纪后期（前汉）的《氾胜之书》，书中称为"胡麻"。今日所用的芝麻，始见于12世纪初（北宋）的《物类相感志》。就其分布来看，从公元前8世纪到公元前1世纪的六七百年间，从东南太湖流域到西北关中平原，都有芝麻栽培，形成了如河南、湖北"胡麻茎山积于庭"的集中产区。

我国芝麻种植分布广阔，南起海南岛、台湾、北至黑龙江均有种植，主要集中在河南、安徽、湖北、江西、河北、陕西、辽宁等省份。我国芝麻种植面积较大，产量较高，是世界芝麻生产大国之一。20世纪60年代以前中国芝麻生产已为世界所瞩目，据1949年出版的乡村工业丛书《中国植物油脂》记载，1933年和1934年中国芝麻总产量分别为96.8 470万吨和86.9 140万吨，分别为世界年总产量的59.14%和61.13%。1951年芝麻年种植面积达到106.63万公顷，占世界芝麻年种植面积的25.67%，年总产量44.1万吨，占世界年产量的41.71%；1967～1978年中国芝麻生产处于低谷，一般年种植面积不足66.67万公顷，此时苏丹芝麻发展迅速，有的年份种植面积超过中国，所生产的芝麻基本投放国际市场；同时，缅甸的芝麻生产也在扩大。苏丹、缅甸都跃入了世界芝麻生产大国的行列。到改革开放后，特别是1978年以后，国家经过拨乱反正，调整了农村政策，农业生产走上了新的发展轨道，芝麻生产也得到了迅速恢复，1979年年总种植面积回升到84.32万公顷，单产达到495.5千克/公顷，总产量41.7万吨；1980～2003年维持在66.93～96.47万公顷，出现了生产高峰；尤其是1985年后，随着芝麻科研水平的提高，一批高产稳产新品种的育成以及高产配套栽培技术的推广应用，芝麻生产水平保持稳步提高，虽然面积稍有下降，但伴随着单产水平的不断提高，19年间我国芝麻年平均总产量为59.7万吨，最高年份2002年达到89.5万吨；2003年以后，随着农村种植业结构的调整，国家粮食补贴政策的发布与执行，油料作物面积大幅度下降，在农作物种植业结构中所占比例迅速下降（表1－4），其占比由2000年的9.85%下降到2005年的9.21%，芝麻则由2000年的0.50%下降到2005年的0.38%。针对油料生产效益偏低，农民种植积极性下降，全国油料种植面积持续下滑，产量徘徊不前，国内食用植物油产需缺口不断扩大的问题，为促进我国食用植物油产业健康发展，保障供给安全，自2007年起，国家及有关部门制订出台了一系列促进油料生产和油脂工业发展的政策措施，诸如，国办发〔2007〕59号《国务院办公厅关于促进油料生产发展的意见》；国发〔2008〕36号《国务院关于促进食用植物油产业健康发展保障供给安全的意见》；2008年8月7日，国务院办公厅秘书局印发的关于《国家粮食安全中长期规划纲要（2008～2020年）》；2009年7月3日，国务院办公厅印发的关于《全国新增1 000亿斤粮食生产能力规划（2009～2020年）的通知》（国办发〔2009〕47号）等一系列文件。这些文件从全局和战略高度，在油料油脂生产、加工、流通、储备、进出口等各个环节采取综合有效的政策措施，充分调动农民的生产积极性，适当恢复油料种植面积，努力提高单产，大力改善品质，积极开发特种油料，促进食用植物油产业健康发展，保障我国食用植物油供给安全，促进油料生产迅速恢复发展。加上2008年国家芝麻产业体系启动，极大地推动了芝麻科研与示范推广工作，加快了成果转化的进程，新品种、新技术在生产中应用面积大幅度提高，极大地促进了我国芝麻生产的发展，尽管近年来芝麻的生产面积有所缩小，芝麻的单产水平快速上升，到2011年虽然年种植面积仅有43.70万公顷，单产达到1 385.0千克/公顷，达到了我国有史以来的芝麻最高单产量，总产量也达到60.5万吨（表1－5）。

表1－4 主要农作物种植业结构（%）

项目	1995年	2000年	2005年	2010年	2011年	2012年
农作物总播种面积	100.00	100.00	100.00	100.00	100.00	100.00
粮食作物	73.43	69.40	67.06	68.39	68.13	68.05
谷物	59.59	54.55	52.66	55.92	56.08	56.67
豆类	7.49	8.10	8.30	7.02	6.56	5.94

续表

项目	1995 年	2000 年	2005 年	2010 年	2011 年	2012 年
大豆	5.42	5.95	6.17	5.30	4.86	4.39
油料作物	8.74	9.85	9.21	8.64	8.54	8.52
花生	2.54	3.11	3.00	2.82	2.82	2.84
油菜籽	4.61	4.79	4.68	4.59	4.53	4.55
芝麻	0.43	0.50	0.38	0.28	0.27	0.27
胡麻籽	0.41	0.32	0.26	0.20	0.20	0.19
向日葵	0.54	0.79	0.66	0.61	0.58	0.54
其他作物	17.83	20.75	23.73	22.97	23.33	23.43

注:数据来自《中国统计年鉴》。

表 1-5　1990~2011 年我国芝麻种植面积、单产和总产

年份	面积（万公顷）	单产（千克/公顷）	总产（万吨）	年份	面积（万公顷）	单产（千克/公顷）	总产（万吨）
1990	66.89	702	46.9	2001	75.78	1 061	80.4
1991	67.95	640	43.5	2002	75.86	1 180	89.5
1992	74.63	692	51.6	2003	68.72	863	59.3
1993	75.35	747	56.3	2004	62.40	1 128	70.4
1994	68.99	794	54.8	2005	59.33	1 054	62.5
1995	64.19	908	58.3	2006	56.41	1 173	66.2
1996	59.38	969	57.5	2007	48.58	1 147	55.7
1997	61.55	919	56.6	2008	47.16	1 243	58.6
1998	62.97	1 042	65.6	2009	47.59	1 307	62.2
1999	69.71	1 066	74.3	2010	44.71	1 312	58.7
2000	78.44	1 034	81.1	2011	43.70	1 385	60.5

注:数据来自《中国统计年鉴》。

我国芝麻种植分布广,据《中国统计年鉴》统计,主要分布在豫、鄂、皖三省。芝麻种植面积较大的省份还有江西、陕西、河北、江苏等。这七省 2007~2011 年芝麻年平均种植面积 39.77 万公顷,占全国同期(46.34 万公顷)芝麻年平均种植面积的 85.8%,其余省区市自治区仅占 14.2%。5 年间七省份平均总产量 51.8 万吨,占全国

(59.15 万吨)同期年平均产量的 87.5%,其余省区市自治区仅占 12.5%。7 个省份的生产中,以湖北省、江苏省的生产水平较高,平均单产均超过全国芝麻平均水平;河南省在部分年份产量略超过全国平均水平;其余省份的单产低于全国平均水平。

在种植方式上,江淮地区的芝麻基本上是一年两熟制,夏芝麻主要与小麦、大麦、蚕、豌豆和油菜等互为前后作。特别在黄淮平原地区,芝麻、小麦轮作有相互促进作用,历来为生产所重视。华中南气温较高,入秋前后尚有一段宜于芝麻生育的时期,因而三熟制的秋芝麻面积较大,也还保留一定面积的两熟制夏芝麻。河北省以一年一熟春播为主,部分地区实行两熟制夏播。20 世纪 90 年代前,我国芝麻生产以黄白芝麻为主(江西省以黑芝麻为主),随着芝麻加工业水平的提高,纯白大粒芝麻的市场需求量增加,纯白芝麻种植面积逐年上升。

第三节 影响芝麻产量的主要因素与我国芝麻栽培技术的发展概况

一、影响芝麻产量的主要因素

(一)单位面积蒴数、蒴粒数和千粒重

在保证单位面积株数的前提下,以单株蒴数与产量的关系最密切,表现为极显著的正相关,其次是千粒重,单位面积蒴数对产量影响最大,千粒重对产量影响次之,蒴粒数对产量影响最小。蒴粒数是在全株蒴数、千粒重保持一定水平的条件下才呈极显著的正相关。反之,单株蒴数少、千粒重低,蒴粒数与产量则呈负相关。因此,亩(1

亩 =667 米^2）产 200 千克以上的产量构成因素为每亩蒴量 100 万～120 万，每蒴粒数 73 粒左右，千粒重 3.5 克左右。高产栽培应主攻单株蒴数与千粒重，并协调蒴粒数与千粒重的关系。

（二）播期、密度

播期每推迟 10 天，单株叶片减少 5～8 对，蒴果干重下降 1.4～9.9 克，总干重下降 19.5～34.9 克；密度每增加 0.5 万株/亩，单株叶片减少 1～4 对，总干重也随之下降，但降幅小于播期。因此，夏芝麻宜尽量提前播种和适量稀植；播期为 6 月 1～10 日，适宜密度为 1.0 万～1.5 万株/亩；6 月 10～29 日，适宜密度 1.5 万～2.0 万株/亩；6 月 30 日以后，适宜密度 2.5 万～3.0 万株/亩。

（三）其他影响因素

品种、土壤肥力水平、病虫草危害等因素也是影响芝麻高产的主要因素之一。

二、芝麻栽培技术的发展概况

新中国成立后，我国芝麻栽培技术研究大致可分为四个时期。

第一个时期，20 世纪 50 年代，是逐步把分散的、零散的群众经验进行收集，总结成为系统的芝麻增产经验，在生产中以推广适用技术为主。

第二个时期，20 世纪 70 年代，开展芝麻栽培技术理论研究，探索芝麻高产规律及农业措施对芝麻生长发育的影响，提出新理论和新技术的时期。

第三个时期，20 世纪 80 年代，结合农业区域化，进行芝麻高产机制和综合栽培技术的研究时期。

第四个时期，栽培技术向纵深方向发展时期，即进入 21 世纪后，围绕芝麻高产光合机制、源库关系、籽粒建成以及集成栽培技术措施进行研究，对传统的群体结构观念和理论有所突破，并提出芝麻高产、优质、高效及绿色无公害栽培理念，形成完整的栽培技术体系。

(一) 芝麻高产栽培研究的发展

多年研究实践证明:随着研究不断深入,芝麻高产栽培研究已由单一作物扩展到间作、轮作等栽培技术。

1. 研究目标

已从单纯追求产量发展到高产、优质、高效生产。

2. 研究领域

已由单一研究生产延伸至产前、产中、产后整个产业系统。

3. 研究途径

已从微观研究发展到微观与宏观研究并重。

4. 研究手段和方法

已从单纯研究单一生育阶段或生产技术发展到不断引进现代新技术、新成果,智能化、信息化技术逐渐引进芝麻栽培技术研究领域。

(二) 芝麻栽培未来的发展方向

随着我国人口的持续增长和城镇化速度的加快,人均耕地面积日益下降,将使芝麻种植面积扩大受到一定的限制,通过增加投入和发展科学技术来保持其可持续增长,在提高资源利用效率的同时,不断提高芝麻的单产、品质和效益,满足日益增长的市场需求,已成为我国芝麻生产发展的目标。因此,芝麻栽培今后的发展方向是:

☛ 根据气候、土壤等条件和品种区域化优势,合理布局,实现芝麻区域化生产。

☛ 根据市场需求,调整芝麻品种结构,大力推广优质、高产、抗逆性强、高蛋白或高脂肪或高芝麻素等专用型芝麻新品种。

☛ 集成芝麻品质、产量形成规律,水肥高效利用,病虫害综合防控等研究新成果,采用机械化免耕、少耕技术,简化耕作与管理程序,建立高产、高效、轻简化生产技术体系。

☛ 集成间作套种立体种植机制与技术的研究,提高间作套种作物群体的光能、水分和养分利用率,建立高效间作套种生产技术体系。

☛ 因地制宜,建立专用型芝麻生产基地,实现芝麻产业化生产。

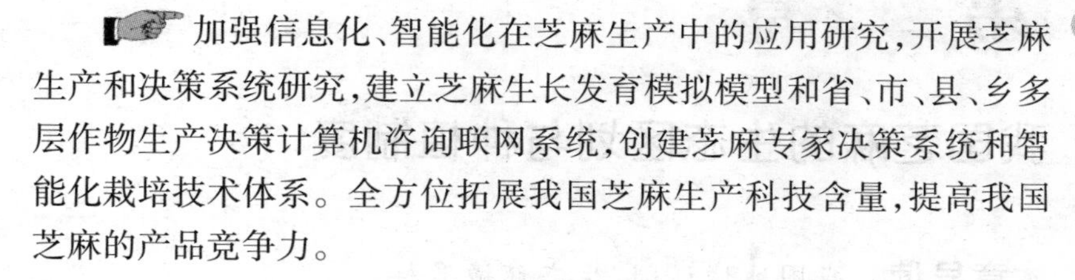

加强信息化、智能化在芝麻生产中的应用研究，开展芝麻生产和决策系统研究，建立芝麻生长发育模拟模型和省、市、县、乡多层作物生产决策计算机咨询联网系统，创建芝麻专家决策系统和智能化栽培技术体系。全方位拓展我国芝麻生产科技含量，提高我国芝麻的产品竞争力。

第二章

我国芝麻的生态区划与种植制度

本章导读：我国地域辽阔，生态环境多样，气候类型各异，温度、光照相差悬殊。芝麻种植受自然条件、技术条件等综合要素的制约，具有明显的地域特点。本章介绍了我国芝麻种植的分布地域和产区划分依据及七大芝麻主产区的基本情况，并详细叙述了我国芝麻的种植制度及种植模式，旨在让读者全面了解我国芝麻生产的地域特点，以期为实现有区域针对性特点的高产栽培夯实基础。

第一节 我国芝麻产区分布与特点

一、我国芝麻主要产区的划分

(一)我国芝麻种植分布地域

我国芝麻种植历史悠久,分布地域广泛,几乎遍及全国各地。南自海南岛,北至黑龙江,东起台湾,西到西藏,在北纬18°~47°,东经76°~131°的广阔区域内,无论平原、丘陵、山区及高原均有芝麻种植。但是,我国芝麻生产分布极不均衡。从全国范围来看,我国芝麻主要集中分布在河南、安徽、湖北三省,其次是江西、河北二省,山西、陕西、江苏、辽宁也有一定面积,但年份间变幅较大,其他省(市、区)只有少量种植。据统计,2012年全国芝麻种植面积43.7万公顷,其中河南、安徽、湖北三省芝麻面积占全国总面积的71.98%;江西、江苏二省占全国总面积的9.52%。其他各省(市、区)仅占18.50%。2012年全国芝麻产量63.9万吨,其中河南、安徽、湖北三省芝麻产量占全国总产量的74.65%;江西、江苏二省占全国总产量的8.13%,其他各省(市、区)仅占17.22%。

(二)科学划分芝麻种植区的作用和意义

通过深入研究全国芝麻种植区域的自然环境和社会经济条件,科学地划分芝麻种植区,并对其适宜种植程度做出正确评价,不仅对指导当前芝麻生产具有现实意义,而且也是关系到今后我国实现芝麻生产产业化的一项重要工作。具体而言,搞好芝麻种植区划的作用和意义在于:

☞ 有利于按照各芝麻产区的自然条件、社会条件、耕作制度和栽培特点，充分利用自然资源，积极进行农业生产基本建设，建立合理的生态系统，做到趋利避害，并因地制宜地指导芝麻生产。

☛ 为合理布局、适当集中、建设高产稳产优质的商品芝麻生产基地，为逐步实现区域化、专业化生产提供科学依据。

☛ 为今后逐步实现芝麻生产产业化的各项规划奠定基础。如实行芝麻产区良种布局区域化，分区制订科学种植模式，建立合理的耕作制度，推进芝麻生产机械化等。

☛ 可根据芝麻种植区划，逐步设立芝麻科研机构，以期尽快改变目前这种按行政区设置科研机构的不合理状况。

（三）我国芝麻种植区划遵循的基本原则

☛ 根据芝麻种植地区的地形、地貌、土壤等自然资源，以及与芝麻生长发育最为密切的光、温、水、气等气候条件的整体相似性。

☛ 芝麻生产历史和现状、生产水平、耕作制度、品种类型、生产特点以及社会经济条件的相对一致性。

☛ 芝麻生产潜力和增产途径的一致性。

☛ 存在关键生产技术问题和发展方向的相似性。

☛ 保持行政区划中县级界线并适当照顾省（市、区）或地区界线的完整性。

二、我国芝麻主要产地及特点

按照我国芝麻种植区域划分遵循的基本原则，依据自然条件的地带特征及长期历史发展过程中形成的芝麻生育特点、耕作制度、品种类型及人为因素的影响，我国芝麻划分为如下 7 个生态种植区。

（一）东北、西北一年一熟春芝麻区

本区包括东北三省、内蒙古及西北新疆、甘肃、青海等省（区），芝麻主要分布在北纬 41°～47°，占我国芝麻总面积的 5%～6%。在东北三省中，除了辽宁省芝麻种植面积较大，主要集中在辽西、辽北外，其他省种植面积较小且主要集中在南部地区，松辽平原种植较多。西北各省区中，芝麻种植面积均较小，近年来，由于新疆阿克苏、博尔塔拉蒙古自治州等地区因其夏季气候炎热、干燥，芝麻生育季节日平均气温达30℃以上天数较多，年降水量小，灌溉设施齐全，机械化程度高，因此，该区域芝麻种植面积与收获面积都有增加的趋势，有的年份种植芝麻达2万亩，成为新疆的芝麻主产区。

本区在地理上属于寒温带，其中东北三省和内蒙古，在我国农业气候区划上属于东部季风气候大区，除黑龙江大兴安岭北部地区外，大部分属于中温带区。其主要农业气候特点是：①由于地处高纬度地带，气候寒冷，热量不足，全年气温偏低，0℃以上积温2 100～3 900℃，10℃以上积温仅1 700～3 500℃，最热月平均气温16～24℃。在本区北部的黑龙江省，每年直到6月气温才上升到20℃，其他地区气温也只稍高，比起我国芝麻主产区要低5～7℃，最热的7月，气温也只有22～25℃，而进入9月气温又下降到13～17℃。由于适于芝麻生产的季节很短，所以一年只能种植一季春芝麻且主要集中在南部的松辽平原；②年降水量400～600毫米，并且从东向西递减。但由于芝麻主要分配在作物生长季节的7月、8月，所以水资源相对比较丰富，能够满足芝麻生长发育的需求。东北的芝麻生产中存在的主要问题是：①由于生长季节短，必须力争在5月中旬适时早播，充分利用气候资源并防止芝麻生长后期冷害、冻害；②春季降水少，升温快，大风多，加剧了土壤水分消耗，春旱常常影响芝麻播种及苗期生长，必须注意土壤保墒防旱；③由于东北地处高纬度，作物生育期间日照时数较长，在长期栽培条件下形成了本地栽培品种的光周期反应，在品种引种时应注意品种对光照的反应。

本区的新疆、甘肃、青海等省（区）在我国农业气候区划上属于西部干旱农业气候大区。总的特点：①太阳辐射强，日照时数长；②气候干旱，年降水量100～400毫米，甚至十几毫米，且季节分配不均，夏季（6～8月）降水量占全年一半以上；③气温低，温差大，但有效积温大，春季升温快，夏季热量条件好。本地区的主要生产矛盾是水资源缺乏。但由于日照充分，温差大，只要能解决农业灌溉并利用地膜覆盖等高效栽培措施，芝麻也具有一定的高产潜力。

该区芝麻种植一般采用一年一熟制，东北三省和内蒙古播期在5月中下旬地温温度在15℃以上时播种为宜，播种方式采用条播，遇干旱年份可采用深种浅出技术进行播种，生育期一般为100～115天，密度控制在1.0万～1.2万株/亩；新疆、甘肃、青海等省在4月下旬至5月上旬采用地膜覆盖机械化播种、干播湿出等技术，根据地温稳定通过15℃以上时灌水促出苗，生育期一般为110～120天，密度为0.8万～1.2万株/亩，芝麻产量较高，品质优。由于该区芝麻种植面积小，芝麻科研投入小，种植品种多为外引芝麻优良品种，主要有豫芝11号、郑芝98N09、豫芝4号、郑芝12号、郑芝13号等。新疆是未来我国芝麻生产发展的一个潜力产区。

（二）华北一年一熟或两年三熟制春、夏芝麻区

本区包括北京、天津、河北、山东、山西、陕北等省市，位于北纬33°～40°，东经105°～122°内。本区历史上属于一年一熟制春芝麻区，近年来，由于耕作水平提高，生产条件改善，复种指数增加，除了北部保定以北太行山区和陕北黄土高原还保持一年一熟制春芝麻外，一些气温较高的偏南地区如河北保定以南、山西的运城地区、山东的菏泽地区，在小麦收获后播种一年两熟制夏芝麻的面积逐渐扩大。南部平原地区除了一年一熟制春芝麻外，也发展了两年三熟制或一年两熟制夏芝麻。本区芝麻种植面积约占全国总面积的10%。河北芝麻约有75%分布于沧州、衡水、保定、邢台等地区。山东主要分布在于菏泽、惠民、德州等地区。山西主要分布在晋南、晋中、晋东南等地区。其他地区如干燥少雨，气温低的张家口、承德、雁北、大同等地区和陕北黄土高原也因水、土、气候等条件差，芝麻种植极少。

华北大部分地区因受大陆性气候影响，气温低降雨少。但在芝麻主要产区内，温热条件较好，年降水量一般可达600毫米，且主要集中在芝麻生育季节的6～8月，占全年降水量的50%以上，满足了芝麻生长发育的需求。在一年一熟春芝麻产区内，一般5月中下旬气温基本稳定于18℃左右。芝麻开始播种，温度持续上升，7月、8月可达27℃左右，至9月上中旬芝麻可成熟收获，生育期约100天。气温稍高的南部可以种植一年两熟制夏芝麻。本区芝麻栽培较粗放，机械化程度较低，芝麻多种植在土质瘠薄的地块，或利用边隙地见缝插针，或间套作于甘薯、棉花及花生行间。

本区内河北是我国北方最大芝麻集中产区，最有发展前途，而且可以在一定地区扩大复种指数，发展一年两熟制夏芝麻。本区在芝麻生产发展上既有一定优势，也存在一些生产问题：①本区农家品种资源丰富，如北京霸王鞭、安茨八大杈、临沂大青秸等，而且先后选育出冀芝系列、晋芝系列等优良品种。但是从优质商品生产的角度考虑，还应加强品种的选育和改良，选育高产、优质、抗旱、耐涝、耐瘠薄的优良芝麻品种。②本区降水量较小，但在芝麻产区内雨量过度集中于7月、8月，在芝麻生育期间常遇大量降雨，因此也存在涝害问题，尤其是南部地区。因此生产上既应注意防旱，也需注意排涝防渍。③本地区芝麻生产多以农户零散种植为主，品种选择多为农家种，优良品种推广力度小，栽培管理粗放，机械化程度低。为实现芝麻高产稳产，应加强芝麻优良品种的推广力度，并加大高产高效栽培技术的研究和推广。

（三）黄淮一年两熟制夏芝麻区

本区地处北纬32°～35°，东经112°～120°，包括河南、安徽、苏北部分地区、鄂北小部分地区。除豫西北为黄土高原、豫南和鄂北有部分山区外，芝麻主要分布在黄河以南、淮河以北的广阔平原地区。本地区气候、土壤均适宜芝麻种植，而且历史上又有种植芝麻的习惯，历来是我国芝麻生产的中心，种植面积占全国总面积的50%以上，是我国重要的优质白芝麻商品出口基地，该区芝麻生产的丰歉在很大程度上影响着中国芝麻生产形势。

该地区在地理上属于北亚热带向暖温带过渡地带，气候温和、光照充足、雨量充沛，在芝麻生长季节的5月下旬至9月上旬，大于10℃积温2 900～3 100℃，占全年的65%～70%；日照时数730～930小时，占全年总日照时数的35%～40%；降水量310～630毫米，占全年总降水量的49%～70%。土壤主要包括黑土、砂姜黑土、潮土、黄棕壤四大类，土壤含钾量高、后劲足，昼夜温差小，适宜于芝麻生长发育，利于脂肪积累。特别是在黑土、砂姜黑土地上生产出的芝麻，含油量高、籽粒纯白、种皮薄、口感好，综合品质更是优质商品中的极品。此外，该区进入 9 月雨量较少，有利于芝麻后熟和收获，这也是该区芝麻外观品质较好的原因之一。但由于受我国东部季风气候的影响，降水量、气温、日照等气象因素季节性变幅和年变幅均较大，在芝麻生长季节里，经常出现多雨、低温、寡照的年份，降水量不均，旱涝灾害交替，发生频繁。

本区是我国传统的芝麻集中产区，是我国最重要的优质芝麻商品生产基地。其芝麻生产的形势好坏在我国芝麻商品生产及外贸出口上具有举足轻重的影响。该区芝麻生产的特点为：①芝麻生长季节旱涝灾害频繁，必须加强农田水利基本建设，做好芝麻田间排灌工程，除涝防旱。②本区是一年两熟制夏芝麻栽培区，芝麻前茬收获的早晚，直接影响到芝麻的播种时间。为了充分利用气候资源，延长芝麻有效生育时间，并避免后期低温冷害，必须力争芝麻早播。主要技术措施是扩大种植早熟前茬作物（大麦、油菜等），大力推广麦垄套种芝麻栽培技术。③本区芝麻种植地块地力瘠薄，耕层土质黏重、有机质分解较慢、适耕期短。豫东、苏北多为冲积性沙壤土，透水性强，保水保肥性差，易受旱害；豫中南和皖北多为砂姜黑土，土质黏重，缺磷少氮，且排水性差。为了实现芝麻持续高产，必须增施有机肥料，培肥土壤。④由于本区芝麻面积大，种植集中，轮作倒茬不合理，加重了芝麻病害。今后在芝麻发展中有必要调整布局，合理轮作。⑤该区芝麻种植历史悠久，经验丰富，目前，已开始由传统的粗放种植、零星种植逐步向机械化、集约化、规模化种植方向转型。⑥本区品种资源丰富，有大量的农家品种，选后育成的优良品种有豫芝系列、郑芝系列、漯芝系列、驻芝系列、皖芝系列等，近年又育成了一大批耐渍抗病高产的芝麻良种，但为了实现芝麻机械化规模种植，还需加强适宜机械播种与收获的新品种选育，并进一步提高芝麻抗倒伏性、抗逆性和高产潜力。

该区芝麻一般为麦茬（油菜茬）夏芝麻，适播期在 5 月下旬至 6 月上旬，播种方式多为机械条播，选用的芝麻品种为单秆型，种植密度为1.0万~1.2万株/亩,生育期为80~95天。

(四)江汉一年两熟制夏芝麻区

本区位于北纬28°~35°,东经106°~115°,从西北向东南呈狭长分布,包括湖北全省,河南省南阳及陕西汉中地区。本区地形复杂,既有河泊交织的江汉平原,又有山脉环绕的南阳盆地,江汉流经区域也穿插部分丘陵山区。区内南阳、襄阳、荆州等地以及咸宁、孝感的部分县市是我国盛产芝麻地区;陕西关中平原称之为"八百里秦川",是陕西农业最发达地区,也是陕西省的芝麻集中产区。全区芝麻种植面积占全国的27%~28%,不仅面积大而且生产水平高,产量比较稳定。

本区大部分属亚热带湿润季风气候,陕西关中地区因秦岭山脉阻隔,地理上也逐渐进入亚热带。气候上的主要特点是:①气候温暖,全年大于0℃的积温5 000~5 800℃。夏季光热最强月平均气温达27~28℃,甚至更高。②雨量充沛,年降水量800~1 200毫米。主要集中在作物生长季节的4~9月,降水量占全年75%以上。但由于季节分配不均衡,时有伏旱、秋霖危害。③由于纬度跨度大,地形复杂,各地土壤、气候差异很大,芝麻生产水平差异较大。

本区在全国是仅次于黄淮平原的芝麻集中产区,而且本区自然条件优于黄淮芝麻产区,因此,搞好本区芝麻生产对于发展我国芝麻商品生产意义重大。本区芝麻生产上存在的问题与黄淮芝麻产区有类似之处,比较突出的是:芝麻生育期间,降水集中,水量大,渍涝灾害十分严重。江汉平原河泊交织,洪汛时期常排泄不畅,而南阳盆地多砂姜黑土上浸地,也常因排水不畅形成渍涝。因此,为了在本区实现芝麻优质、高产、稳产,必须以除涝防渍为中心,选育耐渍抗病优质高产芝麻品种,推广高产、稳产模式化栽培技术。此外,本区各地自然条件各有差异,在芝麻种植上应注意因时、因地制宜。

(五)长江中下游一年两熟夏播及间套种芝麻区

本区西起鄂东,沿长江而下,包括赣北的九江、皖南的安庆、芜湖,直抵华东的苏南及江浙沿海各地。全区芝麻种植面积占全国总种植面积的6%~7%。

本区除江苏南部、浙江近海及两省太湖流域地势较平坦外，长江南北多丘陵。在鄂东和皖南更有大别山绵延境内，直伸至长江边。浙江丘陵占全省面积的70%。全区雨量充沛，气候温暖，宜于种植夏芝麻。浙江金华地区还有少量早稻收获后种植秋芝麻的地方。

本区内由于人多地少，土地利用率高，除了少量单作芝麻，多利用芝麻生育期较短，采取间套作方式争取多种多收。如利用甘薯垄腰播种早熟芝麻品种，收芝麻后，甘薯尚有较长生长时间，不影响或少影响甘薯产量。一般每亩可多收芝麻15～30千克。其他还有与大豆间套作，以及在棉花植株间隙种植少量芝麻等。

本区芝麻生产上应注意的技术问题主要有：①选用优质高产早熟品种。本区一些芝麻种植较集中的产区如南京、金华等，因商品率较高，对品质的要求较高，而且为了适宜套种，要求品种早熟性好。②为了适应各种地形土质及间套作形式及用途的需要，应注意品种类型（分枝、单秆、熟期、粒色等）的多样性。③应加强芝麻间套作方式及配套栽培技术的研究和推广。

（六）华中南、华南一年两熟及三熟制春、夏、秋兼播芝麻区

本区包括江西、湖南、广西、广东、福建及海南诸省区，其中江西是由一年两熟制夏芝麻向一年三熟制秋芝麻过渡的地带。全区芝麻种植面积为全国的10%。这些省区气候炎热，雨量充沛，复种指数高。华中南与华南虽然纬度有区别，但气候变化与耕作制度差别不大，所以在芝麻种植上相似之处很多。

除赣北九江地区外，华中南部位于北纬24°～30°，东经108°～115°，气温高，9月平均气温高达25℃以上，宜于芝麻生育季节较长，一年三熟制芝麻面积大，约占该区芝麻种植面积的60%以上。一般在早大豆收获后或水源不好的早稻收获后播种，播期在7月中旬左右，9月下旬至10月上旬收获，生育期70～80天。夏芝麻于5月下旬夏收后播种，生育期约90天。本区中部，江西种植芝麻面积最大，是我国江南的芝麻集中产区，而且是重要的黑芝麻商品生产基地。由于该区芝麻多种于丘陵及土质瘠薄的红、黄壤土上，且秋芝麻生育期短，个体发育受到一定抑制，所以适宜于密植。

华南的广西、广东、福建、海南的芝麻主要分布在北纬20°～25°，东经115°～121°。北回归线横贯广东、广西中部。该区属亚热带气候，至海南岛已进入热带圈，福建则临近回归线。华南的气候特点是：气温高，雨水多，日照短。芝麻产区平均气温基本都在20℃以上，所以芝麻播期幅度很大，春播、夏播、秋播均宜。由于雨水分配不均，有旱季、雨季的限制，以及作物布局和前后作物播种、收获时期相衔接等原因，芝麻虽然有春播、夏播和秋播三种形式，但在某个地区，大多数以一种种植方式为主。如海南省北部，虽然1～2月即可播种芝麻，但要避开雨季，一般都在越年甘蔗、甘薯收获后，于4月有雨时播种，争取在早台风来临之前的6月下旬至7月初收获，避免芝麻因风雨发生倒伏、折断或种子在蒴壳内发芽。海南省南部气温更高，各季均可播种芝麻，但由于冬播芝麻在1月、2月低温下易感染白粉病，生长也较差，所以冬播面积极少（包括北方芝麻到海南省进行南繁加代）。在广西主要是两熟夏播或早秋播。福建以一年三熟制秋播为主，于早大豆收获后播种。四省（区）的芝麻都主要分布在气温较高的偏南地区，其中以海南省面积较大。广东主要分布在湛江等地。福建主要分布在闽南的晋江和漳浦两县，占该省芝麻种植面积的60%左右。广西主要分布在柳州、南宁、钦州，共占该省芝麻种植面积的70%～80%。

华中及华南四省中，除江西是我国南方黑芝麻集中产区和重要黑芝麻生产商品基地外，其他地方多为零星种植，面积较小。但是该地区芝麻需求量较大，而且由于外贸出口的需要，常从外地调入芝麻商品供出口或加工，而该地区又具有很多发展芝麻生产的有利条件，因此，芝麻有很大的发展空间。该区在芝麻生产上存在的主要问题是：①由于芝麻多种于丘陵或近海浅丘的坡地上，土质瘠薄栽培粗放，产量很低，一般每亩产量仅15～20千克。为了提高芝麻产量必须增施肥料，改良土壤，提高栽培技术水平。近年来，由于新品种、新技术的推广应用，该区芝麻生产水平有较大提高，生产的区域化布局及商品品质的一致性得到了较大改善。②该区芝麻以前以自给食用为主，不注重品质，品种多是黑芝麻和杂色芝麻。为了发展芝麻加工及出口需要，必须注意芝麻商品品质的提高。③该地区地域广阔，各地种植芝麻的条件（地形、气候、土壤、耕作制度等）都不尽相同，必须因时因地制宜。④该地区芝麻品种目前尚以农家品种为主，但农家品种已不适应芝麻商品生产的需要。为了解决芝麻生产的品种问题，一方面应充分利用本地品种资源，选择培育高产稳产优质的芝麻品种，另一方面是从外地引入芝麻良种。在芝麻引种时，必须充分依据该地区纬度低、日照短的特殊情况，注意引进品种的光照反应。

（七）西南高原以夏芝麻为主兼春、秋播芝麻区

本区属低纬度高原，包括云贵高原、川东盆地的边缘山区县以及西藏局部温暖河谷地带，位于北纬22°～28°，呈东西向狭长弯曲形。芝麻种植面积占全国2%～3%。境内山峦起伏，海拔高低落差大，气候随海拔高度垂直变化大，雨量充沛，芝麻生长季节阴雨日多，干湿季节分明。区内芝麻主要分布在海拔200～600米山坡地上。海拔上限在贵州约为1 000米，云南约为1 200米。

川东盆地边缘山区的万州地区是西南芝麻主产区，1980年种植9 300公顷，约占西南芝麻总面积的40%，以大巴山脉峡江两岸的山区县，如云阳、奉节、巫山和开县面积大。该区因四周有大山遮挡，气温比同纬度其他地区高2～4℃。山坡辐射强度大，有利于芝麻生长。栽培上也比较重视，多为夏播种植。川东芝麻商品率比较高，约90%外销，因此比较重视品质。品种多为白芝麻，但籽粒色泽较差，其次为黄芝麻。自万县溯江而上，往西南延伸至重庆，在山大坡多雾浓的条件下，多种植用于糕点制作的黑芝麻。该区芝麻种植以自给为主。

云南省芝麻种植面积小，全省共333～1 000公顷，主要分布在西双版纳、红河自治州及元江地区。许多地方在坡地开荒，作为先锋作物种植芝麻，土壤熟化后再种植玉米兼粮食作物。该省南临缅甸、泰国，气候接近热带，年平均气温高于20℃，仅12月及翌年1月、2月为10℃左右。气温高，雨量充沛，为芝麻生长提供了有利条件，春、夏、秋季均可播种，但以夏播为主。贵州芝麻面积与云南接近或稍少，主要分布在黔南接近广西的望谟、罗甸、册亨，贞丰和安顺地区的紫云、镇宁等县。这些地区的气温一般比云南低3～5℃，根据前茬作

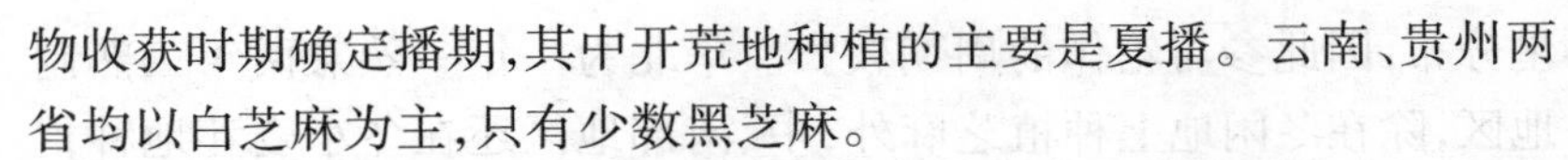

物收获时期确定播期，其中开荒地种植的主要是夏播。云南、贵州两省均以白芝麻为主，只有少数黑芝麻。

西藏芝麻种植面积更小，仅在西藏与印度和尼泊尔交界边境地区有零星分布。该区芝麻种植以农家种为主，种植粗放，产量潜力低，品质差，由于当地芝麻科研力量较弱，优良品种推广力度小。近年从我国芝麻主产区引入的中芝 7 号、宜阳白、豫芝 4 号等优良品种，在当地均表现高产质优，受到群众欢迎，说明我国芝麻主产区的品种在当地有一定适应性。

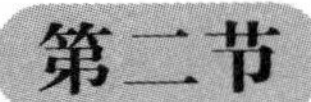

第二节 我国芝麻种植制度及模式

一、我国芝麻种植制度

芝麻种植制度是指芝麻产区的芝麻种植及与之相适应的一整套农业技术体系。我国芝麻种植历史悠久，分布广泛，各地自然生态、社会经济复杂，广大农民在长期的生产实践中，根据当地地理、气候、生产和经济等实际条件，形成了一年一熟、一年两熟和一年多熟等多种种植制度，并随着生产力的发展和生产条件的改善，种植制度也日趋完善。

我国芝麻主产区种植制度大体上可分为 3 种类型：一是冬季休闲芝麻一年一熟制，东北三省、新疆、华北的部分地区采用一年一熟制；二是冬作物和芝麻轮作一年两熟制，黄淮、江淮、长江中下游普遍实行一年两熟制；三是冬作物、夏作物和秋芝麻一年三熟制，华中南、华南一些地区多采用一年三熟秋芝麻种植形式。

（一）一年一熟和两年三熟制地区的轮作制

我国东北地区为一年一熟制地区，芝麻栽培除集中产地外，多零星分布,因此参与轮作的周期较长。华北为一年一熟兼两年三熟制地区,除在冬闲地上种植芝麻外,中、南部地区还在冬小麦茬地种植芝麻。我国东北和华北的轮作方式有:

(1)玉米→芝麻→春小麦→大豆→高粱或粟(黑龙江双城)。

(2)高粱→芝麻→春小麦→大豆→玉米→高粱→大豆→高粱(吉林白城)。

(3)甘薯或夏大豆→芝麻→小麦－晚粟或花生(山东西北部)。

(4)棉花或甘薯→芝麻→小麦－晚玉米或大豆(河北中南部)。

(5)高粱或甘薯→小麦－芝麻→小麦(河北中南部)。

(6)芝麻→棉花→油葵→棉花→芝麻(新疆)。

(7)玉米(水稻、高粱、大豆、粟等)→芝麻→春小麦→大豆(水稻、高粱、玉米、粟等)－高粱(水稻、玉米、大豆、粟等)(东北三省)。

(二)一年两熟和三年五熟制地区的轮作制

一年两熟制的种植地区主要为华北平原、淮河流域等,年积温在3 400～4 500℃,可以实现一年两熟。该区种植模式为10月种植小麦(油菜、豌豆等),第二年5月底收获小麦(油菜、豌豆等),铁茬种植芝麻或灭茬浅耕种植芝麻,8月底芝麻收获。一年两熟制种植芝麻腾茬早,是后季作物的好前茬,因此,在一年两熟制区,芝麻茬又称为“小旱堡”。以夏芝麻为主,主要轮作方式有:

(1)蚕豆或油菜－芝麻→小麦－棉花(湖北)。

(2)大麦或大麦×豌豆－芝麻→小麦－大豆或甘薯(河南、湖北)。

(3)小麦－芝麻→小麦－大豆或甘薯(湖北、河南)。

(4)蚕豆或豌豆－芝麻→小麦－甘薯→棉花(河南、湖北)。

(5)蚕豆或豌豆－芝麻→小麦－玉米→小麦－棉花(湖北、河南)。

(6)小麦－芝麻→小麦－甘薯→棉花(安徽)

(7)小麦或油菜－芝麻→小麦－大豆→小麦－芝麻(安徽)。

(三)一年三熟地区的轮作制

一年多熟制主要在我国的长江中下游地区、珠江三角洲、滇南、台

湾、海南等地区，年积温达 4 500℃以上。晚芝麻轮作的主要形式有：

(1)小麦－早大豆－晚芝麻→油菜或冬小麦－棉花或花生(江西)。

(2)早稻－晚芝麻→冬小麦或油菜(江西)。

(3)大麦－早大豆－晚芝麻(湖北)。

(4)秋芝麻→小麦－早稻－短季蔬菜→小麦－早稻。

二、我国芝麻的种植模式

芝麻生产强调茬口安排，合理安排与其他作物的轮作倒茬，农谚有“芝麻怕重茬，重茬易发瘟(病害)”，“倒茬如上粪”，说明芝麻必须和其他作物换茬。换茬可减少病虫害的中间寄主，避免和减少病害的发生，同时还具有调节地力的重要意义。适宜芝麻种植的早熟前茬作物有油菜(蚕豆、豌豆、大麦等)，腾茬早，利于掌握土壤墒情，提高整地播种质量，同时豆科作物还能固定土壤中的氮素，提高土壤氮素含量，从而使芝麻能适期早播，一播全苗，充分利用高温适生期，提高光合性能，增加芝麻产量。

(一) 地膜覆盖

地膜覆盖是一种提高芝麻产量、提升经济效益十分显著的农业栽培技术，具有增温、保水、保肥、改善土壤理化性质，提高土壤肥力，抑制杂草生长，减轻病虫草害的作用，降低农药用量，减少土壤及水体污染，在连续降水的情况下，还能降低土壤湿度，促进植株生长发育，提早开花结果，增加产量、减少劳动力成本等作用。由于薄膜的气密性强，地膜覆盖后能显著地减少土壤水分蒸发，具有增温保湿的作用，并能使土壤环境长期保持湿润状态，利于土壤微生物的增殖，腐殖质转化成无机盐的速度加快，有利作物吸收，促进根系生长。覆盖地膜能有效提升肥料利用率，地膜覆盖后土壤速效性氮可增加30%～50%，钾增加10%～20%，磷增加20%～30%。

（二）春播

芝麻春播可延长生育期，延长植株光合生产时间，提高单株物质生产量，从而提高芝麻产量。由于春播芝麻生育期较长，在品种选择上春播芝麻一般应选择生育期长、适应性强、抗病耐渍、丰产性好、抗倒伏的中晚熟优良品种；在田间管理上，春播芝麻播期较早，对肥料的需求量较大，应施足底肥，生育早期要注意防治低温冷害，生育后期为防脱肥，应适量追肥或喷施叶面肥。我国春播芝麻一般种植在东北、西北一年一熟制地区，华北平原两年三熟制地区也有种植，当地温稳定在15℃以上时为春播芝麻的适播期。

（三）麦垄套种

在夏芝麻产区，芝麻适播期较短，由于小麦收获季节，常遇高温干旱天气，造成芝麻不能适期播种，采用麦垄套种芝麻，小麦收获前10～15天，在小麦预留行内播种芝麻，小麦收获时，芝麻刚刚出苗，既不影响小麦收获，又可避开既收小麦又播种芝麻两头忙的情况，还可延长芝麻生育期。麦垄套种芝麻应注意适时播种；播种过早，气温较低，芝麻发芽较慢，与小麦共生期过长，容易形成高脚苗；播种过迟，则使芝麻生育期缩短，不能发挥麦垄套种的增产作用。

（四）夏播

目前，我国芝麻种植主要以夏芝麻为主，夏芝麻种植区域主要在华北平原两年三熟制区和黄淮、江淮、长江中下游平原一年两熟制区。夏播芝麻适播期短，播种时一定要注意适墒抢时播种，农谚有“春争日，夏争时”。夏播芝麻应选择生育期为85～90天、抗病耐渍、适应性广的中早熟品种为宜。

（五）秋播

秋芝麻主要由于其生育期短、茬口好，在我国华东南、华南的江西、湖南、广西、广东、福建及海南等诸省区作为提高复种指数的衔接茬口作物，以及开荒地的先锋作物种植，以江西省种植面积最广。秋播芝麻一般应选择生育期80～90天的适应性广、抗病耐渍、丰产稳产性好的优良早熟品种。

第三章

芝麻高产的生物学基础

本章导读：本章详细介绍了芝麻根、茎、叶、花、蒴果、种子等器官的形态特征、生育特性及其影响因素，阐述了光照、温度、水分、土壤和养分等影响芝麻生长发育的环境条件，并从气候因素、土壤环境、病虫草害和管理措施等方面说明了不良环境条件对芝麻生长发育的影响。旨在让读者深入了解芝麻生长发育的规律及其调控因素，以期为实现高产、优质、高效栽培奠定理论基础。

芝麻是一年生草本植物，目前生产上种植的芝麻虽然因品种、生态类型不同在形态特征上有明显差异，但它们均来自胡麻科芝麻属中仅有的一个栽培种，而该属其他一些野生种和半野生种极少有人种植。了解芝麻的生物学基础对于掌握芝麻生长发育规律，实现优质、高产栽培具有十分重要的意义。

第一节 芝麻的形态特征与生育特性

芝麻植株由根、茎、叶、花、蒴果、种子等部分构成。各不同器官不仅形态特征和组织结构各不相同，而且它们所担负的生理功能也不一样。各不同器官在生长发育过程中是不可分割的统一体。

一、芝麻各器官的形态特征与影响其生长的因素

（一）营养器官的形态特征与影响其生长的因素

1. 根

（1）根的形态特征　根系是芝麻固定、支撑植株生长，进行呼吸作用以及吸收水分和矿质营养的器官。芝麻的根系属于直根系，由主根、侧根、细根和根毛组成，根尖端的根毛区着生大量密生细嫩的根毛，该区对植株的水肥营养非常重要，芝麻根系的分布类型主要有细密型和粗疏型两种（图 3－1）。

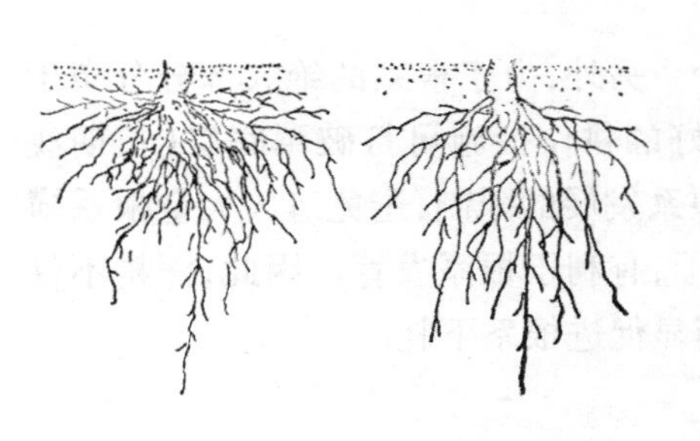
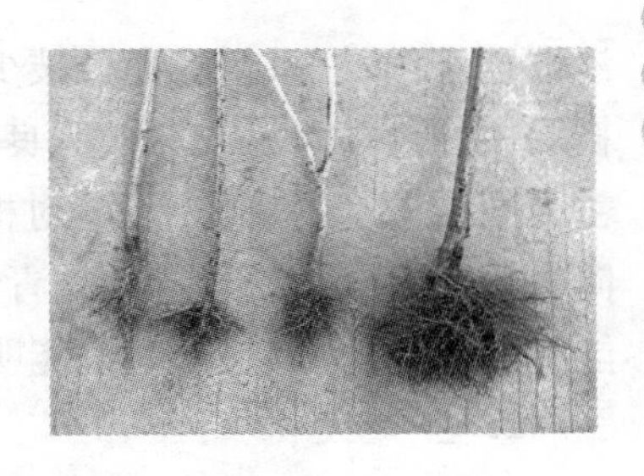

图 3－1 芝麻的根系生长类型及其特点

(2)影响根系生长的因素

1)土壤湿度　根系生长对土壤水分的反应敏感。土壤水分不足,主根生长迟缓,侧根受到严重影响(严重时侧根停止发生),根量少,且易衰老。土壤水分过多,造成通气不良,温度下降,致使根系生长缓慢且不健壮,甚至受淹而死。但土壤上层适度干旱会促使根系下扎。

2)土壤温度　当土壤温度超过 30℃时,根系的生长亦会受到严重影响,甚至会大量死亡。温度对根系生长的影响,在芝麻生育前期尤为明显:推迟播期,由于温度升高,根量锐减。

3)土壤肥力与施肥　随着土壤肥力提高,侧根数目和根干重显著增加,根系入土深且分布均匀。因此,氮肥适宜,可促进根系生长,提高根系活力。但氮肥的施用量不可过多,否则,地上部旺长,向根系输送的有机物质减少,从而削弱根系发育。磷能促进根系伸长和分枝,由于芝麻苗期土壤供磷强度弱,生产上增施磷肥往往有促根壮苗的效应。在适宜范围内,增加氮、磷、钾肥的施用量,可促使根系发育健壮,向深处发展。

4)播种期与种植密度　适期早播,根量多,下扎深;过晚播,根少而分布浅。种植密度过大,群体郁闭,光照条件变差,光合产物减少,植株有机营养不足,根系和地上部的生长同时受到抑制。特别是侧根所受的影响最大,若密度再大时,甚至不能形成侧根。此外,种植密度过大时,根系生长的空间减小,这对根系的正常生长十分不利。

5)土壤质地与深耕　在黏性土壤中,芝麻根系细长而分枝多;在沙性土壤中，根系粗壮而分枝少。另外，由于根系的绝大部分分布于耕层中，所以，深耕或深松等良好的耕作措施可打破犁底层（长期浅耕或同一深度的耕作所致）对根系发展的限制，避免造成大量根系横向生长，防止后期不抗旱、易青干，有利于根系发育。因此，深耕不仅能够增加耕层根量，同时也能明显促进根系下扎。

2. 茎

（1）茎的形态特征（图 3－2） 芝麻的茎是芝麻营养输送和支撑冠层的主要营养器官，包括主茎和分枝。它是连接地下部分和地上部分的器官，在输送和调节芝麻各器官之间的水分和养料方面有着重要的作用。此外，它还支持着整个植株，使叶、花和蒴果适当地分布在一定的空间之内，便于接受光照。因此，茎生长的好坏，关系着芝麻其他器官的形成和种子的产量。

图 3－2 芝麻的茎

芝麻茎的类型按株高分为高秆型、中秆型和矮秆型 3 种。按分枝习性划分为单秆型和分枝型两种（图 3－3）。一般单秆型品种在正常密度下不分枝，群众称"一条鞭"或"霸王鞭"。但在早播、稀植、肥水又较足时，茎基部会长出 1～2 个分枝，如豫芝 4 号、中芝 8 号、皖芝21等有此习性。分枝型品种一般在主茎基部的1～5对真叶腋中，生长出分枝，一般有3～5个分枝，在水肥适宜、早播、稀植时，可长出8～10个分枝，最多可长出15～16个分枝。在第1次分枝上又长出分枝，称为第2次分枝。

图3－3 芝麻茎秆的类型

芝麻茎秆分枝部位高低，不仅与品种有关，而且受栽培条件的控制。一般在土壤水肥条件好、早播稀植、间苗定苗及时，分枝部位低，且分枝多。分枝型品种在种植密度大、水肥条件差的状况下，也会同单秆品种一样不能形成分枝，或分枝发育不良，植株矮小。

在芝麻栽培和选种方面，尽量选择株高、茎粗、节多、节间短、腿低、黄梢尖短、有效分枝多的品种，这是芝麻丰产的基本条件。

(2)影响茎秆生长的因素与培育壮秆的途径

芝麻茎生长的快慢，除与品种特性有关外，还受生态条件和栽培管理措施的影响。一般早熟品种苗、蕾期株高增长要比晚熟品种快些，而终花期停止增长也早些。光照、水分、养料和温度等都能影响它的生长速度、植株高度和粗细度。通常在高温、强光、供水充足、施氮较高的条件下，主茎生长速度较快。茎的生长还受以下几个因素的影响：

1)温度　芝麻原产于热带地方,是喜温作物。生产实践发现,春芝麻在苗期会因为温度低而生长非常缓慢,但在气温升高以后播种的夏芝麻,其幼苗的生长,相对比较迅速。据河南省信阳地区农业科学研究所的研究结果,大青秸 5 月 25 日播种,7 月 5 日开花,8 月 4 日终花,株高119.5厘米;而 7 月 12 日播种,8 月 14 日开花,9 月 3 日终花,株高仅 80.55 厘米,两者高低相差 38.95 厘米。显然,前者的开花时期,也就是茎秆快速生长阶段,正处在一年内最热的季节之中,适合芝麻茎秆生长,而后者开花时期则处在气温相对下降的时候,故而株高降低。由此可知,在一定程度上,高温可以促进芝麻茎秆生长,低温则抑制其生长。

2)光照　强光对细胞的伸长有明显的抑制作用。如果群体过大,通风透光不良,田间郁闭,昼夜温差小,基部节间由于受光弱而加速伸长,单位长度内重量减轻,容易造成倒伏。

3)水分　芝麻对水分非常敏感。土壤中水分缺乏,茎节间伸长受到抑制,生长缓慢,茎低细;水分充足则生长迅速,植株高大;而在盛花期,若土壤水分过多,加上高肥条件,则促进节间伸长,易造成茎叶徒长,茎木质化程度削弱,发生倒伏。据河南省南阳地区农业科学研究所试验发现,未灌水和灌水 4 次的老不张嘴芝麻,株高可相差 23.4 厘米。反之,如果水分过多,不仅根系发育不良,还会严重抑制茎的生长。据湖北省襄阳黄龙观良种场调查发现,中芝 7 号品种受渍的比未受渍的植株低 26 ~ 52.2 厘米,两者相差甚大。

4)土壤养分　土壤养分是芝麻生长的物质基础,增施肥料,不仅可提高土壤肥力,还能促进植株的生长高度,地上部分干物重也相应增加。植株养分供给是否充足对茎的抗倒伏性有很大影响。氮虽是茎的主要元素,但若施用过多,会导致节间细胞加速分裂和伸长,茎壁变薄,机械组织发育不良,易发生倒伏。磷素和钾素能促使茎壁加厚增粗。其中,磷促进茎的发育,提高其抗折断能力;钾增加体内木质素、纤维素的含量,使茎秆坚韧,抗倒伏能力增强。河南省农业科学院芝麻研究中心对芝麻底肥数量的试验效果表明,遂平小籽黄用马粪作底肥,每公顷 3.75 万千克,株高 134.2 厘米;7.5 万千克,株高

140.9 厘米;11.25 万千克,株高 141.8 厘米。看来,在一定的数量范围内,底肥增多,芝麻株高就增加。根据湖北省荆州农业科学研究所的芝麻追肥试验结果,“七八六”品种在始花期每公顷追施硫酸铵 150 千克,比不追肥的芝麻茎生长速度和干物重的增加速度都加快。

环境条件对于芝麻茎的生长速度、高度和粗细等各有不同的影响,并且它们相互关联,相互制约,综合作用。因此,只有明确不同环境因子与芝麻茎生长之间的相互关系,才能采取适当的栽培技术措施,促控结合,使芝麻生长符合丰产的要求。

3. 叶

(1)叶的形态特征　芝麻是双子叶植物。种子内有两片很小的白色子叶,扁卵圆形,是种子贮藏养分的主要地方。在种子发芽出苗后,子叶渐渐长大,颜色变绿,形状为椭圆形,可进行光合作用,制造有机营养物质。当出现 3 ~5 对真叶时,子叶渐渐枯黄脱落,留下一对痕迹,称为子叶节。子叶为种子发芽和真叶出现前提供了幼苗所需的有机养料。芝麻发芽后,在顶芽生长点上分化出对生的、半圆球状叶原始体。以后成为三角形,并渐渐变为绿色,基部出现叶柄,形成叶的雏形。随着植株的生长,在生长点上,真叶成对地继续发生,直到停止生长。

芝麻的真叶没有托叶,由叶柄和叶片构成。叶柄是连接茎与叶片的中间部分,为往返其间输送水分和养料的通道。芝麻叶柄最长可达 10 厘米以上,除植株最下几片叶的叶柄外,向上逐渐变短,这样支持着叶片,便于接受阳光。

芝麻叶片多种多样(图 3 –4),有单叶和复叶;有全缘者,又有缺刻者。叶面上着生有茸毛,多少各不相同。叶的颜色为绿色,也有深浅之分。同一株上,不同部位的叶形差异很大(图 3 –5),有披针形、长椭圆形、卵圆形、长卵圆形,还有心脏形。芝麻叶片在植株上的多样性表现是长期适应的结果,这对于充分利用日光和空气等自然条件比较有利。

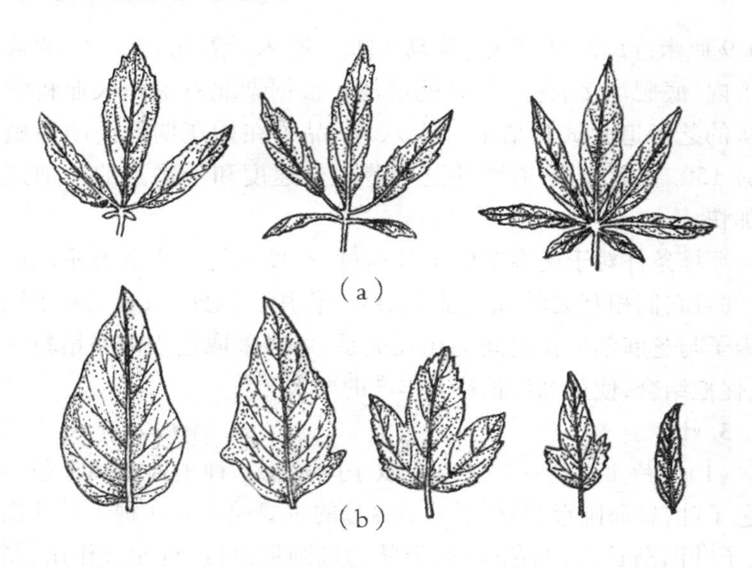

图 3－4　芝麻不同形状的叶片

(a)复叶(3～7 各裂片),(b)单叶(基部至上部)

图 3－5　同一株芝麻不同部位叶片的形状

芝麻的叶序有对生、互生、轮生和混生。对生叶,叶片两两相对着生于茎节。互生叶,叶片交错而生,一般多发生在主茎上部或分枝上。少数品种主茎的中、上部出现轮生叶,即 3 片叶片着生于一个茎节。一般芝麻品种多为混生,即植株下部的叶序为对生,上部为互生,或者下部为互生,上部为对生。

叶色深浅因品种、地力、气候和栽培条件不同而不同,有深绿(墨绿)、绿、浅绿等色。

叶的大小亦随品种、地力、气候和栽培条件的不同而有差异。

(2)影响叶片生长的因素　芝麻一生中由主茎长出的叶片总数既受品种遗传特性影响,又受温光等环境条件制约。

1)品种　品种特性是影响叶片生长的内因。品种不同,其叶片数和叶的大小亦不同。

品种特性是影响叶片生长的内因。芝麻叶片是芝麻品种特性之一,芝麻叶片的形状、叶序、叶色和大小等差别是不同品种的固有特性。而且品种不同,其叶片数和叶的大小亦不同。

2)温度　芝麻的叶片生长具有前期和后期慢,中期快的特点。随着温度升高或降低,叶面积扩展速度也随之增大或减小,并且叶片成熟后的叶面积也随之增大或减小。低温下叶片生长周期长,叶面积达到最大值所需时间长,而高温下叶片扩展周期短,达到成熟期的叶龄小。相同叶龄的叶片接受低温时间越长,叶面积扩展量就会越低,当温度由高到低或者由低到高过渡时,叶面积扩展量也是逐渐过渡,相应地随之降低或升高,但与温度并不存在明显的线性关系。

3)光照　芝麻的叶片生长发育被多种环境因子所影响,在这些因子中,光具有特殊重要的地位。因为它不仅影响着芝麻叶片的生长发育,而且还为芝麻叶片进行光合作用提供能量。

芝麻是喜光作物,只有在充足的光照条件下,叶片生长快,大小适中,功能期长,才有利于光合作用,提高产量和品质。光照是芝麻进行光合作用的基础,影响着芝麻在光合作用过程中同化力形成、酶活性、气孔开放等。适宜的光照促进叶绿素合成,加强细胞分裂,促进叶片扩大。光照不足会影响光合同化力,从而限制碳同化,最终影响到芝麻光合产物的形成。

4)水分　叶片是光合与蒸腾的主要场所。叶片的大小、形状、颜色、表面特征和位置等从本质上决定了叶片对入射光的吸收和反射,影响叶温,从而影响到叶片界面阻力;叶片的内部结构影响叶片的扩散阻力及水汽运动的总阻力。叶肉细胞扩张和叶片生长对水分条件十分敏感。植株叶片要保持挺立状态,既要靠纤维素的支持,还要靠组织内较高膨压的支持，植株缺水时所发生的萎蔫现象便是膨压下降的表现。这既说明了水分对叶片生长的影响，也可以把植株叶片的形状、大小和膨压高低作为判断植株水分状况的依据。

目前主要用LAI（叶面积指数）来表示叶面积与所在土地面积的比例。土壤水分通过影响LAI进而影响芝麻的光合和蒸腾作用，LAI大的通常较LAI小的植株蒸腾的水量多。蒸腾过度会引起叶片水分亏缺。直接导致叶面积下降，生长减缓，最终导致产量的下降。叶片颜色也可以反映土壤的供水状况。如果叶片颜色发暗而且中午萎蔫严重，说明土壤缺水；如果叶片颜色较淡、叶片较大，说明供水充足。

5）栽培技术措施　栽培条件主要是种植品种、群体密度和施肥等。①品种特性是影响叶片生长的内因：芝麻叶片是芝麻品种特性之一，芝麻叶片的形状、叶序、叶色和大小等差别是不同品种的固有特性，而且品种不同，其叶片数和叶的大小亦不同。②密度：密度增大，芝麻田单位面积的植株增多，群体大，叶片生长必然受到周围其他植株叶片伸展的影响。③施肥：肥料是叶片生长的物质供应来源，肥水充足，其他栽培技术措施得当时，叶片发育良好，功能期长，光合产物积累多。芝麻缺氮时，叶片呈现黄绿色，叶片薄、小而少，成长叶和下部叶受缺氮影响最明显；缺磷时，植株地上部和叶色发暗或发红叶片早衰脱落；芝麻缺钾初期，叶色由淡黄转暗绿，进而在绿色的叶脉间出现黄斑，继而变褐色，以后叶片皱缩、发脆，呈红褐色，如被灼伤而脱落，且植株易感病，难于成熟，种子品质差。

（二）生殖器官的形态特征与影响其生长的因素

1. 花

（1）花的形态特征（图3－6）　芝麻长到一定的苗龄，其内部达到一定的生理成熟程度，如温、光条件适宜，便开始分化花芽，这时芝麻由苗期进入孕蕾期。随着花芽逐渐发育长大，当内部分化心皮时，肉眼已能看清幼蕾，蕾是花的雏形。随着蕾的长大，花器各部分渐次发育成熟，即行开花。此时芝麻便由蕾期进入花期。芝麻生殖器官的形成始于花原基的分化，现蕾以后雌雄配子体逐步形成，并依次发育成熟，而全部有性生殖过程则集中在开花时进行。花芽的发生与分化、花蕾的发育以及开花受精过程都直接关系到芝麻的经济产量。

图 3－6 芝麻花的形态

(2)影响花生长的因素

1)温度　芝麻开花期的最适温一般为 27～30℃，过高或过低都不利于开花，甚至引起花器的败育。当夜温处于 30℃以上时，芝麻许多品种在植株开花前即有不少花蕾脱落，特别是当气温高于 36℃时，花蕾大量脱落。当平均最高气温高于 30℃时，不孕籽增加；36℃以上时，花粉发育受阻，出现畸形，不能形成正常花粉、成蒴率显著下降。同样当昼温 22℃，夜温在 16℃以下时，其花粉虽正常，但雌蕊异常，也会导致不能正常受精。

2)水分　水分参与芝麻生理代谢、养分输导和温度调节。芝麻的各生育阶段对水有不同的要求。花期是生长最旺盛阶段，耗水量最多，此时缺水或渍涝均将对芝麻的开花数量和花的正常生长发育产生影响，因此此期要及时做好防旱排涝工作。封顶后根系吸收力减弱，叶片蒸腾作用降低，需水量减少。

3)光照　芝麻原属短日照作物，但由于栽培历史悠久，在不同纬度地区的日照条件影响下形成了适应长、短日照反应的品种在长日照和短日照条件下都能开花。北方品种适应于长日照，南方品种适应于短日照，北种南移会使生育期缩短，植株矮小产量低；相反南种北移会使生育期大大延迟，植株高大旺盛，腿高蒴稀。芝麻花期需要充足的阳光以满足光合作用对光的需求，这对提高光合效率加速光合产物的积累至关重要。

4）养分　芝麻开花需要充足的营养，这就要求土壤中氮、磷、钾三要素充足，生产实践中应根据土壤氮、磷、钾含量进行配方施肥平衡土壤营养供应。同时芝麻花的生长对硼、锌、锰、钼等微量元素反应敏感，可根据土壤中微量元素测定情况酌情补施微肥。

2. 蒴果

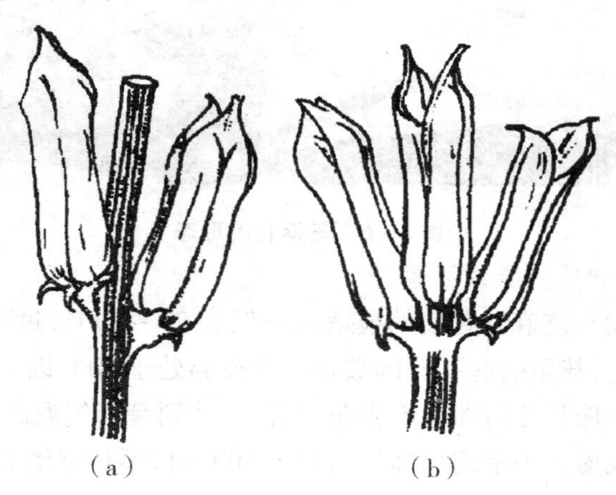

图 3－7　芝麻的蒴果

(a)单花型(单蒴型)，(b)三花型(三蒴型)

(1)蒴果的形态特征(图 3－7)　芝麻的果实叫做蒴果，一般为绿色，有的品种为紫色，蒴果成熟时则转变为灰绿色、绿色、黄色。其形态呈短棒状，有棱，基部圆钝，顶端扁而尖。成熟后自己开裂，内含许多芝麻籽粒。芝麻每叶腋可着生一个蒴果或三个蒴果甚至多个蒴果，常见的芝麻蒴果有四棱，四棱、六棱、八棱混生，多棱(六棱以上)等多种，但以四棱最为普遍(图 3－8，图 3－9)。这种棱数差异是芝麻分类的重要特征之一。

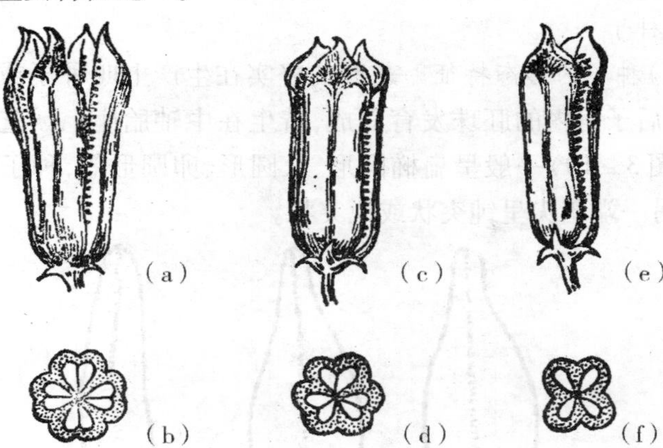

图3-8 芝麻蒴果类型的横切面

(a)八棱蒴果,(b)八棱蒴果横切面,(c)六棱蒴果,
(d)六棱蒴果横切面,(e)四棱蒴果,(f)四棱蒴果横切面

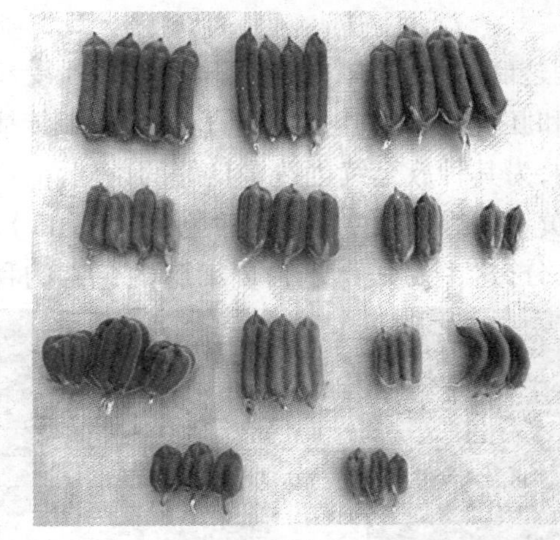

图3-9 芝麻蒴果类型

(2)影响蒴果发育的因素 芝麻蒴果发育的好坏和单株蒴数的多少都与芝麻的生活条件有关。适当早播的芝麻生育期长,并且开花结蒴处在适宜的季节之中,这样,芝麻蒴果生长发育良好,单株蒴果数增多。过于晚播者,植株上部蒴果部分发育不良,蒴果数目显著减少。此

外,高温干旱等逆境对芝麻的蒴果发育也产生重要影响。

3. 种子

(1)种子的形态特征　芝麻的籽实在生产上叫种子或籽粒。它由受精后子房内的胚珠发育而成,着生在中轴胎座上。芝麻种子的形状(图 3 - 10)一般呈扁椭圆形、长圆形、卵圆形等,种子的一端为圆形,另一端稍尖呈钝突状或锐突状。

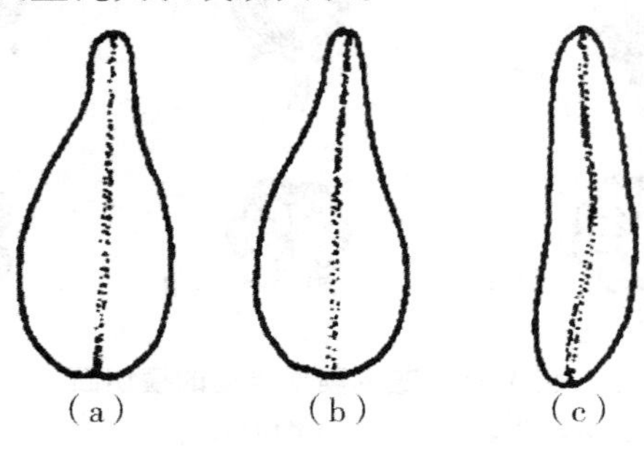

图 3 - 10　芝麻的籽粒形态

(a)背面图,(b)腹面,(c)侧面

芝麻种子是芝麻的繁殖体,它由胚珠经过传粉受精形成。种子结构由种皮、胚和胚乳 3 部分组成。种子具有适于传播或抵抗不良环境条件的结构,为其种族延续创造了良好的条件。

种子呈白、黄、褐、黑、紫色等基本种色(图 3 - 11),且各种颜色又有深浅浓淡之分,这主要是由于种皮细胞内色素的种类和数量不

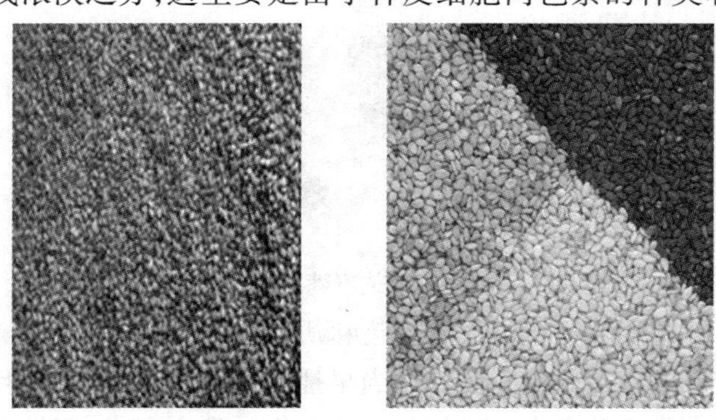

图 3 - 11　不同颜色芝麻的籽粒

同所致。一般种子色淡者比色重者含油量高，即：白 > 黄 > 褐 > 紫 > 黑。且白色和黄色种皮一般薄于褐色、紫色和黑色种皮。一般白芝麻含油量达到55%左右，黑芝麻含油量可达50%左右，但也有例外情况。种子含油量的多寡除与品种和着生部位不同有关系外，栽培环境条件（温度、养分、水分）对含油量也有较大影响。因此，良种、良田、良法三者有机结合才是提高种子质量的保证。

（2）影响种子发育的因素　除了品种特性和后期光合器官的功能外，芝麻种子发育还受以下环境因素和栽培技术措施的影响：

1）温度　灌浆速度随温度的升高而逐渐提高。温度过高，失水过速，茎叶早衰，显著缩短灌浆进程，干物质积累提前结束，粒重降低。同时，高温加强了籽粒的呼吸作用，消耗较多的碳水化合物。所以，高温降低粒重。温度过低，光合强度大大削弱，籽粒灌浆不畅，粒重亦降低。

2）光照　开花到成熟期间，要求天气晴朗，光照充足。当光照不足，光合作用强度减弱，有机物质向籽粒中的运转受阻，粒重降低。灌浆期光照不足，降低灌浆强度，最终均导致粒重降低。光照条件的优劣取决于两个方面，一是天气条件（阴雨少则光照充足），二是群体大小（群体结构合理则光照适宜）。群体过大，中下部叶片受光不足也影响粒重的提高。

3）大气相对湿度　适宜的大气相对湿度指标为60% ~80%。湿度过低，且气温高、风速大时，植株蒸腾失水多，叶片萎蔫，气孔关闭，植株体内温度升高，细胞原生质凝聚，氨和腐胺等有毒物质积累，植株青枯死亡，籽粒干瘪。湿度过大时，易引起病虫害发生，粒重降低。

4）土壤水分　灌浆期最适土壤水分过多过少均影响根、叶功能，不利灌浆。如果土壤相对含水量低于50%，植株早衰，光合强度降低，导致籽粒退化或灌浆进程缩短，籽粒秕瘦。如果土壤水分过多，则植株贪青晚熟或感染病虫害，千粒重亦降低。若土壤水分进一步增多，根系将因缺氧而坏死，植株死亡。生产中一般应在灌浆前期保持较充足的水分供给，但在灌浆后期维持土壤有效水分的下限，可加速茎叶贮藏物质向籽粒运转,有利于提高粒重。

5)土壤养分　后期适当的氮素供给能延长功能叶的功能期,增加粒重,提高籽粒蛋白质含量。缺氮,叶片功能期缩短,光合产物少,粒重降低。但若氮素供应过多,会过分加强叶的合成作用,抑制水解作用,有机物质流入籽粒的过程受阻,植株贪青,粒重亦降低。磷素能促进碳水化合物和含氮物质的转化,提高籽粒灌浆强度,有利于灌浆成熟。钾和微量元素对粒重的提高亦有明显的积极作用。因此,后期根外喷施磷、钾肥有利增加粒重。

二、芝麻的生育时期及特点

(一)芝麻的生育期和生育时期

芝麻的一生是指从种子萌发到新种子产生的整个生活周期。栽培学上,把芝麻从种子萌发、出苗至新种子成熟这一过程所经历的天数称为芝麻的生育期或全生育期。而生产上为方便起见,把芝麻播种至收获这一过程所经历的天数亦称为生育期。

由于气候条件和地域不同,芝麻生育期的长短亦各不相同。春芝麻生育期在120天左右或以上,夏芝麻在80~95天。

(a)　(b)　(c)

图3-12　芝麻各生育时期的外部形态

(a)营养生长阶段,(b)二者并进生长阶段,(c)生殖生长阶段

在芝麻的整个生活周期之内,植株要经过一系列质上不同的发育阶段,同时,在这些不同的发育阶段里依一定的顺序形成相应的器

官，使植株形态特征发生明显的变化。这些主要特征的出现日期叫芝麻的生育时期。若把播种期和收获期也考虑在内，芝麻一生共经历10个生育时期（图3－12）。

1. 播种期

播种之日期。

2. 出苗期

从种子下地到胚芽伸出地面直至两片子叶出土平展的时期。夏芝麻出苗期4～7天或更长。

3. 苗期

芝麻单株从出苗到绿色花蕾出现的时期。芝麻苗期生育特点：一是幼苗对养分、水分吸收少；二是植株生长非常缓慢。在苗期30～40天时间里，芝麻植株侧根数一般不超过15条，日增加1～2条，入土深度约30厘米，主要分布在10厘米范围内；茎的高度为20～30厘米，日生长量为0.5～1.0厘米；叶片数7～8对，平均每4～5天出一对真叶。

4. 现蕾期

田间半数以上芝麻出现花蕾的日期。心叶呈上耸状为进入现蕾期标志。一般为7～15天。此期营养生长和生殖生长开始加快，干物质积累量显著多于苗期。

5. 初花期

田间10%以上芝麻第一个花冠张开的日期。

6. 盛花期

田间60%以上芝麻开花之日期。

7. 封顶期

田间60%以上芝麻株高定型，茎节不再伸长，不再形成花序的日期。

8. 终花期

田间60%以上芝麻停止开花的日期。

9. 成熟期

植株茎叶变黄，主茎基部叶片脱落，田间70%以上芝麻中下部蒴果中籽粒已呈现出本品种固有特征的日期。一般为15~20天。此期营养生长停止，主要是蒴果和种子发育成熟。

10. 收获期

田间芝麻收获之日期。

我国地形地貌和土壤类型差异较大，气候复杂，栽培的芝麻品种各异，因此，全国各地芝麻的生育时期也各不相同。随着不同生育时期植株内部的生理变化，芝麻的根、茎、叶、花、蒴和籽粒逐渐形成。

（二）生育阶段及器官形成

在栽培上，又根据所形成器官的类型和生育特点的不同，将芝麻一生划分为三大生育阶段，即营养生长期、营养生长与生殖生长并进生长期和生殖生长期三个阶段（表3－1）。

表3－1 芝麻的生育阶段

芝麻的一生										
生长阶段	营养生长			并进生长				生殖生长		
生育时期	播种	出苗	苗期	现蕾	初花	盛花	封顶	终花	成熟	收获
生育特点	以营养生长为主						以生殖生长为主			

（1）营养生长期　是指芝麻生长前期（自种子萌发到现蕾之前），主要进行生根、长叶、伸茎等生理活动，以芝麻的根、茎、叶等营养器官的生长为主，叫作营养生长。其所处的生长阶段，称为营养生长阶段。具体是指自种子萌发到现蕾之前。该期根的分生组织细胞分裂、生长，使根不断伸长，其中生长最快的是根的伸长区。茎顶端的细胞分裂和生长，使茎增高。芝麻的茎有形成层，形成层细胞分裂、长大，使茎逐渐加粗伸长。与此同时，部分细胞分化成幼叶，幼叶生长成植株的叶。营养器官的生长是随后的生殖器官生长和发育的基础，因此芝麻栽培要注重前期的管理，为后期花蒴的发育和产量的形成，搭好高产架子。

（2）营养生长与生殖生长并进生长期　芝麻自现蕾期到封顶期为生长中期，此时在根、茎、叶快速生长的同时，花、蒴果、籽粒也同步

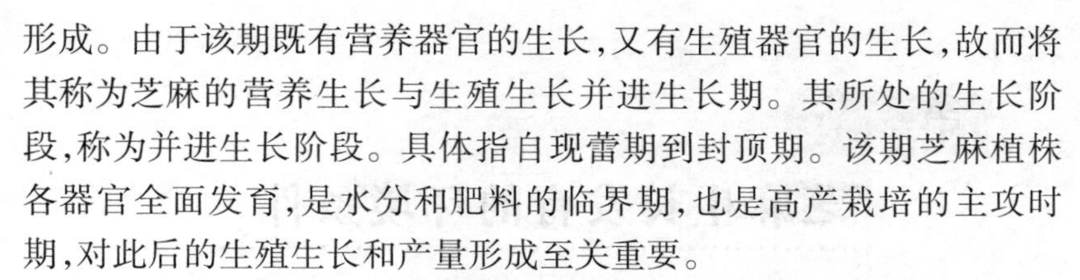

形成。由于该期既有营养器官的生长,又有生殖器官的生长,故而将其称为芝麻的营养生长与生殖生长并进生长期。其所处的生长阶段,称为并进生长阶段。具体指自现蕾期到封顶期。该期芝麻植株各器官全面发育,是水分和肥料的临界期,也是高产栽培的主攻时期,对此后的生殖生长和产量形成至关重要。

(3) 生殖生长期　当芝麻植株生长到一定时期后,上部叶腋不再有新的花芽分化,蕾花不再增加,以籽粒形成、灌浆为主的阶段。具体是指封顶期至成熟期,这一时期,植株生长势逐渐减弱,直至完全停止生长;叶片虽然略有增加,但下部叶片逐渐衰老并脱落,光合作用也减弱,蕾、花、蒴数量不再增加;根系逐渐衰老,吸收功能下降。此时芝麻植株的主要生理行为是开始转向以产量形成为主(籽粒形成与灌浆成熟)的时期。

(4)营养生长与生殖生长的关系　营养生长是生殖生长的基础和前提,在芝麻不徒长的前提下,营养生长旺盛、叶面积大、光合产物多,蒴果和种子才能良好发育;反之,若营养生长不良,则植株矮小瘦弱,叶小色淡,花器官发育不完全,蒴果发育迟缓,蒴果小,种子秕而少,产量低。芝麻生殖生长的一切物质基础都建立在营养生长的基础之上,所以营养生长为生殖生长的前提。营养器官生长的好坏会直接影响到生殖器官的发育,不能设想一株瘦矮的芝麻植株会蒴大籽多,籽粒饱满。同时营养生长对生殖生长的影响,因品种或环境不同会有一定差异。苗期如过早进入生殖生长,就会抑制营养生长;受抑制的营养生长,反过来又制约生殖生长。因此,营养生长与生殖生长生长发育的中心各不相同,既是矛盾对立体,又互相制约、互相联系,在芝麻栽培前中期应促进营养生长,可适当地施一些氮肥,促进根、茎、叶等营养器官的分化和形成,以便为生殖器官的生长发育提供必要的碳水化合物、矿质营养和水分等,在开花结实期更应加强肥水管理,促进芝麻营养生长和生殖生长;在生殖生长阶段,应尽量保根促叶,减缓根系和叶片的衰老,确保活熟到老。因此,调整芝麻植株的有关器官以控制其营养生长、生殖生长,并协调其相互关系是获得芝麻高产优质的关键。

第二节 芝麻生长发育的环境条件

芝麻为喜温作物,要求日照充足,耐旱而喜湿润,但忌渍害,对光照、温度、水分、土壤和养分反应十分敏感。

一、光照

(一) 太阳光的性质

光是太阳辐射能以电磁波的形式投射到地球表面的辐射线。太阳放射出不同频率和波长的电波,组成太阳光谱。到达地球的太阳光谱范围是250 ~4 000 纳米。光的波长及其所含的能量对芝麻有非常重要的意义。其重要性表现以下几个方面:

1. 热效应

辐射是芝麻体与外界环境进行能量交换的主要形式。太阳能被芝麻截获后大部分转化为热能,用于蒸腾以及维持芝麻的体温,保证各代谢过程以合适的速率进行。

2. 光合作用

芝麻把吸收的太阳辐射能的一部分用于光合作用,它是芝麻将光能转化为化学能进行生产的基础。

3. 光形态建成

太阳辐射的数量(光强)和光谱成分(光质),对芝麻的生长和发育的调整上起着重要作用。

4. 诱发性突变

太阳光中紫外线、X 射线等波长很短的高能量辐射对生物有杀伤作用，同时它们也能改变遗传物质的结构引起突变。

（二）光照强度对芝麻的影响

1. 光照强度芝麻的光合作用

光是光合作用的能源，光强对光合速率有重要影响。在黑暗中芝麻叶片不进行光合作用，只有呼吸作用释放二氧化碳。随着光强的增高，光合速率相应提高，当达到某一速率时，叶片光合速率与呼吸速率相等，净光合速率为零，这时的光强称为光补偿点。在一定范围内（低光强区），光合速率随光强的增加而呈比例增加；超过一定光强后，光合速率增加变慢；当达到某一光强时，光合速率就不再随光强而增加，呈现光饱和现象。开始达到光合速率最大值时的光强称为光饱和点。此点以后的阶段称为光饱和阶段。不同芝麻光—光合曲线不同，光补偿点和光饱和点也有差异。

2. 光强对芝麻生长的影响

一般在高等植物中，光是叶绿素形成的必要条件。在黑暗中生长的芝麻，其节间特别长，叶片不发达、很小，侧枝和侧叶不发育，体内水分含量很高，细胞壁很薄，薄壁组织发达，细胞间隙小，机械组织和维管束分化很差，叶绿素不能形成，只能形成胡萝卜素和叶黄素，植株呈现黄色或黄白色，这就是“黄化现象”。光能抑制芝麻细胞的过度伸长，充足的光照能够促成作物健壮生长。

二、温度

温度作为一个状态函数，它是物质分子平均动能水平的标志。作物生理活动和生化反应的顺利进行，都需要一定的温度保证。也就是说各种作物生长、发育都要求一定的温度条件。在适宜的温度条件下，作物的生理活动和生化反应进行顺利，生长发育加快。温度过高或过低则会因生理、生化反应变慢而导致生长减慢、停止，发育受阻甚至死亡。同时温度也会引起其他环境因子发生变化，如土壤水分、大气湿度及土壤肥力等。

真正影响作物生理、生化活动的是作物的体温，而作物是变温的有机体，它的体温虽然可以有一定程度偏离环境温度，但又总是趋向于环境温度。环境温度包括大气温度和土壤温度。

（一）温度的变化

气温变化可分为周期性变化（节律性变温）与非周期性变化（非节律性变温）两大类。由地球自转和公转引起的气温变化，在时间上是以一日或一年为周期的。非周期性变化是指在时间上没有规律的气温变化，可以发生在一日和一年的任何时间，温度的突然降低或升高大多是由气团的交替、空气的平流所引起的。

1. 气温的日变化

温度在一天内有一个最高值和一个最低值，最高值与最低值之差，称为气温的日较差，它表明气温在一日内的变化程度。气温最高值通常出现在午后 2 时，最低值出现在日出之前。日较差的大小，因纬度、季节、海陆、天气状况的不同而异。

由于太阳高度角的日变幅随纬度的增高而减小，故气温日较差一般随纬度的增高而减小。在热带平均为 12℃，温带为 8～10℃，极地则只有 3～4℃或更小。气温日较差还受季节和天气状况的影响。夏季数值最大，冬季最小；晴天比阴天大；海拔高处比海拔低处小。

2. 气温的年变化

气温年变化与日变化的道理相同。一年内有一个最高值和一个最低值。一年中最高月平均气温（最热月）与最低月平均气温（最冷月）之差，称为气温的年较差。最高值和最低值出现的月份也是由地面储存热量最多和最少时刻来决定。因此，在北半球，最热月出现在 7 月（大陆上）和 8 月（海洋上），最冷月出现在 1 月（大陆）和 2 月（海洋）。由于太阳辐射的年变化随纬度的增高而增大，所以年较差也随纬度而增加。在赤道地区仅为 10℃左右，中纬度地区为 20℃左右，高纬度地区则达 30℃以上。海洋上的年较差比陆地小，沿海比内陆小，湿润地方比干燥地方小。此外，年较差一般也随海拔高度的增加而减小。

芝麻生长发育要求一定的温度。在芝麻生产中，温度的昼夜和季节性变化影响芝麻的干物质积累甚至产品的质量，而且也影响芝麻正常的生长发育；芝麻的正常生长发育及其过程必须在一定的温度范围内才能完成。

芝麻属喜温作物，全生育期需≥15℃活动积温 2 200 ~ 2 500℃，种子萌发的最低温度为 12℃，16℃以上才能正常出苗，最适温度为 24 ~ 30℃，高于 40℃不能萌发。生育期间以日平均温度 20 ~ 24℃最为适宜。芝麻的发育在昼夜平均温度为 20℃时良好，在 20 ~ 24℃时最适宜。气温低于 15℃以下，不但幼苗停止发育，而且植株根系容易腐烂。苗期生长发育对温度要求较高。生殖生长期对温度的要求更为敏感。在开花结蒴期月平均气温的高低直接影响着芝麻蒴果和籽粒发育。因此，夏芝麻的适播期应在 6 月初以前，这样刚好使各个生育时期处在最适宜的温度环境中，利于高产。如播种过晚，苗期刚好处在高温期，导致植株始蒴部位增高发育成高腿苗，节间加长。而到花蒴期，高温阶段逐渐过去气温下降生长速度减缓迫使提前封顶，结蒴少，产量低。因此夏芝麻还要抢时早播，为芝麻生长创造适宜的温度条件。

三、水分

（一）水对芝麻的生理、生态作用

水对芝麻的生理作用有如下几个方面：

☛ 水是原生质的主要成分，原生质的含水量一般在 70% ~ 90%。

☛ 水是芝麻光合作用的基本原料。

☛ 水是许多代谢过程的反应物质。

☛ 水是生化反应和植物对物质吸收运输的溶剂。

水能维持细胞的膨胀状态，使植物保持固有姿态。

细胞分裂及伸长都需要水分。

水对植物除了上述的生理作用之外，还可以通过水的理化性质调节植物周围的环境，如增加大气湿度，改善土壤及土壤表面大气的温度等，提高肥料效率等，这就是水对芝麻的生态作用。

（二）水与芝麻生长及产量的关系

芝麻的生长虽受许多环境因子的影响，但一般说来，干旱造成的芝麻水分亏缺导致的芝麻生长和产量降低更显著。

1. 芝麻体水势与细胞生长

芝麻生长的数量和质量取决于细胞的分裂、增长和分化。不论是细胞分裂还是细胞的膨大，都会随芝麻水势的降低而减缓。最普遍的作用即使芝麻的外形尺寸变小和产量降低。在光合作用受到严重抑制之前，叶的伸展和生长即受到了限制。水分不足对光合面积的影响较对光合速率的影响更为严重。

2. 蒸腾作用、光合作用及其他生物化学过程

芝麻的气孔对叶的水分状态非常敏感，随叶水势的降低，芝麻的气孔即趋于关闭。随水分亏缺从轻度到中度的发展，细胞生物化学过程所受的影响增大，蛋白质和叶绿素的合成都对水分亏缺相当敏感。而在中度水分亏缺下，硝酸盐还原水平、生长激素的代谢和对二氧化碳的同化作用开始受到影响。水分亏缺对光合作用的影响是对叶绿素合成和气孔影响的综合结果。

3. 产量与供水量的关系

缺水对芝麻生长和产量的影响，一方面与芝麻的种类和品种有关，另一方面也与缺水的程度和缺水发生的时间有关。当缺水发生在芝麻生长的某一时期时，产量对缺水的反应随该芝麻的敏感程度而呈现极大的差异。一般地说，芝麻在出苗、开花和产品形成期比在生长初期（定植以后的营养生长期）和生长末期（成熟）对缺水更加敏感。缺水可能是持续发生在芝麻的整个生长期内，也可能是发生在某一个别生长期内。前一种情况缺水的程度与芝麻在整个生长期

需水量的差额有关;后一种情况缺水的程度与芝麻个别生长期需水量的差额有关。当芝麻生长期内不止一个阶段受水分不足影响时,产量在前一阶段降低后,在以后的水分不足阶段还要继续下降。

四、土壤

(一)土壤的特性

1. 土壤和土壤肥力

土壤是指覆盖在地球陆地表面,能够生长植物的疏松层。它是农业生产的基本生产资料。土壤形成过程是肥力发生发展的过程,是在母质、地形、气候、生物、时间的综合作用下,逐渐形成并成为农作物的生长基地。

土壤最本质的特征是具有肥沃性,或称土壤肥力。所谓土壤肥力是就作物生长期间,土壤能经常不断地、适量地给植物提供并调节生长所需要的扎根条件、水分、养分、空气和热量,还包含某些对植物生长不利的有害物质。因此,一般认为土壤肥力至少应包括水分、养分、空气和温度四种因素。其中水、肥、气是作物生长的物质基础,热则是能量条件。这四个因素之间,互有制约作用。综合起来,就形成土壤肥力。土壤肥力可分为两类:一类是“自然肥力”,是人们在垦殖和利用土壤以前,在土壤形成过程中所具有的肥力;另一类是“人工肥力”,是在自然肥力基础上,经过人们对土壤耕种、熟化、开发、改造,逐步形成和产生的肥力。能在农业生产中表现出来,产生经济效果的那部分肥力,叫作“有效肥力”;由于各种因素的影响,未能发挥和表现,称为“潜在肥力”。自然肥力和人工肥力,有效肥力和潜在肥力,是可以相互转化的。土壤肥力的提高决定于社会经济条件和科学技术水平。

2. 土壤组成和土壤三相(固体、液体、气体)

土壤是一种疏松多孔的物体,它是由大小不等、成分不同、构造各异的固体颗粒堆集而成。在颗粒之间形成各种大小和形状的孔隙，在各个孔隙内充满着土壤空气和水分。因此，看似纯属固体的土壤，其实是由固体、液体和气体三相物质所组成的。

在组成土壤的三相物质中，固相的土粒，包括矿物质和有机质两部分，其体积约占土壤总体积的一半，其中矿物质是主体，可占固体体积的90%以上，构成了土壤的"骨架"。有机质一般只占固相体积的10%，它似土壤的"肌肉"，是土壤肥力的精华，紧紧包被在矿物质的表面。土壤的液相是土壤水分，是极其稀薄的溶液，溶有多种物质，保存在土壤孔隙内，是三相物质中最活跃、变动最大的物质。气相是土壤空气，它充满在那些未被水分占据的孔隙内。水分和空气相互消长，水多气小、水少气多，水与气的比例变化主要受水分变化的制约。土壤内三相物质的比例，是土壤各种性质的产生和变化的物质基础，也是土壤肥力的基础。调节土壤三相物质的比例，则是改善土壤不良性状的重要手段，也是调节土壤肥力的依据。

（二）土壤对芝麻的影响

一个良好的土壤应该使芝麻能"吃得饱"（养料供应充足）、"喝得足"（水分充足供应）、"住得好"（空气流通、温度适宜）、"站得稳"（根系伸展开、机械支撑牢固）。芝麻生长对土壤条件虽然要求不严格，但疏松肥沃的土壤，能协调水、肥和空气供给的矛盾。以沙质土最适合种植芝麻，由于它土质疏松，结构优良，排水良好，适合芝麻生长发育所需的高燥条件。黏土或沙土也能种芝麻，此外，还有河流、湖泊沿岸的淤泥土或冲积土，也很适合种植芝麻。但沼泽土、盐渍土、强黑钙土和低洼地不适合种植芝麻。

芝麻怕渍，在地势低洼排水不良或地下水位过高的土壤上种芝麻，最易受渍涝害而减产，因此应选择地势较高排水良好的土地种植芝麻。同时芝麻对酸碱度也较敏感。适宜的土壤 pH 值（5.5 ~ 7.5），有利于芝麻的生长。过酸、过碱均不能种芝麻。土壤 0 ~5 厘米表层含盐量达到 0.351 时即不能出苗，其余时期土壤含盐量一旦超标，芝麻苗就易受害死亡。南方新开垦的红土壤，如若 pH 值偏小达到 5.5 以下，应先种几年甘薯、花生等作物，使土壤得到改良后再开始种植芝麻。

五、养分

(一)作物必需的营养元素

一般新鲜植株含水占75%~95%;干物质为7%~25%。干物质中绝大部分为有机化合物,约占95%,其中碳水化合物占干物质的60%,木质素占25%,蛋白质占10%,脂肪、蜡质、单宁等占5%。按元素组成分析,含碳元素45%,氧元素40%,氢元素6%,氮素1.5%,灰分占6.5%左右。

灰分中有几十种化学元素,其中包括作物必需的营养元素和非必需的元素。目前,公认高等植物所必需的营养元素共有16种,一般又按其在体内含量多少分为两大类:

1. 大量营养元素

一般占干物重含量的0.1%以上,包括碳、氢、氧、氮、磷、钾、钙、镁和硫9种。其中钙、镁、硫也称中量营养元素。

2. 微量营养元素

一般含量在0.1%以下,它们是铁、硼、锰、铜、锌、钼和氯。

(二)肥料对芝麻的影响

肥料是芝麻的营养来源,肥料不仅可以促进芝麻整株生长,也可促进芝麻植株某一部位生长;肥料还在改善芝麻的商业品质、营养品质和观赏品质等方面有着重要意义;肥料可以改良土壤,提高土壤肥力,对芝麻生产意义重大。

芝麻要求土壤氮、磷、钾三要素中氮和钾需要量较大,应根据土壤氮、磷、钾含量进行配方施肥,平衡土壤营养供应。同时芝麻对硼、锌、锰、钼等微量元素反应敏感,可根据土壤中微量元素测定情况酌情补施微肥。特别是硼肥应用效果最为明显。

第三节 不良环境条件对芝麻生长发育的影响

一、气候因素

气候灾害通常是指由于大范围、持续性的气候异常所造成的灾害。以全球变暖为主要特征的气候变化,可能继续使更多严重的极端天气气候事件增多,全球变暖趋势亦将严重“冲击”人类现今的生存环境,尤其江河流域和海岸线低洼地、迅速发展中的城市群落,将面临生存环境的破坏和“突变”。由于海岸线变化、区域荒漠化以及洪涝与干旱等频繁的气象灾害事件,人类已经面临的水和能源短缺、环境污染等问题,可能变得更为严重,这些都会影响人类的生存安全。我国地处东亚季风区,地域辽阔,地形复杂,既有号称“世界屋脊”的青藏高原,又有西北大面积沙漠和干旱、半干旱地带,而长江流域及其以南地区又是洪涝频发区,是世界上主要的“气候脆弱区”之一,自然灾害频发、分布广、损失大,是世界上自然灾害最为严重的国家之一。

20 世纪的观测事实已表明,气候变化引起的极端天气气候事件(厄尔尼诺、干旱、洪涝、雷暴、冰雹、风暴、高温天气和沙尘暴等)出现频率与强度明显上升,直接危及我国的国民经济发展。其中,对我国芝麻产业也造成了极大损失,然而,在对防灾减灾投入大量人力物力的同时,我国的芝麻产业防灾抗灾能力亦有明显提升。

(一)干旱灾害

干旱灾害是指因久晴无雨或少雨、土壤缺水、空气干燥而造成农作物枯死、人畜饮水不足等的灾害现象。从天气状况考虑,干旱还包括干热风、高温和热浪等种类。干旱是一种气候灾害,它是影响经济

可持续发展与社会公共安全的重要因素之一。干旱灾害是我国最主要的自然灾害之一，历史上发生的每一次大旱都给中华民族带来深重灾难。近百年来，我国相继出现了1900年、1928～1929年、1934年、1956～1961年和1972年等大旱年份。进入20世纪90年代，伴随着全球气候变暖趋势的加剧，我国北方干旱频繁发生，中原地区已发生了6次大面积严重干旱。2001年2～5月，我国北方大部分地区发生了近10年来持续时间最长、影响范围最广、最为严重的干旱灾害。全国农田受旱面积达2 274.47亿平方米，有1 580万人、1 140万头大牲畜发生临时饮水困难。近40年来，我国农田受旱面积平均每年达2 001亿平方米以上，成灾733.7亿平方米，粮食减产数百亿千克。由于干旱连年发生，除造成农业粮食歉收外，还会造成河道断流、天然水域缩小、导致水资源匮乏，工业生产和生活用水严重不足，生态环境恶化，水质变坏，火灾多发，土地墒情下降，土地沙化、盐碱化，进一步导致沙尘暴活动加剧，同时造成森林覆盖率持续降低、草原退化日趋严重等。旱灾还导致地面沉降。中国60%～70%的人口和工业产值分布在东部平原地区或沿海地区，这些地方因为过度抽取地下水而导致地下水位降低，有的竟然降到几百米以下，形成很大面积的水漏斗，导致地面沉降。中国现在有70多个城市发生了地面沉降，沉降最深有的达到20多米。干旱给国家的经济建设和人民生命财产造成的损失越来越大，严重影响社会公共安全、国民经济发展和人民生活环境。随着经济的发展和人口的增长，干旱造成的损失绝对值还呈明显增大的趋势。芝麻本为抗旱作物，具有较好的抗旱性，短期的干旱少雨，对植株生长影响较小，但是长时间的干旱少雨同样不利于其产量和品质形成，严重时也会造成绝收。

（二）洪涝灾害

洪涝灾害是指因气象等原因使水位异常升高，冲破堤岸，淹没田地、房屋，淹死人畜并引发疾病等灾害现象。我国位于东亚季风区，是一个洪涝灾害多发国家。据国家民政部门统计，近十年来我国大陆平均每年因洪涝灾害造成的粮食损失约200亿千克，经济损失近2 000亿元，占国民经济生产总值的3%～6%。如1991年夏季江淮地区持续性洪涝、1994 年华南地区特大洪涝给国家造成的经济损失均高达上千亿元,尤其是 1998 年发生在长江流域及松花江、嫩江流域的特大洪涝灾害造成的经济损失超过 2 600 亿元,死亡人数超过 3 000人,而造成 1998 年特大洪涝的直接原因是:一次持续稳定的天气尺度系统引起持续性强降水和系统中不断滋生的中尺度暴雨云团及强暴雨系统产生的特大暴雨。从历史上看,20 世纪 50 年代以来长江流域(包括江淮地区)的历次大水(如 1954 年、1969 年、1975 年、1980 年、1983 年、1991 年、1993 年、1995 年、1996 年),还有 1958 年的黄河大水,1963 年海河大水都是由持续性,突发性的强暴雨造成的。洪涝灾害对芝麻最明显的影响就是使芝麻田大面积渍水,水势过大直接冲倒芝麻,严重的造成绝收。

(三)台风灾害

台风是指中心附近平均风力大于等于 12 级,风速大于等于 32.7 米/秒的热带气旋。台风灾害引起的狂风会掀翻船只、摧毁房屋和其他设施,巨浪能冲破海堤,暴雨能引发山洪暴发。台风灾害来势凶猛,具有急性突发性特征。20 世纪 90 年代全球最为严重的风暴灾害是 1991 年 4 月孟加拉湾的热带气旋性风暴所为,该风暴于 4 月 29 日登陆孟加拉国沿岸的脆弱地带,中心附近的最大风速竟达 72 米/秒,风暴潮的高潮位达 6 米,狂暴的大风和风暴潮席卷了孟加拉湾三角海区以及吉大洪一线的内陆和沿海岛屿,导致了 13.9 万人死于旦夕之间。据 ESCAP/WMO 台风委员会 1985 ~997 年年度报告资料统计表明,我国是世界上台风重灾国家,平均每年有 7 个台风登陆,我国大陆平均每年单纯因台风造成的经济损失达 246 亿元,死亡人数高达 570 人。我国因台风造成的平均经济损失是日本的 7.3 倍,菲律宾的 10.2 倍,韩国的 12.3 倍,越南的 22.3 倍。台风造成伤亡和失踪平均总人数是菲律宾的 7.6 倍,日本的 42 倍,越南的 19.3 倍,可见中国台风灾害之严重。台风对芝麻的影响主要是植株折断、植株被拔等,其危害较大。

(四)沙尘暴灾害

我国西北地区大部分是沙漠、干旱和半干旱地区,每年春季频繁发生的沙尘暴,不仅给当地造成了重大的自然灾害,而且也严重危害京津等地,并波及全国。强沙尘暴可造成房屋倒塌、交通供电中断、诱发火灾、人畜伤亡,污染自然环境,破坏作物生长,给国民经济建设和人民生命财产安全造成严重的损失和极大的危害。仅 2002 年 3 月 18 日到 21 日发生的 20 世纪 90 年代以来范围最大、强度最强、影响最严重、持续时间最长的沙尘天气过程,袭击了我国北方 140 多万平方千米的大地,影响人口达 1.3 亿元,直接损失高达 10 亿多元。有效开展沙尘暴工作,可以提早预防并对治理沙尘暴提出科学依据。沙尘暴对芝麻的直接危害便是植株受损,间接危害为粉尘过大,影响植株的光合作用等生理机能,对产量影响较大。

(五)气象－地质灾害链

随着国家西部大开发和可持续发展战略的实施,国家大型工程和规模经济建设的重点逐渐向中、西部地质灾害环境相对脆弱的地区转移,特别是一些标志性工程建设规划、新城市建设规划和小城镇建设规划过程中,面临越来越严重的气象地质灾害频繁发生的威胁。在自然界中,某一种气象灾害发生后,还常常会引发一连串次生或衍生灾害。次生灾害的种类非常多,如局地暴雨引发的泥石流或山体滑坡。地质灾害对人类活动和生存条件的影响和威胁越来越明显,而人类工程活动诱发气象地质灾害也越来越频繁。因此,目前气象地质灾害防治工作面临的形势越来越严峻,任务及其艰巨,社会需求不断加大,区域性的、造成重大伤亡的群发泥石流、滑坡灾害时有发生。在一定地区(特别是山地城镇),短期集中爆发的和长期以来累计形成高密度的气象地质(泥石流、滑坡)灾害,严重威胁人们的生命和财产安全。单体泥石流、滑坡灾害的伤亡、损失逐渐严重。近几年来泥石流、滑坡灾害发生频次和死亡人数明显上升。气象地质灾害(泥石流、滑坡)已越来越严重地制约我国社会经济的健康发展,气象地质灾害产生后,芝麻基本绝收,影响较大。

二、土壤环境

在自然环境中,很多地方的土壤条件较差,存在着一些限制因素使芝麻生长不良,这类土壤称为“逆境土壤”。常见逆境土壤的类型有酸性土壤、盐(碱)土壤、旱(涝)土壤和重金属污染土壤等。

(一)酸性土壤

大多数植物正常生长的土壤pH值为6左右,酸性土壤的pH值小于5.5,该类土壤在全世界大约有30%。在我国酸性土壤的分布遍及14个省区,包括红壤、黄壤、砖红壤、赤红壤和部分灰壤等,总面积达203万平方千米,约占全国耕地面积的21%。

当土壤pH值小于4时,芝麻根系变短、变少,严重时根尖死亡。原因是过多的氢离子影响质膜的稳定性,细胞膜透性增加,溢泌作用加强。另外,低pH值影响土壤中养分元素的有效性,如钾、钙、磷、可溶性氮等;一些毒害离子的活度增大,如铝离子浓度过高的铝毒、锰离子过高的锰毒等。

在酸性土壤中,芝麻生长既要克服高氢离子、铝离子和锰离子的不利影响,又要忍受钙、镁、磷、铁等养分的缺乏。

(二)石灰性土壤

石灰性土壤是指含有大量游离碳酸钙,pH值大于7的土壤,占全球土壤总面积的30%以上,主要分布在干旱和半干旱地区。其对芝麻生长的主要障碍因素有:缺铁或石灰性土壤诱导芝麻缺绿症,是生长在碳酸钙含量超过20%的石灰性土壤上作物最主要的营养失调症;由于pH值较高,锌、锰的有效性较低,容易造成芝麻锌、锰缺乏。

(三)盐土

盐土是指盐化过程形成的可溶性盐类大量积累含量高到使作物不能生长的土壤。全世界约有96 000万公顷盐渍土,我国的盐渍土也有约2 700万公顷,其中约有700万公顷是农田。

盐土中由于含有过量的盐分离子而危害芝麻生长的情况叫盐分

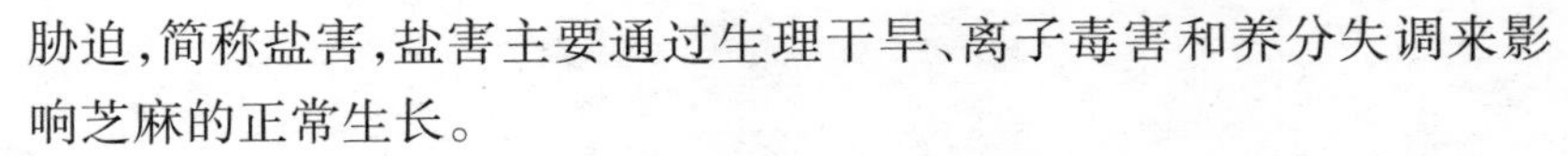

胁迫，简称盐害，盐害主要通过生理干旱、离子毒害和养分失调来影响芝麻的正常生长。

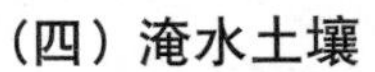

（四）淹水土壤

淹水土壤是指表层或不同层次的底土层中土壤间隙的空气被水完全置换，地下水位较高的土壤的总称。淹水土壤的主要特点是氧气减少，氧化还原电位急剧下降。

淹水对芝麻的不良影响

呼吸作用下降，光合强度也下降，养分吸收减少。

有毒物质的生成，如锰离子、铁离子、硫化氢、甲烷、乙醇、乙烯及低分子酸。

影响微生物的活动和有机质的分解。

影响矿质养料的活化，对于氮由于硝化作用受到影响，不能将铵根离子转化为硝酸根离子，不利于芝麻的吸收。

（五）重金属污染土壤

由于日趋增加的环境污染（如工业“三废”的排放、城市垃圾、污泥和含重金属的农药、化肥等），相当一部分农业土壤不同程度积累了过量的重金属，这些元素有一部分是芝麻生长所必需的（如锌、铜、锰、镍等），但是，过量的吸收和积累会引起芝麻生长受阻和品质下降。另一部分不是芝麻生长所必需的（如镉、铅、铬、汞、砷、硒等），其过量积累不仅会影响芝麻生长，而且通过芝麻进入食物链并对人畜造成严重的危害。其特点在于隐蔽性、长期性和不可逆性；表现的症状是根系发育异常，地上部青枯，叶片失绿等，严重时全株死亡。

三、病虫草害

作物的一生,从种到收,都可能遭受病虫草害的侵害。与其他作物相比,芝麻生性娇嫩,对外界环境相当敏感,病虫草害时有发生,种类繁多,对芝麻危害十分严重,影响芝麻产量提高和品质升级,制约着芝麻的发展。引起芝麻病虫害发生的原因相当复杂,如气候、土壤及生物环境因子等,同一品种在不同的生态环境下往往表现不同的抗性。

(一)病害

芝麻病害可分为非侵染性病害和侵染性病害,侵染性病害有真菌性病害、细菌性病害、病毒性病害三种,非侵染性病害就是常说的生理性病害,如缺素症。真菌性和细菌性病害是芝麻病害中发生程度最高、最常见的一种,主要包括枯萎病、茎点枯病、叶斑病、立枯病、青枯病、疫病、白粉病、根腐病、白绢病等;芝麻病毒性病害包括病毒病和变叶病,发生程度仅次于真菌性病害;而生理性病害是近几年来逐渐严重并为人们所重视的一种由于管理措施不当而给芝麻造成影响的病害。

在十几种芝麻病害中,发生最多、危害最重的主要是芝麻茎点枯病、枯萎病和病毒病以及叶斑病。茎点枯病、枯萎病造成大量死苗,病毒病引起萎蔫至死亡,叶斑病造成植株早衰、落叶,影响高产潜力的发挥和粒重的提高。在芝麻病害防治上,以这 4 种病害为主,其他病害可以达到兼治目的。

芝麻的病害有多种侵染方式,有从根系的根尖和伤口侵入,有从叶片气孔侵入,有的侵染花、蕾、蒴等,有的病害是借土壤传播,有的是种子带菌。只有了解芝麻病害的侵染方式和传播途径,才能进行有效地防治。

(二)虫害

芝麻虫害可分为地上害虫和地下害虫两类,其中地上害虫主要有蚜虫、盲椿象、棉铃虫、蟋蟀、蓟马、白粉虱、斜纹夜蛾、甜菜夜蛾、芝麻天蛾等,地下害虫主要有地老虎、金针虫、蝼蛄、蛴螬等。

经常危害芝麻的虫害有地下害虫、蚜虫和蛀蒴害虫,应重点防治;对突发性害虫,如盲椿象要抓住有利时机防治。

芝麻虫害,如蚜虫、盲椿象等属于刺吸式口器害虫,要用内吸剂农药在点片危害阶段集中歼灭;鳞翅目害虫芝麻螟、地老虎等,都是以幼虫危害芝麻,是咀嚼式口器害虫,3 龄前虫体小、食量少、危害轻、抗药性差,且比较集中,易歼灭。防治上应以胃毒剂药剂为主,抓住幼虫 3 龄前的有利时机;对金针虫、蛴螬等地下害虫与土壤关系密切的,应根据发生的虫害种类,主要以土壤处理、药剂拌种进行防治。

(三)草害

芝麻田的杂草种类较多,而且因种植地区不同而存在差异。春芝麻产区的主要杂草有马唐、牛筋草、绿狗尾草、野燕麦、马齿苋、藜、反枝苋、田旋花、卷茎蓼、大马蓼、本氏蓼、问荆、苣荬菜等;夏芝麻产区的主要杂草有马唐、稗、千金子、牛筋草、双穗雀稗、鳢肠、空心莲子草、田旋花、刺儿菜等;秋芝麻产区的主要杂草有马唐、牛筋草、千金子、画眉草、粟米草、草龙、胜红蓟、白花蛇舌草、竹节草、两耳草、凹头苋、铺地锦、臂形草、莲子草、碎米莎草等。

芝麻田杂草的主要危害:与芝麻争夺养料、水分、阳光和空间,妨碍田间通风透光,从而降低了芝麻的产量和品质;许多杂草是致病微生物和害虫的中间寄主或寄宿地,会导致病、虫害的发生。此外,有的杂草的种子或花粉含有毒素,能混与籽粒中使人畜中毒。

四、管理不当

(一)重茬影响

芝麻茬口安排不当是限制芝麻产量、品质提高的重要因素之一。重茬导致病害加重和养分失调,造成枯萎病、青枯病、茎点枯病等病害难以控制,使产量低而不稳。如连作一年的田块,枯萎病和茎点枯病发生率比对照提高18%和28%。2010年河南省农业科学院芝麻研究中心对芝麻病株率进行调查，与不重茬土壤相比，连作一年芝麻的病株率提高11.75%，连作两年芝麻的病株率提高31.89%，连作多年芝麻的病株率提高61.06%。

（二）选择的品种混杂退化

缺少当家品种，品种混杂退化，更新换代不及时等。

（三）种植粗放

主要包括四个方面：

☛ 有些农民仍沿用传统的种植方式，习惯于平地种植，不开沟，不能抗渍防涝。

☛ 不施肥或偏施氮肥，影响芝麻正常发育，不能充分发挥增产潜力。

☛ 播量大，密度不当。密度过大会造成个体发育不良，群体质量差，抵御自然灾害的能力明显降低。

☛ 收获不科学，提前收获、芝麻生长后期打叶、收割后堆垛发酵等不良习惯没有改变，造成芝麻秕粒，千粒重下降，籽粒颜色变暗，严重影响芝麻的商品品质。

第四章

芝麻高产栽培理论与实践

本章导读： 本章详细分析了芝麻产量构成三大因素的特点和规律，从高产潜力、高产芝麻的长相和高产群体结构与生理调控等方面阐明了芝麻产量形成的物质基础，从土壤条件、品种选择、播种技术、施肥技术、化控技术、灌溉技术和打顶技术等方面深入叙述了当前高产栽培理论，从地膜覆盖与春播、夏播和秋播三个方面详细叙述了芝麻高产栽培技术，最后详细介绍了我国芝麻机械种植现状及面临的新形势、发展趋势，列举了两种芝麻生产机械化技术体系，以期让读者全面掌握当前我国芝麻高产栽培理论与实践。

在芝麻生产过程中,人们常常采取一系列高产配套栽培技术,其最终是为了达到高产、优质的目的。芝麻的产量是由单位土地面积株数、单株蒴数、蒴粒数和千粒重四个因素构成,这些因素之间往往是相互联系、相互制约的。在芝麻栽培过程中,气候因素以及栽培条件首先是影响芝麻的生长发育,然后作用到产量构成因素,最终反映到产量上。因此,了解各产量构成因素对产量和品质的影响,以及各个因素随外界条件而发生变化的规律,正确运用各项栽培技术措施协调各因素之间的相互关系,以达到高产、优质、低成本的高产栽培目的是十分必要的。

第一节 产量构成因素的形成

一、产量构成因素

芝麻的产量构成因素有单位面积株数、单株蒴数、蒴粒数和千粒重。在芝麻的产量构成因素中,单位面积株数是形成芝麻单位面积生物产量和经济产量的基础。众所周知,若种植密度过高,芝麻个体生产能力过低,虽有较多的株数,仍然是不能够获得高产的;反之,若种植密度过低,虽有较高的个体生产能力,因单位面积株数过少,同样也不能够获得高产。不同地点及产量水平下芝麻产量构成因素的变化见表 4－1。

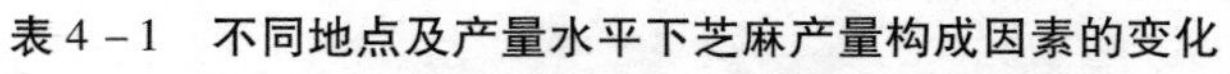

表4-1 不同地点及产量水平下芝麻产量构成因素的变化

试验地点	品种	密度（万株/亩）	单株蒴数（个）	每蒴粒数（粒）	千粒重（克）	产量（千克/亩）
郑州	郑芝98N09	0.5	130.7	74.1	2.60	58.9
		1.0	101.5	68.5	2.62	90.3
		1.5	58.2	57.9	2.35	97.0
		2.0	47.2	65.8	2.32	77.3
		2.5	52.6	56.1	2.37	63.9
		3.0	32.8	51.2	2.20	38.6
开封	郑芝98N09	0.5	92.9	65.3	2.62	77.3
		1.0	56.5	61.9	2.51	78.1
		1.5	49.5	57.6	2.74	86.4
		2.0	39.9	56.2	2.56	70.3
		2.5	39.4	53.3	2.69	76.4
		3.0	24.1	46.2	2.65	68.9
周口	郑芝98N09	0.5	119.5	85.0		85.6
		1.0	113.5	81.5		88.4
		1.5	109.5	80.0		83.0
		2.0	105.0	75.5		81.2
		2.5	105.5	70.0		70.9
		3.0	96.0	67.0		68.1
南阳	郑芝98N09	0.5	115.2	58.0	3.43	66.6
		1.0	72.0	57.7	3.29	76.3
		1.5	73.4	55.6	3.39	82.7
		2.0	56.9	56.5	3.52	85.0
		2.5	38.0	53.3	3.65	90.6
		3.0	54.1	53.6	3.23	79.5
三门峡	郑芝98N09	0.5	142.0	68.9	3.30	100.4
		1.0	99.9	66.8	3.34	121.2
		1.5	90.3	59.2	3.12	129.0
		2.0	75.6	59.2	3.00	125.8
		2.5	67.1	55.6	3.05	133.2
		3.0	65.1	52.4	3.06	143.6

续表

试验地点	品种	密度（万株/亩）	单株蒴数（个）	每蒴粒数（粒）	千粒重（克）	产量（千克/亩）
辽阳	辽 9501 -2	0.5	80.1	55.0	2.91	29.5
		1.0	84.5	46.9	2.92	42.8
		1.5	76.3	49.7	2.86	48.9
		2.0	74.5	49.5	2.80	44.2
		2.5	71.6	51.8	2.94	45.0
		3.0	59.6	49.0	2.76	39.7
石家庄	郑芝 98N09	0.5	56.5	70.8	2.73	71.1
		1.0	47.4	69.9	2.51	87.3
		1.5	57.1	67.7	2.57	125.1
		2.0	35.6	64.8	2.49	87.8
		2.5	44.2	66.6	2.61	82.8
		3.0	37.1	65.1	2.52	62.3
汾阳	晋芝 3 号	0.5	67.8	60.9	2.37	28.9
		1.0	54.7	62.0	2.41	44.5
		1.5	32.2	60.4	2.29	24.5
		2.0	48.5	61.3	2.13	40.0
		2.5	39.2	61.1	2.04	33.9
		3.0	28.1	60.6	2.25	32.0

在芝麻产量构成因素中,单位面积株数是高产的基础。只有正确处理好个体生产能力与群体生产能力的关系,才能获得较高的产量。各地密度试验结果表明,当种植密度增加时,平均单株蒴数随之下降,但并不按株数增加的比例下降。说明每亩株数和每株蒴数二者之间的关系并不是简单的直线关系,而是一种曲线回归关系。种植密度与单位面积产量之间也不是直线相关,而是一种抛物线相关关系。在一定范围内,芝麻单位面积产量随着密度的增加而增加,超过一定范围,单位面积产量则随着密度的增加而减少。只有当增加密度所带来的群体生产能力的上升,超过个体生产能力下降的总和时,密植才能增产。在这一抛物线的顶部,产量高而变化较为平缓的区间内的种植密度,就是合理密植的范围。这时诸产量构成因素,将

取得最佳组合，从而获得较高的产量。当然，由于芝麻品种类型、生产潜力及生育特性不同，各地种植区域土壤、气候条件的不同，以及各地生产水平的不同，其合理密植范围也不尽相同。各地区的密度试验结果也反映了在不同地区气候、土壤以及所采用的品种和栽培条件不同时，芝麻合理种植密度有很大差异。由此可见，芝麻合理密植必须根据品种特性，因地制宜，最终才能获取高产。

当种植密度确定后，单株蒴数、蒴粒数和千粒重就成为影响芝麻产量的重要因素。对于这三者之间的关系及其对芝麻产量的影响，河南省农业科学院芝麻研究中心于 2009 年和 2010 年联合我国北方芝麻科研单位采用同一品种和不同播期进行芝麻产量构成因素相关性研究资料进行相关分析。结果表明，在保证单位面积株数的前提下，单株蒴数、蒴粒数和千粒重三个直接产量构成因素均与产量呈极显著正相关，其中以单株蒴数与产量的关系最密切，两年试验中，单株蒴数和蒴粒数的各级相关系数均表现为极显著的正相关，也就是说在气候正常的年份，单位面积蒴数对产量影响最大。千粒重与产量的关系均表现为正相关，但受到单株蒴数与蒴粒数的影响，千粒重与产量的关系年份间表现不稳定。总之，在构成芝麻产量的三个直接因素中，单株蒴数是最重要的因子。

良好的栽培措施不但可以增加单株蒴数，而且对于提高粒重也是有利的，增加蒴数与提高粒重并不矛盾。进一步的试验分析，芝麻单株蒴数与植株果轴长及结蒴密度呈高度正相关，而与始蒴高度呈负相关。对于分枝型品种，其单株产量则与有效分枝数呈高度正相关，而与分枝高度呈负相关。

二、产量形成的物质基础

（一）增产潜力

芝麻籽粒产量的高低是由遗传潜力和栽培环境共同作用的结果。1949～1985 年全国芝麻平均每亩的产量只有 27.7 千克，仅为高产典型平均亩产量的1/5,河南的平均产量仅为高产典型单产的1/6。1984~1987年鄂、豫、皖三省由于推广了芝麻综合丰产栽培技术,使芝麻产量得到明显的提高,在这5年中,累计产量75千克/亩以上的有252.6万亩,100千克以上的有26.76万亩,其中有数百亩150千克的高产典型。1999~2009年,近10年来我国芝麻平均单产70千克/亩左右,黄淮流域亩产量60~70千克,长江流域亩产量80~90千克,但因芝麻较其他农作物的抗病耐渍性差,主产区涝害频繁发生,导致年份间单产及总产波动较大,如黄淮主产区2006年正常年份平均单产达82千克/亩,而2003年由于涝害严重,单产仅为30千克/亩。随着科学技术的进步和科学种田水平的提高,芝麻的增产潜力逐步得到挖掘,河南省芝麻研究中心在许昌创建的高产试验中,通过充分协调芝麻产量构成三要素,在1.08亩田块上创造出亩产251.8千克/亩的世界高产纪录;2010~2013年,河南省农业科学院芝麻研究中心根据“夏芝麻高产稳产轻简化生产关键技术”的推广与应用,使芝麻的增产潜力得到进一步发挥,亩产85千克以上的有818.6万亩,同时涌现出一大批单产150千克以上的高产典型,分别创造出百亩连片188.5千克/亩、千亩连片179.6千克/亩的高产纪录,并在新疆精河县采用机械化轻简栽培技术创造出356亩连片194.1千克/亩的高产纪录。这充分说明,芝麻的增产潜力很大,有待今后进一步研究挖掘。

2013年,河南省农业科学院芝麻研究中心对河南省各地育成芝麻品种产量潜力进行了研究,播种日期为6月6日,其中郑芝98N09为2010年试验数据,播种日期为6月21日(晚夏播)。结果(表4-2)表明,在正常播种条件下,芝麻的单株开花数为106.7~224.7个/株,单株结蒴率在53.6%~80.6%,而晚播后,单株开花数并没有显著减少,但单株蒴数和结蒴率都显著下降,分别为65.6%、37.2%。表明在晚夏播条件下,芝麻开花期光照强度下降、光照时间缩短、温度下降等气象条件的改变,并没有影响芝麻的开花数量,但降低了单株结蒴率。因此,适期播种是保障芝麻高产稳产的前提条件。

表 4－2 不同芝麻品种产量潜力表

品种	单株花数（个）	单株落花数（个）	单株蒴数（个）	单株结蒴率（%）	理论单株产量（克）	实际单株产量（克）
郑芝 12 号	199.3	49.3	150.0	75.3	31.5	18.9
漯芝 15 号	147.7	60.7	87.0	58.9	22.8	8.1
驻芝 14 号	224.7	64.3	160.3	71.4	30.6	19.9
漯芝 16 号	167.3	77.7	89.7	53.6	26.0	9.7
漯芝 18 号	178.3	48.7	129.7	72.7	35.3	18.9
舆芝 18 号	106.7	20.7	86.0	80.6	12.3	10.3
郑芝 98N09	126.0	54.3	71.7	56.9	19.3	10.4
郑太芝 1 号	140.3	53.3	87.0	62.0	21.5	15.7
郑芝 13 号	191.3	69.7	121.7	63.6	33.0	16.1
豫芝 4 号	192.3	57.0	135.3	70.4	40.2	19.7
豫芝 11 号	186.5	52.0	134.5	72.1	39.9	20.7
郑芝 98N09（晚播）	176.2	110.6	65.6	37.2	27.0	8.9

（二）高产芝麻的长相

高产芝麻的长相，总的来说，植株健壮，叶色浓绿，叶片大小适中，腿低蒴密，后期生长稳健不早衰。不同的生育时期具有不同的生育指标。

1. 出苗

春播芝麻全生育期 110 天左右，4 月底至 5 月上旬播种，出苗期 6～7 天；夏播全生育期 90 天左右，5 月底至 6 月初播种，出苗期 5 天左右。从出苗到初花需 40～45 天，夏播需 35～40 天。芝麻苗必须要求全、匀、健壮、早发棵。

2. 定苗密度

单秆型品种 10 000～12 000 株/亩，分枝型品种6 000～8 000株/

亩。苗期叶面积系数 0.5 以上,日增高 0.8 ~1.0 厘米。

3. 花期

芝麻生长的高峰期是盛花期,春播芝麻总花期共 45 天左右,夏播为 35 天左右。初花期要求叶面积系数 1.5 ~2.0;茎秆的日增长高度为 1.8 厘米左右。盛花期单株日增加蕾、花、蒴 10 个以上,最大叶面积系数 4 左右,茎秆日增长 3 厘米左右,从盛花至终花阶段的长势减弱,要求茎日增长量稳定在 1.2 ~1.5 厘米,叶面积系数 3 左右,不超过 4,以免荫闭。终花时,要求单株成蒴数:春播芝麻,单秆型品种 55 ~75 个蒴,分枝型品种 80 ~100 个蒴;夏播芝麻,单秆型品种 45 ~66 个蒴,分枝型品种 65 ~85 个蒴。

4. 后期

芝麻的单株蒴数与单株生产力的关系最密切,在种植密度确定之后,主攻单株蒴数是关键。为此,单秆型品种主要是发挥无限花序习性的潜力,增加株高,延长果轴长度,增加结蒴节位,以求足够的单株蒴数;分枝型品种主要以增加有效分枝和分枝蒴数为主。对瘠薄地或过于晚播的芝麻,应当以攻主茎蒴数为主,也可以加大密度,以密补瘦,以密补迟。

(三) 高产群体结构与生理调控

产量结构合理,各产量构成因素之间协调是芝麻丰产的基础。每亩蒴数对产量高低起着主要作用,其次是蒴粒数和千粒重。所以,要实现高产、优质、低成本,首先要着手提高每亩蒴数,并尽量增加蒴粒数和千粒重,一定要使每亩蒴数、蒴粒数、千粒重三者互相协调;而且随着产量的提高,对于协调的要求也越来越高。这种关系,可以从不同产量水平的产量结构实例中得到充分说明。不同产量水平下芝麻群体结构见表(表 4 -3)。

表 4－3　不同产量水平下芝麻群体结构

试验单位	品种	密度（万株/亩）	亩蒴数（万）	每蒴粒数（个）	千粒重（克）	产量（千克/亩）
河南省芝麻研究中心	郑芝 98N09	0. 5	30. 6	74. 1	2. 60	58. 9
		1. 0	50. 3	68. 5	2. 62	90. 3
		1. 5	71. 3	57. 9	2. 35	97. 0
		2. 0	50. 6	65. 8	2. 32	77. 2
		2. 5	48. 1	56. 1	2. 37	64. 0
		3. 0	34. 3	51. 2	2. 20	38. 6
开封农业科学院	郑芝 98N09	0. 5	45. 2	65. 3	2. 62	77. 3
		1. 0	50. 3	61. 9	2. 51	78. 1
		1. 5	54. 7	57. 6	2. 74	86. 3
		2. 0	48. 9	56. 2	2. 56	70. 4
		2. 5	53. 3	53. 3	2. 69	76. 4
		3. 0	56. 3	46. 2	2. 65	68. 9
南阳农业科学院	郑芝 98N09	0. 5	33. 5	58. 0	3. 43	66. 6
		1. 0	40. 2	57. 7	3. 29	76. 3
		1. 5	43. 9	55. 6	3. 39	82. 7
		2. 0	42. 7	56. 5	3. 52	85. 0
		2. 5	46. 6	53. 3	3. 65	90. 7
		3. 0	45. 9	53. 6	3. 23	79. 5
三门峡农业科学院	郑芝 98N09	0. 5	44. 2	68. 9	3. 3	100. 5
		1. 0	54. 3	66. 8	3. 34	121. 2
		1. 5	69. 8	59. 2	3. 12	129. 0
		2. 0	70. 8	59. 2	3. 00	125. 7
		2. 5	78. 5	55. 6	3. 05	133. 1
		3. 0	89. 6	52. 4	3. 06	143. 7
辽宁农业科学院	辽 9501－2	0. 5	18. 4	55. 0	2. 91	29. 5
		1. 0	31. 3	46. 9	2. 92	42. 9
		1. 5	34. 4	49. 7	2. 86	48. 9
		2. 0	31. 9	49. 5	2. 8	44. 2
		2. 5	29. 5	51. 8	2. 94	45. 0
		3. 0	29. 4	49. 0	2. 76	39. 8

续表

试验单位	品种	密度（万株/亩）	亩蒴数（万）	每蒴粒数（个）	千粒重（克）	产量（千克/亩）
河北农业科学院	郑芝 98N09	0.5	36.8	70.8	2.73	71.1
		1.0	49.8	69.9	2.51	87.4
		1.5	71.9	67.7	2.57	125.1
		2.0	54.4	64.8	2.49	87.8
		2.5	47.6	66.6	2.61	82.7
		3.0	38.0	65.1	2.52	62.3
山西农业科学院	晋芝 3 号	0.5	20.0	60.9	2.37	28.9
		1.0	29.8	62.0	2.41	44.5
		1.5	17.7	60.4	2.29	24.5
		2.0	30.6	61.3	2.13	40.0
		2.5	27.2	61.1	2.04	33.9
		3.0	23.5	60.6	2.25	32.0
河南省芝麻研究中心	豫芝 4 号	1.07	103.5	74.4	3.27	251.8
河南省芝麻研究中心	郑 8805	1.0	95.7	69.6	3.49	232.5
河南省芝麻研究中心	郑 8805	0.94	93.7	77.4	2.8	203.1

表 4－3 列出了我国河南、河北、山西、辽宁等地芝麻研究单位对不同产量水平上产量构成因素的观察和分析结果。由表可以看出，虽然各地气候、地理环境及生产水平不同，但芝麻产量构成因素的三要素间的关系不尽相同。总趋势为同等产量水平下，随种植密度增加，每亩蒴数增加，千粒重下降，单蒴粒数变化幅度依据品种特性不同而有所差异。说明芝麻产量构成的三要素间相互协调、相互制约，不同产量水平下的产量构成因素可调节幅度是不一样的。亩蒴数的变化是影响产量提高的主要因素，产量 50 千克/亩以下的产量构成因素中，亩蒴数小于 35 万，千粒重低于 3 克，产量 100 千克/亩左右的产量构成因素中，每亩蒴数大于 44 万，千粒重 3 克左右。可见在产量 100 千克/亩芝麻的产量构成因素三个要素间相互协调的余地

比较大，可以通过一个因素的提高，弥补其他因素的降低造成的产量缺失。而当产量达200千克/亩以上时，产量结构之间的互补余地就比较小了，其三因素的变幅仅为93.7万～103.5万蒴/亩、69.6～77.4粒/蒴、2.8～3.49克/千粒，相差分别为9.8万蒴/亩、7.8粒/蒴和0.69克/千粒。由此可见，没有合理的产量构成因素，也就没有理想的产量。从高产和超高产的产量构成因素分析，对产量贡献大小顺序为总蒴数>千粒重>每蒴粒数。根据上述分析，高产栽培中应主攻单株蒴数与千粒重，即以增加单株蒴数为基础，以提高千粒重为重点，并力争每蒴粒数的增加。

为了使芝麻获得较高的产量，首先必须选择具有生长势强、结蒴性好、蒴粒数多、千粒重高，且三者之间相互协调稳定的丰产性品种，然后通过高产栽培措施，在提高单位面积蒴数的基础上，努力将单蒴粒数和千粒重保持在一个较高的水平，尤其应在提高千粒重方面下功夫。总结多年来的栽培经验，芝麻产量75～100千克/亩的合理产量构成因素为，每亩蒴量60万～800万，每蒴粒数65～70粒，千粒重3克左右；产量200千克/亩以上的产量构成因素：每亩蒴量100万～1 200万，每蒴粒数70～75粒，千粒重3.5克左右。

此外，合理的产量结构是芝麻全生育期营养生长和生殖生长协调发展的结果，要实现高产、高效、低成本，不仅各产量构成因素之间需要协调，而且芝麻的生物学产量与经济产量系数也必须协调。从根本上说，生物学产量的高低取决于芝麻光合产物的多少。但这还只是高产的基础，能否取得高产还取决于经济系数的大小。河南省芝麻研究中心对同一芝麻品种不同试验处理下的芝麻经济系数进行了比较，结果见表4－4。

表4－4 不同调控措施下芝麻经济系数与产量的关系

性状	处理1	处理2	处理3	处理4	处理5	处理6	处理7
株高（厘米）	198.9	203.4	209.2	213.0	211.8	213.4	201.2
结蒴部位（厘米）	67.6	66.6	64.3	78.9	84.1	69.8	72.9
黄梢尖（厘米）	9.7	6.7	9.0	7.5	9.5	7.1	5.6

续表

性状	处理1	处理2	处理3	处理4	处理5	处理6	处理7
果轴长度(厘米)	121.5	130.2	121.3	141.3	118.5	136.5	122.7
单株蒴数(个)	99.8	108.2	92.7	115.9	80.1	111.7	97.5
蒴粒数(个)	57.8	62.2	62.3	65.5	58.9	69.0	62.7
千粒重(克)	3.0	3.2	3.3	3.5	3.1	3.5	3.2
单株产量(克)	10.2	11.9	11.1	13.5	9.0	14.5	11.4
经济系数(%)	13.9	16.0	13.2	18.5	13.5	19.4	16.3
产量(千克/亩)	102.1	118.6	111.3	134.8	89.6	145.1	114.1

从表4－4中可以看出,通过栽培措施在增加生物学产量的同时,保持较高的经济系数,才能够达到高产。若芝麻生育期间发生徒长,后期生物学产量再高,也会因经济系数较低而不能实现高产;若芝麻植株瘦弱、营养生长不良,生物学产量较低的情况下也同样不能实现高产。总之,产量构成因素之间的协调,生物学产量和经济产量之间的协调,是衡量芝麻产量结构是否合理的两个重要指标,也只有全面实现这两个协调,才能真正达到高产、优质、低成本的目的。

密度是影响芝麻生物学产量形成的基础,在一定密度范围内,芝麻在株高、单株光合面积能进行自我调节,密度小,个体充分发育,分枝增多,叶片数增加,叶面积也相应增加,结蒴部位降低,而密度过大,分枝减少,叶片数减少,叶面积也相应降低,结蒴部位增加,尤其在氮肥过多的土地上,密度过大,茎秆细嫩,分枝瘦小,节间延长,无效枝增多,有倒伏的可能。一般每亩12 000株与8 000株相比,每蒴粒数减少0.3粒,千粒重低0.05克。

播种时间是影响芝麻生物学产量形成的另一个关键因素。适期播种,光、温充足,芝麻个体发育时间较长,个体能充分发育,分枝相应增多,叶片数也增加,因此单株叶面积也相应增加,单株结蒴能力增强;而当播期过迟时,由于光、温资源不足,生育天数较短,芝麻为了完成生育周期,在个体不能充分发育的情况下进行生殖生长,结蒴少,蒴果小,单株生物产量与经济产量都下降。

第二节 芝麻高产栽培理论

一、适宜高产的土壤条件

芝麻在我国分布非常广泛,西从新疆、西藏,东到东南沿海,北起东北,南到海南;黑土地、红黄壤、紫色土、沙土、黏土、两合土等,各种土壤均有芝麻种植。由此可见,芝麻对土壤的要求并不十分严格,各种土壤都能种植芝麻。而且只要栽培得当,管理得法,都能获得高产。

(一)芝麻对土壤水分的要求

涝、渍害对芝麻生产威胁极大,在地势低洼、排水不良或地下水位过高的土壤上种植芝麻,往往易受渍、涝害,轻则导致植株发育不良、生长迟缓,产量和品质大幅度下降,重则常导致植株根系缺氧而整株死亡。因此,芝麻应在地势高燥、排水良好的田块上种植。

(二)芝麻对土壤 pH 值的要求

芝麻对土壤质地及酸碱度均较敏感。芝麻生性娇嫩,喜欢偏中性的土壤,适宜芝麻生长的土壤酸碱度在 5.5~7.5,盐碱地、酸性强的土壤、沼泽土以及低洼地,均不适宜种植芝麻。芝麻根系分布浅,土壤(0~10 厘米)的表层含盐量不能超过 0.3%,若超过 0.3%,芝麻易形成“老苗”,甚至死亡。

(三)芝麻对土壤质地的要求

种芝麻的土壤最好是土层深厚,土质松软、肥沃,富含氮、磷、钾和其他营养元素，保水保肥，水肥协调。适宜芝麻生长的土壤有砂姜黑土、红壤土、白散土、两合土、油沙土、沙壤土等。芝麻除需要适量氮肥外，特别喜欢磷、钾肥，在富含磷、钾肥的田块上种植芝麻常能获得高产。

在河南省芝麻主产区的驻马店、周口、南阳等地的种植户，往往喜欢将芝麻种植在砂姜黑土地上。因为砂姜黑土地潜在养分较丰富，尤其是富含钾素营养；砂姜黑土地在芝麻生育后期供肥性好，有利于芝麻灌浆结实；砂姜黑土地土体持水量小，垂直孔隙比较发达，通透性较好，因此雨后渍、涝害影响往往比黄壤土地轻；由于土壤微生物组成方面的原因，砂姜黑土地芝麻比较耐重茬，病害轻。因此，砂姜黑土地种出的芝麻片大、皮薄、色白、粒饱、含油量高。但砂姜黑土保墒性能差，适耕期短，耕作过早揉土成粒不成面，耕作过晚土壤干了似铁块，久旱地龟裂。因此，砂姜黑土上种植芝麻，必须重视土壤含水量，合理耕作和培肥，以改善土壤结构。

二、品种选择

我国有着悠久的芝麻栽培历史、丰富的芝麻种质资源，目前，随着国家芝麻产业技术体系的成立，种质资源科技工作者通过广泛搜集、征集，在国家芝麻种质资源中期库中保存有5 000余份资源材料，在河南省农业科学院芝麻研究中心种质资源库内保存有3 000余份资源材料。通过对芝麻地方品种资源的搜集和整理，筛选出一大批优良芝麻农家种，先后选育出了一大批高产、稳产、高油、高蛋白、抗病、耐渍的芝麻优良品种，为实现我国芝麻高产、稳产创造了必要的条件。现将目前我国在生产上大面积推广的育成品种及其特征特性简述如下：

（一）豫芝11号

1. 选育单位及品种来源

豫芝11号是河南省农业科学院芝麻研究中心1991年从多元病

圃的对照品种豫芝4号中发现的天然优良变异单株，经连续系统选择和试验育成，1999年通过河南省农作物品种审定委员会审定命名，2002年通过国家农作物品种审定委员会审定。

2. 产品质量

该品种夏播一般每亩产量75千克左右，高者达180千克。

3. 特征特性

该品种属单秆型，株高一般160厘米左右，丰产条件下达180厘米以上。茎秆弹性好，不倒伏，叶色深绿，花冠白红色，基部微红。叶腋三蒴，单株成蒴数87～100个，蒴果四棱，蒴长中等，蒴粒数60粒左右，种子呈卵圆形，种皮纯白，千粒重3.0克左右，种子含油量56.66%左右。豫芝11号生育期86～92天。高抗叶斑病、枯萎病和茎点枯病，耐渍、耐旱。

4. 适宜地区

适宜种植范围为河南、湖北、安徽、河北等省春、夏播芝麻主产区。

（二）郑杂芝H03

1. 选育单位及品种来源

郑杂芝H03是河南省农业科学院芝麻研究中心利用雄性不育系制种的第二个芝麻杂交种，该组合亲本是“91ms2108×92D028”。母本91ms2108为改良型雄性核不育系，父本92D028通过系谱法选育而成。于2001年通过河南省农作物品种审定委员会审定，2002年通过国家农作物品种审定委员会审定。

2. 产品质量

夏播一般每亩产量70～100千克，春播一般每亩产量90～120千克，高产栽培条件下可达到200千克/亩以上。

3. 特征特性

该品种属单秆型，植株高大，一般株高170～200厘米，叶片浓绿，一叶三花，花冠白色，蒴果四棱。单株蒴数75个左右，蒴粒数70粒左右，籽粒白色，千粒重3.2克左右，种子含油量58.58%，粗蛋白质含量为18.62%，适合外贸出口，茎点枯病病情指数为1.80，枯萎病病情指数为1.30。郑杂芝H03生育期93天左右,属中熟品种,该品种苗期生长健壮,发育速度快,花期集中,籽粒灌浆速度快。表现高产、稳产、抗病。

4. 适宜地区

适宜种植范围为河南、湖北、安徽、河北等省春、夏播芝麻主产区。

(三)郑芝97C01

1. 选育单位及品种来源

郑芝97C01是河南省农业科学院芝麻研究中心1984年用7801(母本)和124(父本)有性杂交、辐射诱变选育而成的新品种,2001年通过河南省农作物品种审定委员会审定。2002年通过国家农作物品种审定委员会审定。

2. 特征特性

该品种属单秆型,植株茎秆粗壮,株高165厘米左右,丰产条件下可达200厘米。中下部叶片较大,叶色浓绿,叶腋三花,花粉红色。蒴果四棱。种子长卵形,种皮白色,千粒重可达3.481克,含油率56.1%,蛋白质含量19.72%,且籽粒纯白,纹路较细,符合外贸出口标准。抗性较强、耐低温,茎点枯病病情指数为2.16,枯萎病病情指数为1.63,属高抗品种,稳产性和丰产性较好。郑芝97C01生育期一般夏播87~90天,春播95~102天,属中早熟品种。

3. 适宜地区

在河南省夏播、春播皆宜。种植地区适应性广,适宜在河南、安徽、湖北等省区种植。

(四)郑芝98N09

1. 选育单位及品种来源

郑芝98N09是河南省农业科学院芝麻研究中心利用杂交育种与诱变育种相结合的方法,经多年系谱选择而成的优质高蛋白食用型芝麻新品种,2004年通过国家农作物品种鉴定委员会鉴定。

2. 特征特性

该品种属单秆型,植株高大,茎秆粗壮,一般株高150~180厘米,高产条件下可达2米以上,果轴长度102.28厘米;叶腋三花,花白色,基部微红;蒴果四棱,单株成蒴数78个,高产条件下可达150个以上;籽粒纯白,籽大皮薄,千粒重3克左右,粗脂肪含量54.83%,粗蛋白质含量24.00%,适宜外贸出口;茎点枯病病情指数为8.70,枯萎病病情指数为3.50,抗旱耐渍害性强。郑芝98N09全生育期86天,属中早熟品种。

3. 适宜地区

适应黄淮、江淮流域生态环境,适合在我国芝麻主产区河南、安徽、湖北、江西、河北、山西、陕西及新疆等地推广种植。

(五) 郑杂芝3号

1. 选育单位及品种来源

郑杂芝3号是河南省农业科学院芝麻研究中心通过群体改良选育的优质、高产、多抗强优势芝麻杂交种。2004~2006年参加河南省芝麻区域试验及生产试验,2007年通过河南省农作物品种审定委员会鉴定,属优质、高产、高抗芝麻杂交种。

2. 特征特性

该品种属单秆型,植株高大,茎秆粗壮,韧性较好,株型紧凑,一般株高162~175厘米。叶腋三花,蒴果四棱、花期35~45天;成熟时微裂;籽粒纯白,千粒重2.8~3.0克,脂肪含量56.04%,蛋白质含量20.77%,香味浓厚,感官品质较好。茎点枯病病情指数为2.69,枯萎病病情指数为3.32,抗旱耐渍害性强。郑杂芝3号全生育期87天,属中早熟品种。

3. 适宜地区

出苗快,苗期生长健壮,适应黄淮、江淮流域生态环境,适合在我国芝麻主产区河南、安徽、湖北、江西、河北、山西、陕西及新疆等地推广种植。

(六) 郑芝12号

1. 选育单位及品种来源

芝麻新品种郑芝12号(原名郑芝97S56)是河南省农业科学院芝麻研究中心利用复合杂交、多元病圃选择的方法育成的优质、高产、高抗芝麻新品种,2007 年通过河南省特色农作物品种鉴定委员会鉴定。

2. 特征特性

郑芝 12 号属单秆型品种。其出苗速度快,苗期生长健壮,叶色浓绿,基部叶片为全圆形,中下部叶片肥大,有缺刻;茎秆粗壮,韧性较好,茎上茸毛较多,植株高大,株型紧凑,一般株高155~180 厘米;果轴长,节间短;花冠白色,基部微红;叶腋三花,蒴果四棱,花期 40 天左右;籽粒纯白,千粒重最高达 3. 292 克;粗脂肪含量 52. 23%,蛋白质含量 25. 84%,属高蛋白品种。郑芝 12 号全生育期 87~91 天,比豫芝 4 号晚熟 1~3 天,成熟时微裂。

3. 适宜地区

属中早熟品种,适宜在河南及邻近省份芝麻产区种植。

(七)郑芝 13 号

1. 选育单位及品种来源

郑芝 13 号(原名为郑芝 04C85)是由河南省农业科学院芝麻研究中心利用有性杂交、混合系谱法选择,结合多元病圃筛选,并在多点联合鉴定的基础上,选育出的优质、高产、稳产、高抗白芝麻新品种。2009 年通过河南省品种鉴定委员会鉴定。

2. 特征特性

该品种单秆型品种,叶色浓绿,叶片对生,基部叶片为长卵圆形,有缺刻,中上部叶片为披针形;茎秆粗壮,韧性较好,茎上茸毛较多;株型紧凑,株高 150~180 厘米,高产条件下可达到 190 厘米以上;果轴长,节间短,花期 30~40 天,单株蒴数 82 个;花冠白色,叶腋三花;蒴果四棱、中长蒴,蒴粒数 62 粒,成熟时微裂;千粒重 2. 9 克,粗脂肪含量 56. 96%,粗蛋白质含量 20. 92%;茎点枯病情指数 4. 92,枯萎病情指数 4. 70,高抗茎点枯病和枯萎病,且耐渍、抗倒伏能力也较强。郑芝 13 号全生育期 87 天左右,属中早熟品种。

3. 适宜地区

适宜在河南省和邻近省份芝麻产区种植。

(八)郑芝14号

1. 选育单位及品种来源

郑芝14号(原名郑芝9921)是由河南省农业科学院芝麻研究中心利用复合杂交、系谱法选择、多元病圃及多点联合鉴定方法选育的高产、优质、高抗芝麻新品种。2009年通过河南省品种鉴定委员会鉴定,定名郑芝14号。

2. 特征特性

该品种为单秆型,叶色浓绿,叶片对生,茎秆粗壮、韧性较好。株型紧凑,株高140~180厘米,高产条件下株高可达到190厘米以上。果轴长,节间短,单株蒴数80个。花冠白色,叶腋三花,花期35~40天。蒴果四棱、中长蒴,蒴粒数62粒,成熟时微裂。千粒重2.68克,籽粒粗脂肪含量56.45%、粗蛋白质含量19.95%,属优质芝麻新品种。茎点枯病病情指数4.63,枯萎病病情指数4.82,属高抗芝麻新品种。郑芝14号全生育期87天左右,属中早熟品种。

3. 适宜地区

适宜在河南省和邻近省份芝麻产区种植。

(九)郑黑芝1号

1. 选育单位及品种来源

郑黑芝1号是河南省农业科学院芝麻研究中心利用杂交育种方法育成的集优质高产抗病于一体的黑芝麻新品种,2007年通过河南省农作物品种审定委员会鉴定。

2. 特征特性

郑黑芝1号属单秆型品种,一般无分枝。苗期生长健壮,发育速度快,株型紧凑,适宜密植;植株高大,一般株高150~180厘米,高产条件下可达200厘米以上,茎色绿色,茎秆粗壮,茎上茸毛稀少;叶色浓绿,中下部叶片长椭圆形,有缺刻,上部叶片呈柳叶形,无缺刻;叶腋三花,花色白色,花期35天左右;三花四棱,蒴果肥大,蒴长3.10厘米左右;成熟时蒴果微裂;籽粒亮黑色,单壳,不脱皮,千粒重2.55克,粗脂肪含量51.65%,粗蛋白质含量22.36%。茎点枯病病情指数为4.69,枯萎病病情指数为2.30,抗病性强,耐旱性好,抗倒伏性强。郑黑芝1号全生育期85~91天,属中早熟品种。

3. 适宜地区

对河南省及邻近地区具有广泛的适应性,适宜在黄淮流域推广种植。

(十)中芝杂1号

1. 选育单位及品种来源

中芝杂1号是中国农业科学院油料作物研究所育成的杂交芝麻品种,亲本组合是"95ms-5×驻92701"。2004~2005年参加湖北省芝麻品种区域试验,2007年3月通过湖北省品种审(认)定。

2. 特征特性

该品种单秆型,株高中等偏高,一般为160厘米左右。茎色绿,茎秆(及蒴果)茸毛量中等,成熟时为青黄色。叶色深绿,花白色,每叶腋三花,结蒴较密,单株蒴果数一般80~100个,多的可达200个以上。蒴果中等大小,四棱。蒴粒数较多,每蒴70~75粒。种皮白色,千粒重2.8~3.0克,光滑。耐渍性、抗旱性较强。在2004~2005年湖北省区试中,茎点枯病和枯萎病抗性均比对照强。粗脂肪含量56.38%,粗蛋白质含量20.01%。籽粒较大,种皮纯白,外观品质较好。

(十一)中芝14号

1. 选育单位及品种来源

中芝14号是中国农业科学院油料作物研究所以有性杂交方式育成的白芝麻新品种。具有高产、稳产、抗(耐)病性强、品质优的特点。2006年通过湖北省农作物品种审定委员会审定。

2. 特征特性

该品种属单秆型,植株高度一般为160厘米左右。茎秆粗壮、绿色,茎秆及蒴果茸毛中等,成熟时为青黄色。叶绿色,叶片中等大小。每叶腋3花,花白色。始蒴部位40~60厘米,结蒴较密。单株蒴果数一般80~100个,多的可达200个以上。蒴果四棱,每蒴65~70粒,蒴中等大小。种皮白色、光滑,无网纹,千粒重2.8~3.0克,外观品质较好。粗脂肪含量为57.50%,粗蛋白质含量为19.26%,品质较好。对茎点枯病抗性较强。中芝14号全生育期一般90~95天。

3. 适宜地区

适宜在湖北、河南、安徽等芝麻主产省及以南地区种植。

（十二）中芝 15 号

1. 选育单位及品种来源

中国农业科学院油料作物研究所用豫芝 4 号作母本，安徽宿县地方芝麻品种（国家芝麻种质库编号“ZZM3604”）作父本杂交，经系谱法选择育成的品种。2010 年通过湖北省农作物品种审定委员会审（认）定。

2. 特征特性

该品种属单秆型，三花、四棱。株高中等，生长势较强，茸毛量中等。茎绿色，成熟时呈黄绿色。下部叶片阔椭圆形，中上部叶片披针形，叶色淡绿。花白色。蒴果较大，成熟时呈黄绿色。种皮白色，籽粒较大。品种比较试验中株高 162. 5 厘米，始蒴部位 54. 5 厘米，主茎果轴长 103. 2 厘米，单株蒴果数 85. 9 个，每蒴粒数 60. 8 粒，千粒重 2. 77 克，粗脂肪含量 58. 87%，粗蛋白质含量 18. 76%。茎点枯病病情指数 3. 65，枯萎病病情指数 2. 33。中芝 15 号全生育期 91. 5 天。

3. 适宜地区

适于湖北省芝麻产区种植。

（十三）中芝 16 号

1. 选育单位及品种来源

中芝 16 号是中国农业科学院油料作物研究所以豫芝 8 号为亲本经太空环境诱变和地面系统选育而成，2010 年通过江苏省农作物鉴定委员会鉴定。

2. 特征特性

该品种属单秆型，茎秆粗壮，株高一般 160 ~ 170 厘米，生长条件好时可达 190 厘米以上，叶片绿色，每叶腋三花，花冠白色，蒴果四棱较大，成熟时落黄好，种皮颜色纯白，千粒重 2. 8 克左右，含油率 59. 3%，蛋白质含量 17. 8%。田间发病调查：中抗枯萎病；茎点枯病接种鉴定发病率 10%，病情指数 6；耐湿性较强，抗倒性强。中芝 16 号全生育期 90 天左右。

3. 适宜地区

适宜于江苏、湖北、安徽南部、河南南部、湖南、江西等芝麻产区。

（十四）中芝17号

1. 选育单位及品种来源

中芝17号是中国农业科学院油料作物研究所以国家芝麻种质库编号“ZZM3414×中芝10号”杂交后经系统选育而成,2010年通过江苏省农作物鉴定委员会鉴定。

2. 特征特性

该品种属单秆型,茎秆粗壮,株高一般160～170厘米,生长条件好时可达200厘米以上,叶腋三花,花冠白色,叶片黄绿色,蒴果四棱肥大,成熟时呈黄色,落黄好。含油量56.4%,蛋白质含量19.8%。较抗枯萎病和茎点枯病,耐渍、抗倒伏性较强。中芝17号全生育期88天左右。

3. 适宜地区

适宜于江苏、江西、湖北、安徽南部、河南南部、湖南等芝麻产区。

（十五）中芝18号

1. 选育单位及品种来源

中国农业科学院油料作物研究所选育的芝麻新品种“中芝18”,2011年通过了湖北省品种审定。

2. 特征特性

该品种属单秆型,三花、四棱。植株较高,生长势较强,茎秆、叶柄、蒴果茸毛量中等。茎绿色,成熟时呈青黄色。种皮白色、光滑,籽粒较大。始蒴部位59.5厘米,主茎果轴长99.9厘米,单株蒴果数84.5个,每蒴粒数61.3粒,千粒重2.73克。生育期90天。籽粒粗脂肪含量56.83%,粗蛋白质含量19.89%。

3. 适宜地区

适于湖北省芝麻产区种植。

（十六）中芝19号

1. 选育单位及品种来源

中芝19号是中国农业科学院油料作物研究所以中芝8号为亲

本,种子经太空环境诱变和地面系统选育而成。

2. 特征特性

该品种属单秆型,株高一般为170.9厘米,白花白粒。始蒴部位65.13厘米,主茎果轴长105.0厘米,单株蒴果数79个,每蒴粒数60粒,单株产量12克,千粒重3.0克,生长势强,生长整齐,产量表现:平均每亩产量100.37千克,抗逆性较好。中芝19号全生育期90.0天。

3. 适宜地区

适宜于安徽、湖北、河南南部、江西、湖南等芝麻产区。

(十七)中芝20号

1. 选育单位及品种来源

中芝20号是中国农业科学院油料作物研究所以"中芝11×安徽宿县芝麻(ZZM3604)"杂交选育而成。

2. 特征特性

该品种属单秆型,一般株高169.9厘米,白花白粒,果轴长94厘米,单株蒴果数90个,每蒴粒数63粒。单株产量13.17克,千粒重2.97克,生长势强,生长整齐。产量表现:平均每亩产量91.4千克,抗逆性较好。中芝20号全生育期89.7天。

3. 适宜地区

适宜于安徽、湖北、河南南部、江西、湖南等芝麻产区。

(十八)中芝21号

1. 选育单位及品种来源

中芝21号是中国农业科学院油料作物研究所用99-2188[宜阳白×湖北竹山白芝麻(国家芝麻种质库编号为ZZM2541)F4]作母本,陕西扶风芝麻(国家芝麻种质库编号为ZZM3353)作父本杂交,经系谱法选择育成的芝麻品种。2012年通过湖北省农作物品种审定委员会审(认)定。

2. 特征特性

该品种属单秆型,三花、四棱。植株较高,株型紧凑,生长势较强,茎秆粗壮,茸毛量中等,成熟时茎秆颜色偏绿,基部有紫斑。叶色偏深绿，花冠白色。蒴果中等大小，四棱。籽粒中等大小，长椭圆形，种皮颜色纯白。品比试验中株高165.8厘米，始蒴部位56.9厘米，空梢尖长度6.7厘米，主茎果轴长度102.2厘米，单株蒴数90.8个，每蒴粒数67.1粒，千粒重2.60克。田间茎点枯病病情指数6.95，枯萎病病情指数1.10。中芝21号全生育期89.3天。

3. 适宜地区

适于湖北省芝麻产区种植。

（十九）中芝22号

1. 选育单位及品种来源

中芝22号是中国农业科学院油料作物研究所、武汉中油科技新产业有限公司用中芝10号作母本，鄂芝1号作父本杂交，经系谱法选择育成的芝麻品种。2012年通过湖北省农作物品种审定委员会审（认）定。

2. 特征特性

该品种属单秆型，三花、四棱。植株较高，茎秆绿色，茸毛量中等，成熟时为青黄色。叶色绿，叶片中等大小，偏窄，上部为披针形，中部叶片为椭圆形。花白色，蒴果中等大小，种皮白色，光滑，籽粒较大。品种比较试验中株高163.3厘米，始蒴部位55.9厘米，空梢尖长度5.5厘米，主茎果轴长度102.0厘米，单株蒴数92.1个，每蒴粒数63.3粒，千粒重2.74克。田间茎点枯病病情指数4.27，枯萎病病情指数0.91，抗（耐）病性与鄂芝2号相当。中芝22号全生育期90.1天。

3. 适宜地区

适于湖北省芝麻产区种植。

（二十）晋芝2号

1. 选育单位及品种来源

晋芝2号是由山西省农业科学院经济作物研究所培育的高产、优质、抗病、抗旱、耐渍白芝麻品种，2000年通过山西省品种审定委员会认定。

2. 特征特性

该品种属单秆型，一腋三蒴，蒴果四棱，种皮白色，长椭圆形。株高一般为150～170厘米，果长3.5～3.9厘米，蒴果密集，始蒴部位低(25～30厘米)，单蒴粒数80个左右，单株蒴果90～146个。茎秆粗壮，叶色浓绿，成熟时茎秆呈浓绿色，不早衰。含油率为55.28%，粗蛋白质含量为26.92%，属高油高蛋白品种，尤其粗蛋白质含量高。

3. 适宜地区

晋芝2号适宜我国华北及西北无霜期在150天以上的地区春播和油菜茬、麦茬夏播。

(二十一) 晋芝3号

1. 选育单位及品种来源

晋芝3号是由山西省农业科学院经济作物研究所培育的早熟、高产、优质、抗病、抗旱黑芝麻品种，2004年经山西省品种审定委员会认定。

2. 特征特性

该品种属单秆型，一腋三蒴，蒴果四棱，种皮黑色。株高一般为160厘米左右，单株蒴果数100个左右，单蒴粒数80个左右。幼苗绿叶，叶片较狭窄。粗蛋白质含量为18.59%，粗脂肪含量为48.73%，锰含量10.48毫克/千克，维生素E158.3毫克/千克。

3. 适宜地区

晋芝3号适宜我国华北及西北无霜期150天以上的地区春播和油菜茬、麦茬夏播。

(二十二) 晋芝4号

1. 选育单位及品种来源

晋芝4号是由山西省农业科学院经济作物研究所培育的早熟、高产、优质、抗病、抗旱白芝麻品种，2007年通过山西省品种审定委员会认定。

2. 特征特性

该品种幼苗绿色，叶色浅绿，叶片较窄，有少量分枝，有少量分枝，生长势较强，主茎高141.7厘米，一腋三花，蒴果四棱，单株蒴果数69个，籽粒卵圆形，种皮白色，千粒重2.8克。春播生育期120天左右，夏播生育期90天左右，田间抗倒伏性好。富含亚油酸(44.2%)、粗脂肪(57%)、粗蛋白质(20.66%)，既可作油用型又可作食用型品种。

3. 适宜地区

晋芝4号适宜无霜期在150天以上的地区春播，沙壤土质最好，沙土、黏土也可。最好在有灌溉条件的地区种植，也有的农户春季下雨后种植长势良好。

（二十三）汾芝2号

1. 选育单位及品种来源

汾芝2号是由山西省农业科学院经济作物研究所培育的早熟、高产、优质、抗旱白芝麻品种，2009年通过国家品种审定委员会认定。

2. 特征特性

该品种为单秆型，每腋三花，蒴果四棱。植株较高大，为145厘米左右，高可达160厘米以上，茎秆基部和顶部为圆形，中上部为方形，茎色绿，茎秆(及蒴果)茸毛中等，成熟时为黄色。植株叶色绿，叶片中等大小，花淡紫色。主茎果轴长度100厘米左右，单株蒴数90个左右，每蒴粒数70粒左右，千粒重2.9克左右。茎点枯病发病率和病情指数分别为34.57%和12.73，枯萎病发病率和病情指数分别为24.39%和10.87。

3. 适宜地区

汾芝2号全生育期99天，适宜无霜期在150天以上的地区春播，为麦茬、油菜茬夏播。

（二十四）皖芝1号

1. 选育单位及品种来源

皖芝1号是安徽省农业科学院培育的白芝麻品种，2006年1月通过安徽省非主要农作物评审委员会审定。

2. 特征特性

该品种属单秆型，茎秆粗壮抗倒，株高160厘米左右，始蒴部位低。叶绿色，白花，叶腋三花，蒴果四棱，结蒴较密，栽培条件较好时，部分单株出现4～6花，每蒴粒数65粒，千粒重3.0克左右，种皮白色。较抗枯萎病和茎点枯病。皖芝1号夏播全生育期90天左右，成熟时下部蒴果不炸裂。

3. 适宜地区

适合安徽等地种植。

(二十五) 皖芝2号

1. 选育单位及品种来源

皖芝2号是安徽省农业科学院培育的白芝麻品种，2008年经安徽省非主要农作物评审委员会鉴定。

2. 特征特性

该品种为单秆型，株高160厘米左右。叶绿色，白花白粒，叶腋三花，蒴果四棱，结蒴较密，栽培条件较好时，部分单株出现一叶4～6蒴。据2007年安徽省芝麻新品种区域试验合肥点结果，皖芝2号始蒴部位48.0厘米，主茎果轴长96.9厘米，全株蒴果数72.9个，每蒴粒数68粒，千粒重3.02克。皖芝2号生长势、抗病耐渍性较强，开花较早、花期集中、花量大，生育期88天左右。皖芝2号粗脂肪含量55.0%，粗蛋白质含量19.5%，适合制油加工。皖芝2号夏播全生育期90天左右，成熟时下部蒴果不炸裂。

3. 适宜地区

适合安徽及周边地区种植。

(二十六) 皖杂芝1号

1. 选育单位及品种来源

皖杂芝1号是安徽省农业科学院培育的杂交芝麻新品种，2006年通过安徽省非主要农作物评审委员会审定。

2. 特征特性

该品种株型挺拔俊秀，单秆型，茎秆粗壮抗倒，一般株高160厘米左右，始蒴部位低。叶绿色，白花，叶腋三花，蒴果四棱，结蒴较密，栽培条件较好时，部分单株出现少数分枝和一叶4～6花，单株蒴果数80～90个。每蒴粒数65～70粒，千粒重3.3克左右，种皮白色。较抗枯萎病和茎点枯病。

（二十七）漯芝15号

1. 选育单位及品种来源

漯芝15号是漯河市农业科学院以系统育种法从豫芝4号中选出的优良变异单株。2007年通过河南省农作物新品种鉴定委员会鉴定。

2. 特征特性

该品种属单秆型白芝麻品种，含油率高，种皮洁白干净，商品性好；耐渍抗旱，抗倒抗病，丰产稳产性好；叶腋三花或多花，蒴果四棱。千粒重2.51克，生育期为88.4天。含油率57.46%，蛋白质含量18.63%，符合国家优质标准。茎点枯病、枯萎病病株率分别为9.1%、6.1%，病情指数分别为8.73、10.39，属抗病品种。

（二十八）漯芝16号

1. 选育单位及品种来源

漯芝16号是河南省漯河市农业科学院从漯芝12号系统选育而成，2006年通过全国农作物品种鉴定。

2. 特征特性

该品种为单秆型的白芝麻品种，叶腋三花，蒴果四棱，千粒重2.81克。经农业部油料及制品质检中心检测，含油量58.87%，蛋白质含量20.65%。该品种特点是丰产性好，品质优良，抗茎点枯病较强。漯芝16号全生育期为87天。

3. 适宜地区

适宜在湖北、河南、安徽芝麻生产区及江西中北部芝麻主产区推广种植。

（二十九）漯芝18号

1. 选育单位及品种来源

漯芝18号是漯河农科所选育出的优质、高产稳产、多抗、早熟芝麻新品种，2005年通过国家农作物新品种鉴定。

2. 特征特性

该品种属单秆型，叶腋三花，蒴果四棱，个别有多棱现象。一般栽培条件下株高160～175厘米。茎点枯病、枯萎病、病毒病、叶斑病病情指数分别为3.62、3.42、0.80、2.21,属抗病型品种。含油率58.32%,蛋白质含量18.97%。该品种籽粒纯白洁净,口味纯正,商品性较好,适宜出口。漯芝18号夏播生育期83天左右。

3. 适宜地区

适合在河南全省、安徽、湖北等省份芝麻产区推广应用。

(三十) 漯芝19号

1. 选育单位及品种来源

漯芝19号是漯河市农业科学院以豫芝8号为母本,漯芝12号为父本杂交经过分离系统选育而成,2009年通过河南省农作物品种鉴定委员会鉴定。

2. 特征特性

该品种属单秆型,叶腋三花,蒴果四棱,一般条件下株高160~190厘米。含油率58.28%,粗蛋白质含量18.72%,属高油品种。枯萎病病情指数为3~4,茎点枯病病情指数为6~10,属抗病品种。漯芝19号夏播全生育期88天左右,熟相好,不早衰。

3. 适宜地区

广泛适应河南省及周边地区春夏播芝麻生产的需要。

(三十一) 驻芝14号

1. 选育单位及品种来源

驻芝14号是河南省驻马店市农业科学研究所以驻86036为母本,驻7801优系为父本,通过有性杂交及后代在多元病圃中连续鉴定选育而成。2005年通过全国芝麻品种鉴定委员会鉴定。

2. 特征特性

该品种属单秆型。苗期生长健壮,植株高大,一般株高160~170厘米,高产条件下可达200厘米以上。叶腋三花,蒴果四棱,蒴长3厘米,千粒重2.8~3.0克。含油量为58.48%,蛋白质含量为18.87%,属高油类型。茎点枯病病情指数为1.24,枯萎病病性指数为2.38,属高抗类型。驻芝14号全生育期85~90天,属中早熟品种。

(三十二)驻芝15号

1. 选育单位及品种来源

驻芝15号是河南省驻马店市农业科学研究所以驻81043为母本、驻92701优系为父本,经有性杂交,后代在多元病圃连续鉴定选育而成的芝麻新品种,2007年通过全国芝麻品种鉴定委员会鉴定。

2. 特征特性

该品种属单秆型,一般株高160~170厘米,高产条件下可达200厘米以上。始蒴部位低,黄梢尖短,叶腋三花,蒴果四棱,蒴长3厘米,千粒重2.8~3.0克。夏播一般从出苗到初花35天左右,花期40天左右。茎点枯病病情指数为1.24,枯萎病病性指数为2.38,均属高抗类型。2006年中国农业科学院油料作物研究所测试中心测定,驻芝15号含油量为58.48%,蛋白质含量为18.87%,属高油类型。驻芝15号全生育期85~90天,属中早熟品种。

(三十三)驻芝16号

1. 选育单位及品种来源

驻芝16号是驻马店市农业科学研究所以"驻044"为母本,"驻9106优系"为父本,经有性杂交、多元病圃多年鉴定、高代鉴定选育而成的芝麻新品种,2009年通过河南省芝麻品种鉴定委员会鉴定。

2. 特征特性

该品种属单秆型,一般株高160~180厘米,高产条件下可达200厘米以上。始蒴部位一般为50厘米左右,黄梢尖5厘米左右,蒴果四棱,千粒重2.7~3.2克,驻芝16号脂肪含量为58.40%,蛋白质含量为17.18%。茎点枯病病情指数为5.16,枯萎病病情指数为2.83。驻芝16号全生育期约90天,属中早熟品种。

(三十四)驻芝18号

1. 选育单位及品种来源

驻芝18号(原名驻122)是驻马店市农业科学院以驻893为母本、驻7801优系为父本通过有性杂交选育而成的芝麻新品种,2009年通过全国芝麻品种鉴定委员会鉴定。

2. 特征特性

该品种属单秆型,叶腋三花,花白色,蒴果四棱,始蒴部位 43 厘米左右,千粒重 3 克左右。含油量为 57.89%,蛋白质含量为 19.28%,属高油类型。茎点枯病病情指数为 6.53,枯萎病病情指数为 1.68。驻芝 18 号夏播全生育期 84~90 天,早播生育期会适当延长。

3. 适宜地区

经试验、示范,驻芝 18 号适宜在河南、湖北、安徽、江西、陕西等芝麻主产区种植。

(三十五) 驻芝 19 号

1. 选育单位及品种来源

驻芝 19 号(原名驻 0019)是驻马店市农业科学院以驻 975 为母本、驻 99141 优系为父本,通过有性杂交、多元病圃多年鉴定、高代鉴定选育而成的芝麻新品种。2011 年通过全国芝麻品种鉴定委员会鉴定。

2. 特征特性

该属单秆型,一般株高 140~170 厘米。始蒴部位为 50 厘米左右,黄梢尖长 4 厘米,花色为白色,蒴果四棱,千粒重 2.8~3.12 克,全生育期 83.5 天。含油量 56.20%,蛋白质含量 20.96%。

三、播种技术

芝麻是小籽作物,籽粒中养分含量少,能否种好芝麻,播种是关键。做到一播苗全、苗匀、苗壮,是决定产量高低的重要环节。因此,必须把好播种关,做好种子、播期、播种量等技术方面的准备工作。

(一) 种子准备

芝麻种子的优劣是影响出苗及产量的主要因素。播种前除应选留适宜当地栽培、纯度高、粒大籽饱、发芽率高、无病虫和杂质的优良品种外，还应做好下列工作。

1. 晒种

晒种可以催醒种子的休眠状态，提高生活能力，增强发芽势，促使苗齐苗壮。晒种方法：播种前选择晴朗的天气，将种子均匀摊晒在通风透光的地面上，让阳光暴晒 1～2 天，并经常翻动，使之晒匀。夏天不要在水泥地上或金属容器内晒种，以免高温烫伤种子，影响种子生活力。

2. 选种

常用的方法有两种：一是风选，即用 3～4 级风力吹扬种子，除去秕粒、杂质。也可工用簸箕簸去秕粒、杂质。二是水选，即在播种前 1～2 天，选择晴朗天气，用清水漂选，利用比重原理除去浮在水面上的秕籽和杂质，将沉在水下的饱满种子取出，均匀摊开晾干，以便播种。水选受天气条件限制，最好在晴朗天气下进行。

3. 药剂处理

芝麻有些病害是靠种子带菌或土壤持菌传播的。播种前要用药剂处理种子，以杀死种子上的病菌，预防土壤内的病原传染。

（二）适时播种

芝麻是喜温短日照作物，必须将芝麻的一生安排在高温季节里。根据主产区农民群众的经验是"春芝麻宜晚，夏芝麻宜早"，夏芝麻应在 6 月上旬播种完毕，超过 6 月 10 日播种，会造成减产，"早播吃油馍，晚种三分薄"和"夏至不种油"，说的就是这个道理。春芝麻应适当晚播，当地温稳定通过 15℃ 以上时为适播期，避免苗期低温冷害，造成缺苗。

（三）播种方法

芝麻的播种方法有条播、撒播、点播 3 种。

1. 条播

条播工具可采用小麦机播耧，也可采用木制老耧。

条播的好处

☞ 播种均匀，深浅一致，出苗整齐，便于集中施肥和间苗定苗。

☞ 条播芝麻便于机械中耕培土等机械化操作。

☞ 条播芝麻利于灌溉与排水。条播要注意控制播种深度，使用小麦播种机播种时，注意调节下种孔的大小，播种机在田间行走时要求行要直，并且保持行距宽、窄一致，播种后注意镇压，使种子全部覆于土中。

2. 撒播

水稻茬或土壤墒情较湿一般采用撒播的方式播种。撒播的特点是播种进度快，抢墒及时早播，下籽疏散，节约用种，种子覆土浅，出苗较快，幼苗强壮。但撒播时很难撒匀，容易漏播或重撒，种子不容易全部覆于土中；若在土壤墒情不足时撒播，易出苗不整齐，甚至会造成缺苗；撒播芝麻出苗乱，田间管理不方便，苗难定匀，不便于机械中耕培土、灌溉排水等田间作业；撒播芝麻根系浅，生育后期遇雨易倒伏。

3. 点播

点播（穴播）是根据密度定准行、穴的距离，开穴或开沟点播，点播不但在足墒地上能获得全苗，而且在缺墒地块上，能借底墒覆盖湿土或点水播种而易获全苗，并且点播还能集中施肥和匀苗密植，点播芝麻播种质量好，易于一播全苗，但点播播种速度慢，效率低，只有在岗坡地、零星种植区，不能运用播种机械的地块才使用点播的播种方法。

4.“双保险”播种法

是一种很好的一播全苗的播种方法，即在土壤墒情不足的地块上，采用条播和撒播结合的一种播种方法。其播种方法是先条播，再撒播，然后土壤盖籽。由于条播较深，种子不易落干，天旱时大部分能发芽出苗，若有少量缺苗断垄现象，则撒在浅土层里的干籽，一旦遇雨发芽出苗，可以补缺。但这种播种方法的不足是出苗不整齐，浪费种子，费时费工。它不是主要的播种方法，只是防止旱、涝的一种保苗措施。

5. 深种浅出播种法

适用于北方干旱区春季干旱、风沙大且发生频繁、蒸发量大的地区的沙化土壤，如风沙土、半流动风沙土、流动风沙土、淡黑钙土型风沙土等土壤类型。该区域的芝麻种植以垄作为主，一般垄距 50 厘米左右，三犁川打垄，同时施入底肥。芝麻播种期应根据气候条件和品种生育期确定，地表 7.5 厘米地温稳定在16～18℃时播种为宜。正常年份北方芝麻播种时间以 5 月中下旬为宜。播种时要掌握好天气情况，最好雨后播种，播后遇雨表面易产生硬壳。

机械开沟，沟深 10 厘米，待水完全沉下去播种，播量 0.5 千克/亩左右，播深 5 厘米，覆土 5～8 厘米，确保土壤不风干，芝麻正常发芽。

芝麻为双子叶植物，没有芽鞘，出土能力较差，播种时的深覆土必须拖掉，才能保证芝麻正常出苗。拖土时机的把握是最为关键的技术。由于地势、地温、土壤、播期的差异，拖土的时间也有差异，一般在播种后 5～8 天、芽长 1.0～1.5 厘米时，拖去播种表面的表土层，使发芽的芝麻种子能顺利出苗。如拖土时间过早，风大易造成风干；过晚耗尽自身营养，导致苗不壮或根本无法出苗。

6. 干播湿出播种法

适用于西北芝麻产区春季干旱、冲积扇沙砾土。“干播湿出”播种技术，就是在春播生产中，以土地保墒为中心，耕翻土地后，先用播种机铺下薄膜、滴灌带、播种，播种深度 2 厘米左右，播量 0.15～0.2 千克/亩左右。待土壤温度稳定 16～18℃后，再往薄膜中的滴灌带灌水补墒，使水分直接渗透到芝麻种子周围，以利芝麻发芽出苗。利用这种方法，可以省水、省工，还可以防风，更能保全苗，最重要的是，这样做可以提高芝麻的产量。

（四）播种量

芝麻播种量大小，直接影响苗期的生长发育。传统的芝麻亩播种量为0.5千克左右，按千粒重3克计，约为17万粒种子，按85%的出苗率计，可出14.5万株苗，按亩1.0万株定苗量进行计算，其出苗量是定苗量的13～15倍。精量播种条件下，每亩播量为0.15～0.2千克，出苗量是定苗量的4倍左右。播种量过大，幼苗拥挤，形成弱苗、高脚苗；播种量过少，会造成缺苗断垄。因此，要因地制宜控制下种量，凡土质好，墒情足，地下害虫少和整地质量好的地块，播种量要少些；反之，播种量可适当增加。

（五）播种深度

芝麻的种子小，内含养分少，幼芽顶土能力弱，适宜的播种深度为3厘米以内，农谚有"深不过寸"，切忌播种过深。播种过深，造成幼苗出土时间长，消耗养分多，苗瘦弱；同时抗病力也减退，还可引起烂籽、死苗，造成严重缺苗，甚至全田重播。但播种过浅，表土干燥，种子落干，不能发芽。生产实践中，具体的播种深度应视土壤质地、墒情等灵活掌握。质地黏重的土壤，由于地口紧实，土壤透气性差，应适当浅播；在沙壤土或土壤墒情不好时，可适当加大播种深度，但最深不要超过5厘米。

（六）耱地盖籽

无论是在条播或撒播的情况下，播种后都要立即进行耱地盖籽，碎土保墒。同时，耱地还能起到压土提墒的作用，给种子造成上虚下实的发育温床，以保证种子发芽出土所需的土壤水分。通过耱地，可将坷垃耱碎，地面比较平整时可减少土壤与空气的接触面，降低土壤蒸发量，起到保墒的作用；同时，通过耱地还能把松散的土层压实，形成无数的毛细管，使土壤下层的水分，可以沿着毛细管上升到浅土层，起到提墒作用。因此，播后及时耱地既能保墒又能提墒，但若耱地过迟或不耱地，漏风跑墒，种子得不到足够的水分，就会减缓出苗速度，导致出苗不匀、不齐。

四、科学施肥技术

芝麻从土壤中吸收最多的养分是氮、磷、钾三种元素，尤以氮素和钾素的需要量最大，磷素次之，同时也需要一定量的硼、锌、锰、钼、铁等微量元素。在我国黄淮芝麻产区的土壤中，一般来说是缺氮少磷富钾。据研究，施氮肥能提高叶片中可溶性糖含量。氮、磷在叶和种子中含量较多，钾在茎叶中较多。在芝麻高产栽培的条件下，氮、磷、钾三者配合施用效果更好。芝麻在各个生育阶段吸收营养物质的消长动态和植株生长趋势基本一致，因此，因地制宜地合理施用肥料，满足各生育阶段的营养需要，才能发挥芝麻的增产潜力。芝麻产量的增加，吸收氮、磷、钾的绝对数量也随之增加，但并非随产量按比例增加。由于土壤中的氮素容易消失，所以多数土地增施氮肥，尤以氮、磷、钾配合施用效果最好。

（一）芝麻的需肥特性及各营养元素对芝麻生育的影响

芝麻需要从土壤中吸收以氮、磷、钾为主的多种营养元素，才能完成生长发育的全过程。据河南省农业科学院芝麻研究中心对郑芝98N09不同时期的氮、磷、钾吸收量试验结果表明，芝麻对氮素和钾素的需要量最大，磷素次之。其绝对吸收量和三者比例关系，因栽培条件和产量水平高低而有所不同。芝麻在各生育阶段吸收营养物质的消长动态和植株生长发育趋势是一致的。从植株吸收氮、磷、钾的总和来看，以初花至盛花阶段为最多，盛花至成熟阶段次之，开花以前较少。从植株分别吸收氮、磷、钾三要素的数量看，吸收氮素和钾素的数量都是前期少，以后逐渐增多，初花至盛花阶段吸收最多，盛花至成熟次之；植株吸收磷的数量，从出苗至成熟逐渐增加，以盛花至成熟阶段最多。各器官之间氮、磷、钾三要素的含量不尽相同，氮素和磷素以蒴果皮中含量最高，其次是籽粒中，茎叶中含量较少，二者差别不大；钾素以籽粒中含量最高，其次为叶片，再其次为蒴果皮和茎秆。器官中还含有一定数量的硅、钙、镁、铝、硼、铁、钠、锰等元素，这些元素全靠土壤提供。

氮、磷、钾是芝麻生长发育所需的主要营养元素，在植株体内直接参与生理代谢活动，它们的作用占据重要位置。

1. 氮素的作用

氮素是植物组织蛋白质、叶绿素、维生素和酶等生活物质的基本成分。芝麻茎、叶中氮的百分含量，从苗期至成熟阶段不断下降，而总氮量逐渐增加，盛花期氮素的日增量达最大值，以后明显下降，终花至成熟阶段下降最快，其下降的趋势是向种子内转移。因此，在种子形成过程中，从盛花至成熟期间，含氮百分率和总氮量都是逐渐增加的。据中国农业科学院油料所的资料，中芝 7 号每株茎、叶所含的总氮量，在盛花期分别为 84. 24 毫克和 148. 05 毫克，到成熟期下降为 27. 94 毫克和 29. 15 毫克。相反，种子中的总氮量有 13. 2 毫克变为 158. 34 毫克，再上升到 279. 68 毫克。可见，氮素与芝麻籽粒产量的关系极为密切。缺氮时，植株矮小，叶小色淡，花少蒴瘦，籽粒不饱满。施用氮肥，既能增加茎、叶、种子的氮素营养，又可加大叶绿素含量，强化光合作用，促进植株生长，提高芝麻的生物产量和籽粒产量。凡高产地块的芝麻植株，各生育阶段吸收氮素的数量，均高于低产地块的芝麻植株。据驻马店地区农业科学研究所研究，增施氮素肥料，由于土壤缺氮程度不等，增产效果差异很大。一般说，每施 0. 5 千克纯氮，在含氮量很少的瘦地上，可增产芝麻籽粒 3 千克左右；在相同面积的、含氮量较多的丰产地上，增产芝麻籽粒 1. 5 ~2. 0 千克。

2. 磷素的作用

磷素是生命物质——核蛋白质的主要成分。植物体内有磷素才能形成核蛋白质，否则，生长发育迟缓，甚至停止生长。在植物的生理活动中，磷素影响其呼吸和碳水化合物的合成、分解与转化以及参与氮素的营养代谢。种子萌动时，首先消耗自身的大量磷素；磷除保持自身营养作用外，还可提高氮、钾的利用率，增蒴饱籽，提高籽粒的含油量。芝麻各器官的含磷量，以叶片中的含磷量最大，茎、叶以初花期的含磷百分率最高，盛花期总含磷量最大，以后逐渐下降，与氮素一样也向种子内转移。因此，种子内的含磷量随着种子灌浆、膨大而增加。据中国农业科学院油料所资料,芝麻茎、叶中的磷素到后期向种子内转移是十分明显的。初花期茎、叶含磷量分别为0.375%和0.485%,成熟期降为0.048%和0.075%;盛花期每株茎、叶含磷量分别为7.89毫克和20.52毫克,成熟期降为2.82毫克和1.01毫克。其籽粒以盛花、终花至成熟的含磷百分率由0.625%变为0.67%,再升为0.68%;其总含磷量由每株2.5毫克变为26.13毫克,再升为46.78毫克。试验证明,磷素在芝麻的一生中,参与营养活动的归宿,主要是形成种子。河南土壤普遍缺磷,尤其淮北平原的砂姜黑土、南阳盆地和丘陵岗地磷素含量极为缺乏,甚至有不少土壤几乎是极缺磷。因此,增施磷肥对提高芝麻产量效果显著,一般每千克纯磷,可增产芝麻籽1~2千克。

3. 钾素的作用

钾素能提高作物光合作用的强度,直接参与氮素代谢及蛋白质形成、糖类合成与转化等有机物质的生理效应。糖类在钾素的作用下,氧化形成脂肪。钾素可提高植物的渗透压和膨压,促使根系吸收水分,保持体内水分平衡。钾素还能增强纤维组织,提高抗逆性。各器官的含钾百分比,叶片以苗期最高,茎以蕾期最高,而后逐渐降低。总钾量叶片以盛花期最大,茎以终花期最大,而后逐渐减少。籽粒形成阶段,钾的百分含量逐渐降低,但总钾量逐渐增加。器官见籽粒含钾量最低,根、茎中含钾量最高。因此,钾素是有利于根、茎发育,提高籽粒产量和含油量的主要营养元素。

芝麻植株从土壤中吸收氮、磷、钾三要素的数量虽然不相等,但三者之间有一定的协调比例,它们之间的关系是互相制约的。在三者比例失调的土壤上,任何一种元素不足,其他2种元素则受到制约,直接影响植株的正常发育。芝麻生产要达到某种产量水平,必须做到三要素协调供应。

4. 芝麻生育阶段对三要素的吸收

芝麻苗期生长缓慢,开花后生长迅速。由于各器官生长速度和功能作用不同,所以在不同生育阶段,干物质的积累速度和吸收氮、磷、钾量也不相同。芝麻初花至终花期,吸收氮66.2%、磷59.12%、钾 58.37%。此时正是芝麻营养体和生殖器官生长并进，干物质生产迅速增长的时期，干物质重量占全生长期的 76.78%；终花至成熟阶段仍吸收所需总磷量的 20.26%，可见磷对种子发育的重要作用。

5. 产量和需肥量的关系

河南省农业科学院 1960 年报道：形成 50 千克芝麻种子需要吸收氮 4.6 千克、磷 1.2 千克和钾 5.05 千克。笔者 1979～1981 年和 1984 年在湖北和安徽芝麻产区，对不同品种产量和需肥量关系做过研究（表 4－5）。随着产量的增加，每形成 50 千克种子，从土壤中吸收的氮、磷、钾量相应增加，但在形成等量的种子条件下，分枝型品种中芝 5 号比单秆型品种中芝 7 号需肥量较多。河南省中牟农校也报道过中牟分枝型品种形成 50 千克种子比单秆型品种中芝 7 号需要较多的三要素。可见单秆型品种施肥效应较高，有较好的施肥增产特性。

表 4－5 芝麻产量和需肥量关系

芝麻品种	处理	亩产量（千克）	50 千克种子需肥量（千克）			备注
			氮	磷	钾	
中芝 7 号	N0	56.25	3.39	1.225	2.9	武昌黏壤
	N14	106.4	4.69	1.31	5.2	
中芝 5 号	N0	40.65	4.065	1.44	2.35	
	N7	66	5.45	1.9	5.47	
中芝 7 号	一般田	65.1	4.635	1.35	4.3	襄阳田山黄棕色黏壤
	高产田	84.75	5.435	1.395	4.735	
中芝 7 号	一般田	62.5	3.58	1.095	4.09	安徽六里砂姜黑土
	高产田	80.6	5.39	1.64	5.11	

注：表中 N0 是不施氮肥；N7 是纯氮 7 千克；N14 是纯氮 14 千克。

6. 产区土壤和施肥关系

这个问题涉及产区土壤 pH 值，土壤有机质、氮和其他矿质元素含量，以及芝麻前作对土壤肥力的影响。

我国南北产区土壤除东北以外，有机质含量普遍较低。速效养分含量南方产区普遍低磷，少氮，红壤土三要素都偏低。淮北平原砂姜黑土低磷，少氮而富钾；北方产区土壤普遍低氮，少磷。因此，芝麻施氮肥都普遍增产，氮、磷配合施肥增产显著。有机肥作底肥更是群众的增产经验，既可改良土壤，又可从缓慢分解过程中释放三要素而减少养分流失。当然施肥措施，还必须因地、因品种制宜，重视科学施肥。

（二）平衡配方施肥技术

芝麻的营养配方施肥，是根据土壤类型、产量水平、品种特性、栽培条件、播种早晚等综合因素，确定芝麻一生中吸收氮、磷、钾三要素的总量，按照一定比例进行施肥的方法。芝麻使用这种配比施肥法，不但能够满足芝麻一生中对养分的需要量，在不同的环境条件下获得高产，又能够节约投资，经济有效地使用肥料。

作物平衡配方施肥的3种方法

☞ 根据土壤普查资料中土壤养分的含量，以及以往田间试验结果，结合群众经验，估算出作物施肥量及营养配方。这是一种比较粗略的方法。

☞ 根据产量指标，按作物吸收养分数量，结合土壤养分含量及肥料利用率，推算出施肥数量和肥料比例。

☞ 目前推广应用最多的，通过肥料单因子或多因子试验，经过多年和多点的试验结果，选择最佳配方，确定肥料的合理用量及营养元素比例。

研究证明，芝麻从土壤中吸收氮、磷、钾绝对值的比例，近似于4:1:4。

土壤是芝麻植株摄取各种营养物质的基础。不同土壤类型或同一类型不同地块间的营养成分均不相同。在不同肥力基础上要使芝麻高产,氮、磷、钾的实际施肥量的比例不会等同。各地生产实践证明,搞好氮、磷配比,适当提高磷的施用量,对提高芝麻籽粒产量十分有益。据南阳地区农业科学研究所报道,唐河、白河流域土类中水解氮、速效磷、速效钾的含量分别为40.8~198.2毫克/千克、15.18~44.8毫克/千克和140~353毫克/千克。因此,提出芝麻施肥首先要重视氮、磷配合,而钾次之。

芝麻是需要钾肥较多的作物,在奇缺钾的土壤上应增施钾肥。沙壤土的透水性强,沿河地带的沙壤土还有回潮现象,群众称为"夜潮地",是芝麻最集中的土类之一。这类土壤,一般比较贫瘠,氮、磷、钾的含量极缺,芝麻高产施肥必须三要素齐全,配方合理,否则难以获得高产。据驻马店地区农业科学研究所试验,汝南县黄沙壤地,每100克样品中,含纯氮9.91毫克,速效磷44.7毫克/千克,速效钾73毫克/千克,营养配方试验结果,以每亩施纯氮9.2千克、速效磷8.9千克、速效钾1.5千克的产量最高,产量为95.72千克/亩,比不施肥的增产46.64%。三者的施用比例近似1:1:1.5。

高产芝麻对土壤中营养成分的要求相应的有所提高。在一定的肥力水平内,芝麻籽粒产量与施肥量呈正相关,超过一定限度后,随着施肥量的增加而肥效递减。芝麻高产的施肥量,应以能满足植株个体和群体对肥料的需求量,使长势、长相合理协调,最终达到芝麻高产指标为依据。据中国农业科学院油料作物研究所研究,在砂姜黑土、黄棕壤土上试验,以纯氮施用量为例,每亩施纯氮0~4.6千克,芝麻籽粒产量随施肥量增加而上升,每千克纯氮增产芝麻籽粒6~8千克。每亩施纯氮4.6~9.2千克,每千克纯氮增加籽粒4~6千克,经济效益有所下降。每亩施纯氮9.2~18.4千克,每千克纯氮增加籽粒2~4千克,效益较差。施肥量超过一定极限,产量就会下降。

(三)氮、磷、钾施用技术

科学施肥是实现配方施肥方案,充分发挥肥效,满足芝麻各生育阶段对土壤吸收利用的重要保证。分期施肥是实现前期壮苗早发,中期快速增花结蒴,后期稳健不早衰,延长叶片功能期,为夺取芝麻高产奠定良好的基础。

1. 施足底肥

芝麻的生育期短,需肥集中。施足底肥能提高土壤肥力,促进壮苗早发,为芝麻高产稳产奠定营养基础。底肥的施用量应占总施肥量的60%~70%,不得少于50%。施肥原则为"农家肥为主、化肥为辅"。农家肥是有机肥料的主要来源,能够改善土壤理化性能,增加土壤的团粒结构和空隙度,提高保水、保肥能力,保持良好的土壤透气性,有利于根际微生物活动,加速养分分解,及时供应芝麻根系吸收利用。农家肥料一般有厩肥、人粪尿、陈墙土、杂草堆肥、草木灰和城市垃圾等。农家肥料所含营养物质全面,不仅含有氮、磷、钾,而且还含有钙、镁、硫、铁以及一些微量元素,农家肥中大量营养物质多呈有机物状态,难于被作物直接吸收利用,必须经过土壤中的化学物理作用和微生物的发酵,分解,使养分逐渐释放,因而肥效长而稳定,但由于农家肥中养分含量低,底肥需配合施入一定量的氮、磷、钾化肥,结合整地翻埋土中。据测定一般3 000千克优质牛粪尿,约含纯氮12千克,速效磷3.1千克,速效钾6.96千克。工业化肥与农家肥料配合施用作底肥时,工业化肥的用量要视农家肥的数量和质量而定。一般2 000~3 000千克/亩的优质农家肥作底肥时,应同时配合施用尿素4~5千克左右或碳酸氢铵12~15千克、磷肥20~30千克。

由于芝麻根系较浅,底肥不应施入过深,以掩埋地下15~17厘米为宜。据试验(表4-6),同为1 500千克农家肥的施用量,掩埋10厘米和17厘米的分别比深埋27厘米的增产11.7%和7.1%。如果不施农家肥料,单纯施用工业肥料作底肥时,必须加大氮素的施用量,每亩施尿素20千克或碳酸氢铵40千克左右,磷肥20~30千克和硫酸钾10千克作底肥,三者比例近于3:1:3。据1981年新蔡县农业局报道,砖店乡农科所每亩施用2 500千克土杂肥,7.5千克尿素和50千克磷肥,浅埋作底肥,每亩产量105.61千克,增产1倍多。

夏芝麻播种季节性很强,应提前做好施底肥的准备,农家肥料事先运到地头,待前作收获后,突击运送田间。为加快施肥进度,也可采用饼肥、化肥和人粪尿作底肥,或在冬季、早春给前茬作物施入大量慢性肥料,利用后效来代替芝麻的部分底肥。春芝麻的底肥应结合最后一次犁地翻埋土中，以分层次施用的肥效最好。有机肥和磷肥必须在犁地前均匀地撒施地面。速效性肥料以犁后耙前撒在土垡上较好。因为，芝麻的根系分布浅，底肥以浅施为宜。

表4－6　芝麻浅施底肥(1 500千克)的增产效果

掩埋深度(厘米)	根系条数	每亩产量(千克)	增产(%)
10	59	66.5	11.7
17	50	63.8	7.1
27	43	58.5	

2. 巧施种肥

种肥用量小，见效快、肥效高，是一种充分发挥肥效和经济用肥的施肥方法。种肥对芝麻条播、穴播和移栽及其育苗圃均可适用。

黄、淮芝麻产区广大的砂姜黑土地上，铁茬种芝麻无法施底肥时，可采用粪耧，先将种肥尿素、过磷酸钙、磷酸二氢钾或腐熟的饼肥掺匀播下，然后将种子播入土内；零星产区穴播、手工开沟条播时，下籽后将少量化肥或腐熟的家禽、家畜厩肥、饼肥均匀撒入种穴、种沟内，然后适当覆土，浅盖保墒。微量元素可以浸种、拌种使用。苗圃育苗时在整地过程中，将化肥和优质农家肥拌在苗床的浅土层内。为了确保良效和安全，种肥如用有机肥料，必须事先充分腐熟，沤制时可混入磷肥；如用化学肥料，必须限量、撒匀，防止烧芽。一般施肥量为每亩用饼肥15～20千克、尿素3～5千克、磷肥25千克或鸡粪、猪粪、羊粪、牛粪300～500千克，优质堆肥1 000千克。种肥无论采取哪一种施用方法，都应防止直接暴晒，避免养分流失，保持土壤湿度，便于根系吸收，严防使用过量或生粪烧芽。

3. 适时追肥

芝麻一生中的养分供应，单靠底肥不能满足中后期生长发育、开花、结蒴的需要。如不及时追肥，会出现脱肥现象，轻者生长缓慢，叶小变黄，茎秆细矮，花少蒴瘦，重者产量降低、品质变劣。对那些少施和不施底肥的芝麻来说，追肥更为重要。

(1)苗期　芝麻幼苗生长缓慢，根系吸收养分的能力较弱，一般土壤肥沃、底肥充足,幼苗生长健壮的条件下不追肥。而土地瘠薄,土壤供肥能力差,或施底肥不足,或不施底肥,或过于晚播的夏芝麻,苗黄瘦弱,则需要尽早追施速效性氮素进行提苗,培育壮苗早发。通常夏芝麻的苗期,是指播种至现蕾的一段时间内,为 25 ~ 30 天。苗期追肥要体现一个"早"字,追肥过晚,起不到提苗作用,追肥过早根系吸收能力很弱,浪费肥料。研究认为,分枝型品种提苗肥应当在分枝前追施,单秆型品种追肥应当在现蕾前追施为宜。追施肥料的用量应视苗期而定,一般每亩需施尿素 5 ~ 10 千克。

(2)现蕾至初花期　现蕾至初花阶段是芝麻由单纯的营养生长进入营养生长与生殖生长并进的阶段,根系吸收能力增强,植株生长速度日益加快,干物质积累日益加大,对养分的日吸收量明显增多。这一阶段追肥,能培养芝麻植株茎秆粗壮,稳健早发,叶色浓绿的高产长相。研究认为,芝麻产量的构成因素主要是单株蒴数、每蒴粒数和千粒重,单株蒴数是构成产量的主要因素。因此,这个时期追肥的目的是增加植株高度,使有效果轴长度和节位增加。若能每个单株增加一个节位,就有可能增加 2 ~4 个蒴果,每亩可提高产量 3 ~7 千克。为了保证芝麻植株强壮地生长,促进花芽分化,必须重施速效性氮素化肥,有的还应追施适量的磷肥和钾肥。

各地追肥时期试验证明,土地肥沃,底肥充足,幼苗健壮的芝麻,可以少施追肥;土壤瘠薄,肥力较差的地块,相应地可以多施追肥。据 1988 年河南省沙北芝麻开发区报道,在土壤肥力中等,芝麻苗情不十分好的地块里,每亩施用尿素 7. 5 千克,或碳酸氢铵 45 千克和磷肥 35 千克,也能促使芝麻高产。其蕾期追肥的平均每亩产量 76. 75千克,初花期追肥的每亩产量 75. 10 千克,分别比不追肥的芝麻增产 25. 1% 和 22. 41% 。两期追肥使低产变中产,中产变高产的效果十分明显。这对黄淮流域中低产地区的芝麻生产有着积极的作用。

(3)开花结蒴期　此期是芝麻植株生长最盛,干物质积累最多,也是需要养分最多的时期。为了防止脱肥,避免植株早衰,力求多开花,多结蒴,减少"黄稍尖",改善土壤营养状况,延长叶片功能期,适当适量的追肥也会收到较良好的效果。但是,为了防止芝麻贪青晚熟，此期追肥要慎重，一般不施或少施追肥。这个阶段追肥宜早不宜迟，最迟不能晚于盛花期。据河南省油料工作组在遂平县试验，开花后10天每公顷追施硫酸铵150千克，每千克硫酸铵增产芝麻籽0.645千克，这说明过晚追肥效果不大。

(4)追肥方法　追肥的方法妥当与否，对肥料的利用率和提高产量有直接关系。芝麻的追肥时期都处在高温季节里，遇到土地干旱和暴雨的机会较多。为了防止高温暴晒导致养分挥发，应趁土壤墒情较好时，将肥料施入土中覆土盖严。芝麻追肥应与中耕、培土、浇水等工作密切结合，采取开沟条施和穴施为最好。追肥本着近根又不伤根的原则，不宜过浅、过远，特别是氮素化肥应施在离根际3~4厘米、浅埋4~6厘米的土中为宜。如遇雨追肥撒施时，切忌雨停后施用，这样撒下的肥料会烧坏叶片。

每次追肥应遵照配方施肥的要求，在原来施肥的基础上，分期补追一定量的氮肥和磷肥、钾肥。幼苗期一般不追肥，即使追肥也不宜过多。对弱苗每亩追施3~5千克尿素，促使壮苗早发。蕾前期追肥，分枝型品种应在分枝期，单秆型品种应在现蕾期，每亩施尿素5~10千克左右，可有效地使果轴伸长，增加蕾、花、蒴数，提高单株生产力。底肥和前期追肥较足，开花结蒴阶段可以不追肥或少追肥。有些弱苗可追施“偏心肥”，促弱转强，以求个体间均衡发展，形成整齐的高产群体。追肥量要视植株的整体长势和个体间强弱差异程度而定，通常每亩追施尿素4~5千克。

4. 叶面喷肥

芝麻叶面喷肥可以较好地补充中后期植株对营养物质的需求，对增蒴、攻粒、保叶具有较大的作用。这种施肥方法有许多优点，可以不受土壤条件、生育时期的限制；喷施方法简便易行；能与病虫防治、激素等药剂混合使用；省工省时，用肥量少。因此，叶片喷肥近几年受到农民群众的普遍欢迎。

芝麻叶片大，茎和叶的表面密生茸毛，还有很多较大的气孔，能够黏附和吸收较大的肥料溶液。所以，芝麻叶面喷施肥料，吸收好，能均匀地进入茎、叶组织内，迅速参与代谢作用，其效果较为理想。

据中国农业科学院油料作物研究所的五个基点试验，芝麻开花结蒴期选晴朗天气，间隔5～6天连续喷2～3次硫酸钾或磷酸二氢钾0.4%溶液，明显增加单株蒴数、蒴粒数和千粒重，分别增产6%～20%。叶面喷肥，在肥力较高的地上增产少，在肥力低的地上增产多。

5. 芝麻根外追肥

作物不仅可以通过根系吸收养分，而且可以通过茎、叶表面的气孔吸收养分，因此可以将肥料溶液喷洒在茎、叶上，通过气孔吸收给作物追肥，这就叫作根外追肥，也叫作叶面施肥。芝麻的叶片大，茎叶表面密生茸毛，附着水分的能力强，根外追肥的效果很好。根外追肥效快，当作物因缺乏某一营养元素而产生缺素症时，用根外追肥的方法可以迅速治愈，使症状消失。因此，根外追肥经常作为诊断和治疗缺素病的一种有效方法。根外追肥的肥料用量小，损失少，作物吸收完全，效果迅速，因此是一种最为经济有效的施肥手段。尤其是在芝麻生长后期，土壤施肥极不方便，而且根系吸收力很弱，此时进行根外追肥，可以改善植株营养，延长茎叶绿色器官功能期，促进养分向蒴果籽粒的转移，对增加粒重，挖掘高产潜力，意义重大。

芝麻的根外追肥，可以在花蕾期和封顶分别进行，一般为1～3次。花蕾期可以结合病虫害防治，喷洒植物生长调节剂，促花增蒴；后期则可以结合喷洒多菌灵防病保叶。芝麻根外追肥的肥料一般有尿素、磷酸二氢钾和硼肥等，其使用浓度：尿素为1%，磷酸二氢钾为0.3%～0.4%，硼砂为0.1%。使用时，现将肥料溶解为溶液，为了增加溶液在叶面上的附着力。可加入适量洗衣粉作为展着剂。喷洒时，雾滴宜细，以将茎叶喷湿而不下滴为度。为了减少肥液的蒸发，延长芝麻茎叶的吸收时间，应在傍晚或清晨喷洒。另外，为了便于田间喷肥操作，必须改革芝麻种植形式，适当加宽芝麻种植行距。

（四）微肥和激素使用技术

1. 微肥

微肥是对微量元素肥料的简称，微量元素是多种酶的成分或活化剂，参与光合作用、碳素同化与转运、氮素代谢和氧化还原过程等；促进植物营养生长协调发展、繁殖器官形成、发育，增强植物抗逆能力。植物对微肥的需要量就如同人们对维生素的需要量一样必不可少,一般根据土壤肥料缺乏程度和植物需求,在施用氮、磷、钾肥的基础上,适时适量增施微肥是获得优质高产的有效措施。微量元素由于其使用量少,只有与氮、磷、钾大量元素相互配合使用才能显示出增产效应。现已经确认对芝麻生长发育起作用的微量元素主要有铁、锰、铜、钼、钴、硼、氯、碘、硒等。根据中国农业科学院土壤肥料研究所对我国土壤微量元素的分析,我国芝麻主产区土壤中,有效硼的含量为 0.25～0.5 毫克/千克;有效锌的含量为 0.5～1.0 毫克/千克;有效锰的含量为 50～100 毫克/千克。在河南芝麻产区的土壤中缺乏或潜在性缺乏硼、锌、锰、钼等微量元素。

(1)微肥种类

1)硼肥　硼作为植物生长发育必需的微量元素之一,在花器官发育、细胞膜稳定性及糖的转运与代谢、核酸代谢和蛋白质的合成等方面起到重要作用,芝麻对硼肥具有较好的吸收利用能力。芝麻施用硼肥可能促进种子萌发,促进植株生长健壮,促使根系生长,增强根系活力和抗逆性,提高叶片中叶绿素含量,提高植株光合速率,增加产量,改善品质,缩短生育进程。当芝麻缺硼时,植株生长停滞矮化,根系发育不良,叶片变形且面积变小,气孔关闭,上部叶片黄白色,叶脉深绿,中下部叶片增厚、倒卷,叶片中叶绿体含量下降,叶肉细胞中叶绿体变小,脂质小球增多,膜结构碎化成片并液化,基粒片层解体并呈囊泡状,基粒结构破坏。生殖生长期缺硼,影响开花结蒴,造成蒴少、蒴小,甚至花而不实。施用硼肥一般可增产 7.1%～18.8%。硼肥作底肥施用时,随着施肥量的增加,可促进蒴果同步灌浆;现蕾期和盛花期叶面喷施硼肥效果最好。芝麻施硼肥一般以硼砂或速力硼为主,可作底肥、种肥或拌种、叶面喷施等。硼素作底肥施用时,用量为每亩 1 千克;作种肥施用时,用量为每亩 50 克;拌种用量为每千克种子 2 克硼肥;叶面喷施宜在现蕾期或盛花期进行,硼肥浓度以 0.1%～0.2% 为宜。

2)锌肥　锌在作物体内易于移动而被重复利用,主要参与蛋白质和生长素的合成,促进叶绿素的形成及稳定,同时,锌也是多种酶的成分或活化剂。因此,它影响到芝麻的呼吸作用和其他许多生理活动。总体来说,锌能促进芝麻生长,加速植株体内蛋白质及碳水化合物的合成与转化,提高光能利用率,改善经济性状,提高芝麻产量。芝麻缺锌时,叶绿素合成数量减少、稳定性降低,叶绿体光合作用能力下降,缺锌造成芝麻叶片出现脉间失绿及黄花或白化现象,生长停滞,叶片变小。河南省农业科学院芝麻中心研究认为,施用锌肥的芝麻一般可增产10.8%~15.3%。芝麻施锌肥一般以硫酸锌为主,可作底肥、种肥或拌种施用。作底肥施用时,用量为每亩0.5~1千克;作种肥施用时,用量为每亩50克;拌种用量为每千克种子2~3克硫酸锌。硫酸锌中的锌为可溶性锌,在遇到磷酸根时,会形成磷酸锌变为不溶性,降低肥效,所以硫酸锌最好不与磷酸铵、过磷酸钙等一起施用。

3)锰肥　锰对芝麻生长发育表现为,锰是多种酶的活化剂,维持叶绿素的结构稳定性,对光合作用起活化作用,锰能促进芝麻植株体内氨基酸、蛋白质的合成,调节氧化还原反应,促进养分的积累和碳水化合物的运转,从而增蒴增粒,提高千粒重,增加产量。缺锰时,芝麻叶片光合作用不能正常进行,常造成芝麻叶片失绿变黄,同时引起植株生长停滞,植株矮化,开花结蒴少,产量降低。芝麻使用锰肥一般可增产8.8%~13.3%。芝麻施锰肥一般以硫酸锰为主,可作底肥、种肥或拌种、叶面喷施等。作底肥施用时,用量为每亩1千克;作种肥施用时,用量为每亩50克;拌种用量为每千克种子2克硫酸锰;叶面喷施宜在现蕾期或盛花期进行,硫酸锰浓度以0.1%~0.2%为宜。

4)钼肥　钼肥能促进芝麻的氮素代谢,加强矿物质的吸收,提高叶绿素含量,促进光合作用,增强抗病、抗旱能力。施用钼肥一般可使芝麻增产7.0%~7.9%。

5)稀土　稀土是指元素周期表ⅢB族中钪、钇、镧系等17种元素的总称。稀土可调节植株的营养生长和生殖生长,促进各种营养成分的吸收,从而起到改善植株经济性状,提高产量的作用。据河南省农业科学院芝麻研究中心研究,芝麻在现蕾期至初花期喷施一次0.03%的稀土溶液,增产为14.04%~18.9%。

(2)微肥施用注意事项

☛ 微肥必须和大量元素肥料配合使用,否则达不到应有的增产效果。

☛ 施用微肥要增施有机肥,因为增施有机肥既能增加土壤的有机酸含量,使微量元素呈可利用状态,同时又能在微肥施用过量时,缓解微肥毒性。

☛ 微肥使用不可过量,以免造成肥害。微肥用量过大会对芝麻会产生毒害,而且还可能污染环境和危害人、畜健康。微肥已经作底肥施用的,一般不再进行拌种或叶面喷肥施用。

☛ 喷施微肥注意施用时间,叶面喷施应在阴天或晴天11:00前或15:00以后进行,此期叶面呼吸作用旺盛,利于微肥吸收。喷后4小时内遇雨,应重喷1次。

☛ 使用稀土时,应先用硝酸或醋把水的pH值调到5.0~5.5,然后加入稀土,切忌不能用铁器搅拌或盛装。

☛ 微肥作种肥施用时,为了避免局部微肥浓度过大,伤害芝麻种子,应将微肥与土壤掺匀,并在施用时与种子隔开。

2. 激素

芝麻激素可分为调、控两大类型。芝麻在高产栽培过程中,利用植物激素调节其生长发育。施用激素可促进芝麻根系发育、防止植株徒长、达到植株稳健生长,早开花结实,防止落花落蒴,实现蒴大粒饱,千粒重高,提高产量的一项技术措施。合理利用植物激素对芝麻进行及时调控,能够抑制营养生长,促进生殖生长,改善植株经济性状,有效地提高8.0%~32.9%产量。抑制型植物激素如矮壮素、缩节胺、多效唑、784-1等。此类激素可调节芝麻的形态发育,延缓纵向伸长,加强横向生长,促进芝麻种子萌发,增加根系活力,抑制营养生长,降低结蒴部位,增加叶绿素、蛋白质、糖类的含量,促进叶片光合作用和根系呼吸作用,增强气孔抗阻,降低叶面蒸腾,进而提升抗倒、抗高温、耐低温、抗旱、抗盐碱能力,达到高产的目的。促进型植物激素如赤霉素、吲哚乙酸、802、增产灵等,能促进芝麻生长,增加单株叶片数,增强植株抗逆性,提前开花早结实,提高产量。

1)缩节胺　又名助长素、调节啶,在芝麻上用以控制苗期生长,促根蹲苗,降低始蒴部位。使用方法:可用150毫克/千克溶液浸种或100毫克/千克进行苗期叶面喷施。据中国农业科学院油料作物研究所研究,芝麻用100毫克/千克缩节胺于4对真叶和初花期各喷1次,植株变矮,茎秆粗,腿低,叶色加深,延缓衰老,节密、蒴多,增产5.6%~14%。

2)矮壮素　商品名称西西西,用于芝麻丰产田控制苗期生长,防止倒伏。据中国农业科学院油料作物研究所研究,芝麻用100毫克/千克矮壮素于2~3对真叶,间隔1周矮壮素喷2次,腿低、茎粗、抗倒,增产35.2%。

3)赤霉素　又名"九二〇",能刺激植物细胞伸长,增加分枝,扩大叶面积。据中国农业科学院油料作物研究所研究,芝麻始花期喷洒100毫克/千克赤霉素,配合追施及中耕管理,增产17.1%。

4)802　为多种硝基苯酚盐类复合物,能增强植物光合作用和抗病、抗旱能力,具有促进生根发芽、增花增蒴及延缓衰老的功能。湖北省鄂州农牧业局研究,在芝麻初花期喷洒100倍802溶液,增产12.2%。

5)784-1　具有抑制营养生长,促进生殖生长的功能。据河南省平舆县农业试验站研究,芝麻以100毫克/千克溶液浸种4小时,增产21%~46%。

6)喷施宝和叶面宝　两者均为广谱性植物生长调节剂,含有多种植物营养成分和腐殖酸等活性物质,具有促进生根发芽、开花结果及提高抗性等功能,在芝麻上主要用于增花增蒴。据河南省农业科学院芝麻中心和驻马店农业科学院研究,于芝麻花蕾期每亩用1支叶面宝(或喷施宝)加水50~75千克喷洒,植株增高,结蒴增加,功效显著。

芝麻上使用植物生长调节剂的方法有喷施、浸蘸、涂抹、土壤处理和茎秆注射等,但经常用的是叶面喷施。

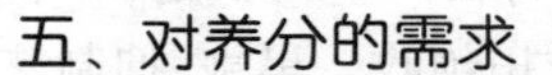

五、对养分的需求

从植株吸收氮、磷、钾的总和来看，以盛花期到成熟阶段为最多，占吸收总量的78.4%；初花至盛花阶段次之，占总量的10.01%；开花以前仅占11.57%。芝麻不同生育时期，对三要素的吸收量也是不同的。氮素以盛花到成熟吸收最多，占总氮量的64%，磷素则以初花到盛花最多，占磷素总量的56.21%，钾素在盛花至成熟最多，占总钾量的86.29%。由此可见，除培肥地力促使壮苗外，应满足芝麻蕾花至成熟阶段对氮、磷、钾的需要，氮肥可在蕾前期追施，磷、钾肥作底肥或根外喷肥。

经多年研究证明，芝麻使用微量元素，可以促进其生长发育，提高籽粒产量，改善品质。目前使用的微量元素有10种之多，具有明显增产效果的有硼、锌、锰、钼等。这四种微肥作底肥施用均表现增产，以锌、锰增产最多，其增产率为15.3%、13.3%。微肥喷施增产效果更为明显，以硼肥效果最好，锌、锰、钼次之。它们分别增产15.6%、13.3%、8.8%、7.0%。

六、需水规律与水分利用

芝麻是一种对旱涝害敏感的作物，旱涝害严重威胁着芝麻生产，产区内旱涝害频繁是我国历年芝麻单产低而不稳的主要原因。

芝麻对水分的反应非常敏感，虽说芝麻最怕渍，但也不能忍受长期的土壤干旱。在芝麻生产中，由于雨量分布不均，阶段性的干旱和渍涝害时常发生，甚至旱涝交替发生，严重影响芝麻的产量与品质。我国芝麻集中分布于黄淮、江淮地区，产量受降水量影响较大，常年减产15%~30%，极端年份致使绝收。渍害，严重地降低了芝麻的产量和品质，1949~2006年58年间河南省芝麻主产区因涝害大减产的年份达21年;湖北、安徽芝麻生产也因渍害产量起伏较大,如1982年因降水量过多,平均每亩产量均不足20千克;2007年芝麻主产区出现洪涝灾害,多数农田绝收。旱害,抑制芝麻的生长发育,减少开花结蒴数量,形成大幅度减产。农谚有“天旱收一半,雨涝不见面”,这说明我们要积极创造条件,让芝麻的一生能得到适宜的土壤水分,才能更好地生长发育。

有学者研究认为芝麻全生育期内只需要210~250毫米的降水量。在我国芝麻主产区内,芝麻生育期间降水量常年在300~500毫米,多雨年份高达900毫米以上,少雨年份只150毫米左右。如果常年雨水分配均匀,足可满足芝麻生长的需要,而且多为丰收年。实际上,我国主产区在芝麻生育期间雨量分布极不均匀,旱、涝之年时常发生,这也是产量低而不稳的主要原因之一。

(一)需水概况

芝麻一生需水量与土壤含水量有很大关系(表4-7),随着土壤含水量的增加,芝麻一生的总需水量也逐渐增加,在40%~100%的土壤水分范围内,芝麻一生的总需水量为109.5~421.5米^3/亩。不同生育期芝麻的需水特性与其生长发育规律完全一致。在开花以前,植株矮小,叶片数目少,并且叶面积小,植株蒸腾量较小,此期需水量主要由棵间蒸发组成;在开花至终花这一生殖生长阶段,植株生长发育最旺盛,日干物质积累最多,叶片迅速增生,叶面积也较大,植株蒸腾占需水量的比例也大幅上升;终花以后,由于气温慢慢降低,植株逐渐衰老,叶片逐渐脱落,茎、叶的蒸腾量减少,需水量明显下降。据测定,夏芝麻全生育期内,播种至出苗需水量为3.1~15.0米^3/亩,出苗至现蕾为12.5~56.8米^3/亩,现蕾至初花为7.8~47.4米^3/亩,初花至终花79.3~303.9米^3/亩,终花至成熟为5.3~28.4米^3/亩。芝麻需水量最大的时期为初花至终花,此期需水量占全生育期需水量的58.3%~72.3%。

表4－7 芝麻各生育阶段的田间耗水量(米³/亩)

供试品种	土壤相对湿度	各生育阶段需水量(米³/亩)					全生育期(米³/亩)
		播种至出苗	出苗至现蕾	现蕾至初花	初花至终花	终花至成熟	
郑芝98N09	100%	14.2/3.4	56.8/13.5	47.4/11.2	274.7/65.2	28.4/6.7	421.5
	80%	9.7/4.2	38.9/16.7	24.3/10.4	136.3/58.3	24.3/10.4	233.6
	60%	5.2/3.6	20.7/14.3	15.5/10.7	87.9/60.7	15.5/10.7	144.8
	40%	3.1/2.9	12.5/11.4	7.8/7.1	80.5/73.6	5.5/5.0	109.5
豫芝4号	100%	15.0/3.6	47.1/11.2	30.0/7.1	303.9/72.3	24.5/5.8	420.6
	80%	8.3/3.0	36.5/13.0	22.2/7.9	198.4/70.5	16.1/5.7	281.5
	60%	7.2/3.3	27.5/12.6	18.2/8.3	153.9/70.5	11.6/5.3	218.4
	40%	3.5/3.0	13.8/11.8	9.2/7.8	83.6/71.5	6.9/5.9	117.0
郑芝13号	100%	12.7/3.1	46.2/11.4	29.8/7.3	291.2/71.8	25.9/6.4	405.7
	80%	8.8/3.1	35.4/12.6	23.3/8.3	198.3/70.5	15.5/5.5	281.3
	60%	6.7/3.2	25.4/12.2	16.3/7.9	149.5/71.9	10.1/4.8	208.0
	40%	3.3/3.0	13.4/12.2	8.1/7.4	79.3/71.9	6.1/5.5	110.3

注:表中“/”后数字表示各生育阶段需水量占芝麻总需水量的百分比。由于40%和60%土壤含水量芝麻出苗困难,在播种至出苗期间,该处理为正常出苗的土壤含水量。

芝麻在不同的生育阶段适宜生长的土壤湿度与土壤质地有关。表4－8中列出了不同土壤质地下芝麻生长最佳含水量。在芝麻的整个生育期内,不同生育期芝麻发育对土壤含水量的要求呈先增加后下降的变化趋势,在生长最旺盛的花期,也是需水量最大的时期,对土壤的水分要求也最高,但不同的土壤质地,含水量差异明显,土壤质地越黏重,芝麻生长所需的水分含量越高。

表4-8 芝麻生长适宜的土壤湿度

生育时期	田间最大持水量	土壤含水率		
		黏壤土	轻沙壤土	中壤土
出苗至初花	60%~75%	13.2%~16.5%	15%~18.8%	16.8%~21%
初花至封顶	75%~85%	16.5%~18.7%	18.8%~21.3%	21%~23.8%
封顶至成熟	65%~75%	14.3%~16.8%	16.3%~18.8%	18.2%~21%

（二）各生育阶段需水特性（表4-10）

1. 种子需水特点

当芝麻种子吸收水分占自身重量的一半时，即能发芽出苗，可谓“黄墒芝麻，泥里豆”。土壤含水量影响芝麻的出苗，表4-9中列出了不同土壤含水量下芝麻的出苗情况，随着土壤含水量的增加，芝麻的出苗率呈先增加后下降的变化趋势，在50%以下的土壤含水量，芝麻几乎不能出苗，土壤相对含水量在70%~80%时，是芝麻出苗的最适土壤湿度。当土壤相对含水量为60%时，芝麻出苗缓慢，并且苗细、苗弱，而当土壤相对含水量达90%以上时，芝麻的出苗率又有所下降，至播种后第六天时，未能出苗的籽粒已经霉变。但夏芝麻在播种时气温较高，土壤水分蒸发快，农谚有“春争日、夏争时”，正是说明夏芝麻在播种时要趁墒抢时播种，才能保证一播全苗、壮苗。

表4-9 土壤相对含水量与芝麻出苗的关系

土壤相对含水量	40%	50%	60%	70%	80%	90%
播种后6天出苗数	0	2.67	34.23	100	100	84.27

表4－10 芝麻各生育阶段日耗水量

供试品种	土壤相对湿度	各生育阶段日需水量（米^3）				
		播种－出苗	出苗－现蕾	现蕾－初花	初花－终花	终花－成熟
郑芝98N09	100%	2.4	2.0	5.9	6.7	4.1
	80%	1.6	1.4	3.0	3.0	3.0
	60%	0.9	0.8	1.9	2.0	1.9
	40%	0.5	0.5	1.0	2.0	0.9
豫芝4号	100%	2.5	1.6	3.8	7.4	3.5
	80%	1.4	1.4	2.8	4.4	2.0
	60%	1.2	1.0	2.3	3.6	1.5
	40%	0.6	0.5	1.2	2.0	1.2
郑芝13号	100%	2.1	1.6	3.7	7.1	3.7
	80%	1.5	1.3	2.9	4.3	1.9
	60%	1.1	0.9	2.0	3.3	1.3
	40%	0.6	0.5	1.0	1.9	1.0

2. 苗期需水特点

在芝麻苗期，土壤水分含量应适当降低，这样利于芝麻蹲苗、发根、主根入土深、侧根分布广，幼苗才能茁壮成长，茎秆粗实，抗旱、抗病、抗倒伏能力增强。当苗期土壤水分偏多时，幼苗细弱，叶片失绿，腿高茎细，主根入土浅、侧根少，抗旱、抗病、抗倒伏能力减弱，极易发生枯萎病、立枯病、根腐病等土传性病害。

3. 现蕾期需水特点

现蕾期是芝麻由营养生长转入营养生长和生殖生长并进时期。此期芝麻日生长量逐渐增加，对水分与营养物质的需求加大，日耗水量也迅速增加。

4. 花期需水特点

花期芝麻完全进入营养生长和生殖生长并进时期，此期植株生长旺盛，植株最大日增高10厘米左右，茎、叶、花、果进入全面旺盛生长阶段，干物质积累迅速增加，需水量达到高峰，芝麻对水分反映十分敏感，怕旱怕涝。此期是芝麻生长发育、产量形成的关键时期，要认真做好田间水分管理，遇涝排水和遇旱及时灌水工作。

5. 终花后需水特点

芝麻进入终花期，气温下降，灌浆逐渐完成，根系活力减弱，叶片脱落，日蒸腾作用降低，需水量逐渐减少。这个时期应注意田间排涝工作，一般不需灌水。

（三）不同土壤水分条件下芝麻的生长特性

1. 土壤水分含量不同对芝麻物质分配的影响

从表4-11可以看出，两个品种均表现出100%和40%两个水分处理的根冠比均大于80%和60%两个水分处理。两品种均表现为随着土壤含水量的增加，经济系数逐渐下降，在40%土壤含水量条件下，经济系数最高。

表4-11　土壤含水量对芝麻根冠比与经济系数的影响

性状	品种	100%	80%	60%	40%
根冠比	豫芝4号	14.53	12.54	12.49	13.61
	郑芝13号	14.18	12.46	11.72	13.82
经济系数	豫芝4号	3.27	10.14	10.47	13.76
	郑芝13号	4.35	9.94	10.01	12.37

2. 不同水分处理对芝麻物质运转能力的影响

从表4-12可以看出，水分处理对芝麻亩干物质总产量影响较大，60%水分处理最高，为875.68千克/亩，最低的为100%水分处理，为533.35千克/亩，其中60%水分处理的亩干物质总产量较100%水分处理的高64.19%。籽粒亩产量为60%水分处理最高，为81.56千克/亩，最低的为100%水分处理，为32.68千克/亩，其中60%水分处理的籽粒亩产量较100%水分处理的高149.56%。每生产100千克籽粒需水量在216.66~1 289.73米^3，其中60%水分处理下每生产100千克籽粒需水量最少，为177.51米^3。

表 4－12　土壤含水量对芝麻物质运转能力的影响

测定项目	40%	60%	80%	100%
亩干物质总量(千克)	563.16	875.68	716.29	533.35
籽粒亩产量(千克)	50.53	81.56	49.87	32.68
生产 100 千克籽粒需水量(米^3)	216.66	177.51	468.48	1 289.73

3. 土壤含水量对芝麻经济性状有显著影响

从表 4－13 可以看出,随着土壤水分含量的降低,植株株高、果轴长度、单株蒴数、单蒴粒数、千粒重、单株产量均呈先增加后下降的变化趋势。旱害(40% 土壤相对含水量)和渍害(100% 土壤相对含水量)条件下,芝麻的各经济性状都呈劣化趋势。变化最明显的是株高、果轴长度、单株蒴数、单蒴粒数和单株产量。其中单株蒴数是产量构成因素中最重要的因子,因此,保证合适的土壤湿度是芝麻获得高产稳产的首要条件。另外,在旱害和渍害条件下,芝麻的光合特性、生理特性等各项指标活性下降,影响了光合产物的积累及干物质运转,使芝麻的干物质量明显下降。

表 4－13　土壤含水量对芝麻经济性状的影响

品种	处理	株高(厘米)	结蒴部位(厘米)	果轴长度(厘米)	黄梢尖(厘米)	单株蒴数(个)	单蒴粒数(个)	千粒重(克)	单株产量(克)
豫芝4号	100%	123.3	62.8	51.7	8.8	46.2	45.2	2.5	7.7
	80%	167.9	51.7	113.3	2.9	105.0	63.3	2.6	10.0
	60%	158.3	49.1	104.5	4.4	96.4	60.7	2.7	10.8
	40%	132.3	50.3	77.2	4.8	66.0	55.4	2.4	1.5
郑芝13号	100%	122.7	49.5	61.2	12.0	45.2	49.3	2.3	6.6
	80%	169.8	44.7	122.1	3.0	126.6	62.9	2.6	8.4
	60%	156.4	57.1	95.9	3.4	81.2	60.1	2.8	13.9
	40%	131.3	46.6	82.1	2.6	65.6	52.4	2.3	1.6

续表

品种	处理	株高（厘米）	结蒴部位（厘米）	果轴长度（厘米）	黄梢尖（厘米）	单株蒴数（个）	单蒴粒数（个）	千粒重（克）	单株产量（克）
郑芝98N09	100%	131.3	68.5	59.1	3.7	42.2	36.5	2.3	3.5
	80%	140.6	63.7	72.9	4.0	57.6	62.4	2.7	9.4
	60%	154.0	69.8	79.5	4.6	67.0	68.2	2.7	13.8
	40%	143.4	69.3	69.2	4.9	52.8	66.4	2.5	8.8

（四）排水防渍

芝麻的耐渍性随着植株生育进程的推进而逐渐递减，尤其初花期以后，其耐渍性变得很弱。渍害主要通过影响土壤中的水分、空气、微生物活性、养分吸收及地上部分湿度、温度及空气流通等因素而使芝麻发育受阻。当渍害发生时，主要表现为土壤水分达到饱和状态，土壤中缺乏氧气，加之高温、高湿等因素的影响，使土壤内厌氧微生物活性增加、根细胞透性减弱、根系活力下降直至腐烂，不利于土壤养分的释放和根系对水分、养分的吸收，加之地上部分雨后天晴高温高湿，蒸腾作用加强，叶片呼吸受阻，光合能力减弱，植株体内缺水，叶片萎蔫。地上部分与地下部分的协同作用，使芝麻在短时间内受到“饥饿”与病害胁迫致死。且在渍害环境下，根部组织易受病菌浸染破坏，即渍害和病害同时发生。芝麻渍害后，苗期常表现为根系活力减弱，功能降低，幼苗生长受阻，茎、叶黄瘦，随着天气转晴而土壤水分降低，虽可恢复生长，但因生理性亏损，长势很弱，加之间苗、定苗和中耕除草工作难以进行，形成“苗荒”和“草荒”，进而造成减产，甚至草强苗弱全田废弃。开花结蒴阶段遇到渍害，就会阻碍根系的生理活动，功能受损，致使植株的水分失调，叶片萎蔫、凋落。受害轻的植株，在天气阴凉，叶片蒸腾量小的情况下，随着新侧根的发生，生活机能尚可得到一些恢复，但是易造成植株未老先衰，提前终花，黄稍尖增长，秕籽率增加等，致使产量和品质的下降。因此，芝麻在受到渍涝害威胁时，尽量在当天将明水排干，深挖墒沟，增设腰沟，将暗渍在短时间内排空。

（五）灌水技术

芝麻较玉米、小麦、高粱等作物是需水量较小的作物，但并非芝麻不需要灌水防旱，也并非芝麻越旱越好，在其不同的生长发育时期对水分也表现为特定的生理需求，正如西汉《氾胜之书》中就指出芝麻要"区（沤）种，干旱常灌之"。尤其在芝麻盛花期是对水分敏感的时期，此期缺水，将造成芝麻大幅度减产。

在我国芝麻主产区，芝麻生育期内正值高温多雨天气，正常年份，在芝麻生育期间的降水量，可以满足其一生对水分的要求。但各地的气候不同，雨量往往分布不均，局部旱象历年都有发生。以河南为例，1959 年在驻马店试验，春芝麻久旱 70 天，盛花期灌一次水和蕾期、盛花期各灌一次水的亩产 65. 8 千克和 69. 9 千克，比未灌水的增产 24. 63% 和 28. 49% 。1960 年唐河县农业科学研究所试验，夏芝麻遇到旱象，初花期灌一次水的每亩产量 903. 0 千克，初花和盛花期各灌一次水的每亩单产 60. 2 千克，分别比未灌水的增产 12% 和 55. 81% 。1966 年，叶县 72 天无雨，田庄乡道庄村 5 亩夏芝麻灌一次水，单产 92. 5 千克/亩，比未灌水的增产 1. 5 倍。由于芝麻各生育时期对水分的需求不同，因此，在干旱情况下，要把握好灌溉时期，促使灌水发挥最大效应，尤其是长期少雨、空气干燥和土壤干旱时，适当增加灌水次数效果更好。

1. 苗期灌水

芝麻苗期需水量较少，如果播种时土壤墒情良好，一般不需要灌水。如 1987 年，河南省驻马店大面积芝麻（苗期）遭受严重干旱，生长发育受到很大抑制，但是在花蕾期后，天气特别好，结果当年芝麻仍获得每亩单产 60 ~ 75 千克的好收成。现蕾后，如果天气干旱，土壤水分下降到土壤相对含水量的 60% 以下时，即使幼苗未呈现明显旱象，为了促进花序的生长发育，以利花芽分化，仍需灌水。苗期灌水量不宜过多，每次每亩灌水 10 立方米左右为宜，采用微喷管，细水慢喷 20 ~ 30 分为宜。苗期土壤墒情以土壤相对含水量的 60% ~ 75% 为宜。

2. 花期灌水

芝麻从初花－终花这一阶段对水分非常敏感,此期缺水,植株生长缓慢,生殖生长停止或提前终花,芝麻落花落蒴现象严重,黄梢尖延长,严重影响芝麻产量的形成,并且芝麻品质也会受到不同程度的影响。因此,此阶段是芝麻需水量最大的时期,适宜的土壤含水量为田间最大持水量的75%～85%,此期如遇干旱应及时灌水保丰收。农谚有:“芝麻旱小不旱老。”就是说芝麻开花结蒴阶段最怕旱。如果土壤缺墒,不仅严重减产,而且含油量也会降低。如能及时补充水分,使植株得到正常的生长发育,就能大幅度增产。各地因年份间降水量往往分布不匀,应根据干旱情况而定灌水次数,原则上每次灌水量应控制在20立方米/亩左右,保证了旺长不徒长、壮苗早发不早衰,促进籽粒饱满。花期土壤墒情以田间土壤最大持水量的75%～85%为宜。

3. 终花期灌水

芝麻终花以后,植株高度不再增加,叶片逐渐脱落,灌浆接近尾声,此期植株蒸腾量逐渐减弱,需水量逐渐减少,在雨水充足或花期灌水的基础上,一般不需灌水。终花期灌水容易造成芝麻贪青晚熟,粒色变暗,如遇干旱,可视情况提早收获。终花以后土壤墒情以土壤相对含水量的65%～75%为宜。

(六)芝麻需水量与环境条件的关系

芝麻的需水量在很大程度上与播种时间、气候、土壤质地和栽培措施有关。

1. 生育期

一般春芝麻生育期长,芝麻高大、叶片蒸腾量也相对较大,需水量就多;相反,夏芝麻生育期较短,需水量则相应减少。

2. 气候特性

天气晴朗,日照强,气温高,空气干燥多风,芝麻需水量就增多;相反,阴雨寡照、无风、蒸发量小,则需水量就少。

3. 土壤质地

土壤质地对芝麻需水量的影响主要是土壤毛细管孔径大小与土壤团粒结构的好坏。如砂姜黑土土壤质地黏重,干旱时土壤结构体

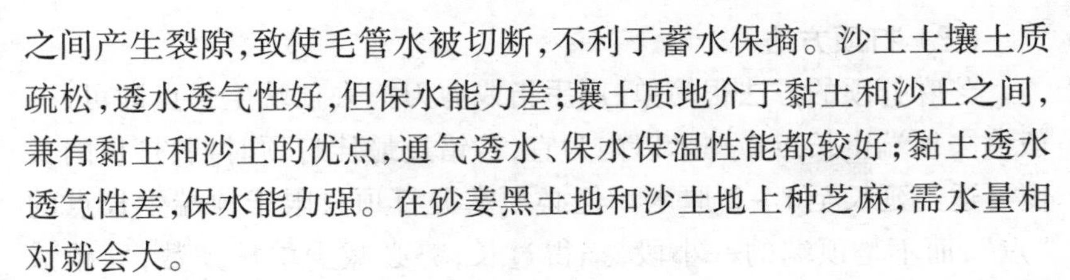

之间产生裂隙，致使毛管水被切断，不利于蓄水保墒。沙土土壤土质疏松，透水透气性好，但保水能力差；壤土质地介于黏土和沙土之间，兼有黏土和沙土的优点，通气透水、保水保温性能都较好；黏土透水透气性差，保水能力强。在砂姜黑土地和沙土地上种芝麻，需水量相对就会大。

4. 栽培管理措施

在高产栽培条件下，增施农家肥作基肥，合理密植、植株高大，相对土地面积上的叶面积系数也大，植株蒸腾耗水量相对较多；当栽培管理措施不当时，植株发育不良，叶片数目少，单叶面积小，相对土地面积上叶面积系数也小，植株蒸腾耗水量相对较少。

七、打顶技术

打顶是使芝麻增加产量、改善品质的一项重要农艺措施，芝麻主产区的种植户一直有芝麻打顶的好传统。

（一）打顶增产的原因

一般不打顶芝麻，上部几个节位花朵不能形成蒴果而脱落，或即使形成蒴果也不能形成籽粒，或即使形成籽粒也因不能充分灌浆而形成秕籽，从而消耗了大量营养物质。芝麻适时打顶，可防止黄梢尖和无效蒴果的形成，阻止营养物质的无效消耗，促进植株稳健生长，并有效地延长根、茎、叶、蒴的功能期，成熟期仍可保持 15 对以上的绿色叶片。打顶后植株体内的养分较有效地转入蕾、花、蒴中去，可以增蒴攻籽，提高品质和产量。

（二）打顶的时间

芝麻开花、结蒴、成籽的发育规律和后期温、光条件是决定打顶时期的基本依据。过早打顶不利于植株的生长发育，降低产量，因为这时气温尚高，阳光充足，植株长势旺盛，上部蕾、花可以正常结蒴成籽；反之，过晚打顶，就不能起到调节养分的作用，不同的生态地区应根据各自的生态特点确定适宜当地的最佳打顶时期。

(三)打顶方法

芝麻打顶的方法很简单,用手指或剪刀掐去顶端生长点即可,一般掐去顶端生长点1厘米以内为宜,若错过最佳打顶时期,打顶的长度可适当延长至1~2厘米。但必须掌握打顶只限于顶端生长点的"点",而不是顶端的一小段,掐得过长,势必减少单株蒴数,导致减产。

第三节 芝麻高产栽培技术

一、春播

(一)因地制宜,选用芝麻良种

芝麻地膜覆盖后,有效生育期延长。因此,适宜种植一些耐涝、抗病、丰产稳产、潜力大的中晚熟优良芝麻品种。只有选用中晚熟芝麻品种,才能充分利用生长季节,增大单位面积土地复种指数,提高芝麻产量。

覆膜芝麻生长势强,增产潜力大,且种植密度小,省工省时,因此,覆膜芝麻应选用分枝型品种、植株高大的单秆型品种为宜。选用籽粒饱满、无霉变的优良种子,在播种前1~2天在阳光下均匀暴晒,切忌在水泥地面或金属器内晒种,以免高温灼伤种子。播种时要严格控制用种量,条播每亩以0.2~0.25千克为宜,每穴5~6粒,深度不超1.5厘米。播量过多,出苗拥挤,间苗费工。芝麻地膜覆盖栽培的合理密度是:分枝型品种每亩6 000~8 000株,单秆型品种每亩10 000株左右。

(二)推广地膜覆盖起垄种植,提高芝麻单产

为了充分发挥地膜栽培的除涝、防渍和防病效果,地膜芝麻必须实行垄作。根据地膜宽度确定厢宽,一般厢比地膜窄15厘米左右。将厢面整平整细,土块整碎,中央稍高于两边,呈龟背形,利于排水,并拣除厢面前作根茬和杂草,以防扎破地膜,并能使地膜与地面贴紧,有利于发挥地膜的作用。地膜覆盖芝麻除要起垄种植外,还要做到厢沟、腰沟、地头沟三沟配套,一般沟宽27~33厘米,沟深17~20厘米。地膜覆盖栽培对膜的质量要求不高,市场上销售的白色或黑色的透明地膜均可使用。但黑色地膜更利于吸收阳光,保持地温稳定,同时能抑制杂草滋生。以选用宽度为80~167厘米,厚度为0.006~0.015毫米的地膜为宜,一般每亩需地膜2~6千克。选择白色地膜可覆膜后打孔种植也可种后覆膜,待出苗后破膜放苗,而选择黑色地膜一定要覆膜后打孔种植。覆膜时,将膜拉展铺平紧贴地面,以防受风后上下煽动,使地膜破裂或吹起,影响覆膜效果。同时将地膜四周埋入土中7厘米左右,并压紧压实。为防止大风揭膜,在覆盖好的地膜上,每隔3~5米建一处防风埂,一般埂底宽15厘米,高10厘米,横跨覆盖面。这样即使某段地膜破裂进风,由于防风埂的堵截,其他地段灌不进风,不至于把地膜全部揭起。覆膜时厢沟内不铺地膜,以利雨水或灌溉水能渗入厢面土壤中,增加厢面土壤的含水量,可满足芝麻对水分的要求。

(三)施足底肥,精细整地

地膜覆盖芝麻根系发达,茎秆粗壮,生长旺盛,根、叶生长量大,对肥水需要量较多。因此,地膜覆盖栽培芝麻,应选择地势较高、地块平坦、排灌方便、耕层深厚、土壤肥沃、质地疏松、保水保肥能力强的生茬地或轮作倒茬地块。

我国地膜覆盖芝麻一般种植在东北、西北一年一熟制地区和华北平原两年三熟制地区。地膜覆盖芝麻生育期较长,对肥料的需求量较大,但地膜覆盖芝麻覆膜后,追肥困难。为了满足芝麻正常生长发育对肥料的需求,应结合整地一次性施足底肥。地膜覆盖春芝麻在最后一次犁地前,夏芝麻在前作收获后及时将底肥施入地中。一般每亩施土杂肥 2 000 ~ 3 000 千克,钙镁磷肥 30 ~ 40 千克,硼砂 0.2 千克,尿素 15 ~ 20 千克或碳酸氢铵 35 ~ 45 千克,缺钾地块补施硫酸钾或氯化钾 6 ~ 8 千克。高产栽培条件下对肥料的要求为除土杂肥外,每亩还应施纯氮 8 ~ 12 千克、磷(P_2O_5)4 ~ 6 千克、钾(K_2O)4.8 ~ 7.2 千克,即 N∶P∶K 的比例为2∶1∶1.2。其中,50% 的氮与全部磷钾作底肥,50% 的氮作追肥,并辅施硼肥、锌肥等微肥或 NEB 菌肥、叶面肥等。地膜覆盖夏芝麻应抢墒整地、施足底肥、抢时播种。前茬作物收获后,随即施肥,翻耕耙地将底肥施入地中。

由于地面覆盖芝麻生育期长,在生育后期如遇脱肥现象可进行追肥。天旱时,可结合灌水追肥;土壤墒情较好时,可在垄面插孔灌注肥料溶液(或用追肥枪追施)。同时,可结合防病治虫进行叶面追肥。此外,在芝麻高产条件下,应考虑硼、锌、锰等微量元素肥料的施用。

(四)适期播种,合理密植,提高复种指数

一般以当地地温稳定通过 15℃ 以上时为芝麻适播期。据测定,地膜覆盖后,4 月可使 5 厘米地温提高 5℃ 左右,5 月可提高 4℃ 左右,6 月可提高 3.5℃ 左右。地膜覆盖后,土壤的保温效果也很好,据测定,覆膜后土壤的高温期可保持 3 小时左右,而未覆膜的只保持了 1 小时就开始下降。而且,地膜覆盖后,土壤日夜温差增大,一般比不覆膜增加 0.7 ~ 1.9℃。鉴于地膜具有保墒提温的作用,可适当提前播种,从而更加充分地利用光热资源,挖掘芝麻的高产潜力,播期可适当提早至 4 月底至 5 月初。在东北、西北一年一熟制地区春芝麻以地膜覆盖居多,在华北平原两年三熟制地区,为了提高复种指数,充分利用光热资源,地膜覆盖芝麻一般前茬为越冬短季蔬菜,如菠菜、青菜、黄心菜、食荚豌豆、早蒜薹等,也可以采用间作套种,在种小麦时,用适当的形式将小麦与越冬蔬菜带状间作,早春蔬菜收获后,种植地膜芝麻,小麦收获后,再在套种夏棉、甘薯、花生等作物。一般地膜栽培可先播种后盖膜,也可先盖膜然后打孔播种,但以先播种后盖膜较好。因为地膜芝麻播种较早,气温很低,而地膜内温度高，先盖膜后打孔播种，往往由于芝麻特别喜欢温暖，“贪恋”膜内温暖环境而不钻出播种孔。播种方式可采用条播或穴播，以条播为好。种植方式根据厢宽而定，厢面窄时采取宽窄行种植，厢面宽时可采用等行距种植。等行距种植的行距为 40 厘米左右，宽窄行种植时，宽行 50 厘米左右，窄行 30 厘米左右；株距为 10 ~15 厘米，亩留苗 0. 9 ~1. 23 株。地膜覆盖春芝麻一般播种后 4 ~5 天、夏芝麻 3 ~4 天即可出苗，出苗后应及时放苗。放苗应选择晴天 10:00 以前或 16:00 以后破膜放苗，以防高温灼苗，阴天可以全天放苗。放苗时根据株距在苗顶上部的地膜上用刀片划一“十”字形出苗孔，让幼苗露出地膜即可，随后再用细土将幼苗四周地膜压紧即可。每个放苗孔放 2 ~3 株幼苗，以防因个别死苗而造成缺苗。膜下多余的幼苗，膜内高温可将其自然烫死。放苗应做到见苗就放，分次放苗。

芝麻地膜覆盖后，幼苗生长快，如果间苗、定苗不及时，易形成高脚苗，因此，覆膜芝麻要注意及早间、定苗。1 对真叶期进行第一次间苗，2 ~3 对真叶期进行第二次间苗，3 ~4 对真叶期进行定苗。在定苗时，发现缺苗应及时移苗补栽。

（五）化学除草、适时化控

具体内容详见第十一章第二节。

（六）适时进行病虫害防治

具体内容详见第十章。

（七）后期旱浇涝排，及时收获

地膜覆盖芝麻虽可防旱防涝，但在久旱不雨或久雨不晴，排水不畅的情况下，芝麻也易受旱涝危害。所以覆膜芝麻也要适时搞好排灌工作。灌溉时要采取沟灌的办法，将水排入厢沟内，水面与畦面向平，待水慢慢将畦渗透为宜，将沟中多余的水排出，逐厢逐沟进行，切忌大水漫灌，以防渍害发生。

二、夏播

(一)因地制宜，选用早熟品种

夏芝麻生育期短，要获得高产，首先要根据墒情抢时早播，同时要因地制宜选择优良品种。夏芝麻在品种选择上应选择株型紧凑、植株高大、生长迅速、生育期短、适应性强、抗病耐渍的单秆型早熟品种。如豫芝11号、豫芝4号、郑芝98N09、郑芝12号、郑芝13号、皖芝1号、冀航芝1号、晋芝6号等茎秆粗壮抗倒伏品种。采用风选或水选，选用籽粒饱满、无霉变的优良种子，在播前1~2天均匀摊在通风透光的土质地面上均匀暴晒，切忌在水泥地面或金属器内晒种，以免高温灼伤种子。

(二)及时灭茬、精细整地

芝麻喜温怕渍，特别对渍害、干旱、大风的抵抗能力较差。因此，应选择土质优良地势高燥、质地轻松、通气透水性能较好、不重茬(3年或3年以上没有种过芝麻)的沙壤土和壤土、砂姜黑土地最为适宜。

夏天气温高，土壤水分蒸发快，前茬作物收获后，如不及时整地保墒，土壤很快就会跑墒干硬，失去可耕时机，轻者不能保证整地质量，重者不能播种，贻误农时。农谚有“夏芝麻茬籽不过夜，垡籽不过晌”的说法。这是说种芝麻的季节性很强，务必争分夺秒，抢墒整地，趁墒早播。我国芝麻主产区夏芝麻种植户的经验是抢“火候”，随收麦(油菜)，随整地，随播种，随耱地盖籽，碎土保墒。夏芝麻的整地方法有“犁垡”和“铁茬”两种，实践证明这两种整地方法，主要是由土壤性质及土壤墒情决定的，各有优缺点。

“犁垡”的好处是:翻地松土，增加地温;掩埋底肥，提高肥效;减少杂草，中耕方便;土壤透气性好，能提高土壤蓄水保肥能力。因此，种“犁垡”是芝麻增产的关键措施。当前茬作物收获后，必须趁墒灭茬犁地，随犁随耙，切勿晾垡，以免跑墒。耙地遍数要根据土质和墒情而定，黏重土壤或墒情差，坷垃多的地块，要重耙、多耙，以将土块耙碎、耙实、耙平为标准。墒情好或沙壤土、轻壤土之类的地块，一般用钉齿耙或圆盘耙，直耙（通耙）或斜耙（对角耙）各一遍即可。芝麻播前整地不需深耕，通常以15~30厘米为宜。如果过深，不但会翻上生土，且土垡不能耙碎、耙实，易跑底墒，对出苗不利。

"铁茬"播种就是在前茬作物收获后，用钉齿耙或圆盘耙进行碎土灭茬，深耙7~10厘米，耙碎、耙平后进行条播。也有前茬收获后，不灭茬而直接条播在麦茬（油菜茬）行间的。一般说灭茬比不灭茬的保墒、保苗效果好，杂草也较少。如果土壤疏松、墒足、无杂草的地块，也可以不灭茬，即前茬作物收割后，立即条播，可使种子很快发芽出苗。"铁茬"种芝麻的缺点是土壤蓄水能力差，不但在少雨年份会干旱减产，就是在雨水比较正常的年份，也会影响植株的正常发育。这是由于土壤水分减少，不利微生物活动；土壤中水溶性养分相应减少；根系的生长受到抑制，活力减弱，功能降低；吸收的水肥量少。因此，"铁茬"播种会直接影响地上部植株的生长发育，"铁茬"芝麻不如"犁垡"芝麻长得好。一般在土壤墒情较差（黄墒）时，即土壤含水量下降到12%左右时，尤其是砂姜黑土地和上浸地上种芝麻，为了抢墒播种，不误农时，可采取"铁茬"整地，不灭茬，直接条播下种。

整地后（铁茬播种在播种后）应根据地势、地形、用犁开沟作厢，厢宽5~10米，沟深0.2~0.3米，沟宽0.25~0.35米，每隔10~15米做一厢沟，地块超过50米的要增挖腰沟，使厢沟、腰沟、地外排水沟相通，做到排渍方便。使雨天明水能排，暗水能控，旱天能浇，实现旱涝保收。

（三）施足底肥，促苗早发

结合整地，一般每亩施肥量三元复合肥30~50千克，高产则需75千克，或施用农家肥（腐熟农家肥、土杂肥3 000千克/亩），或碳酸氢铵40千克、过磷酸钙50千克作底肥。在多病及地下害虫多发区，还可撒入多菌灵、金山雕、地虫杀毙等粉剂0.5~1.5千克/亩。高产栽培条件下对肥料的要求为除土杂肥外，每亩还应施纯氮10~15千克、磷（P_2O_5）4~6千克、钾（K_2O）10~15千克，即N: P: K的比例为2: 1: 1.2。其中，50%的氮与全部磷、钾作底肥，50%的氮作追肥，并辅施硼肥、锌肥等微肥或 NEB 菌肥、叶面肥等。铁茬播种因尽量使用播种施肥一体机，每亩施用三元复合肥 30 ~ 50 千克，以便节省成本，提高播种效率。

（四）及早播种、适当增加种植密度

1. 种植准备

采用风选或水选选择籽粒饱满、无霉变的优良种子，在播前 1 ~ 2 天在阳光下均匀暴晒，切忌在水泥地面或金属器内晒种，以免高温灼伤种子。芝麻有些病害是靠种子带菌或土壤持菌传播的。因此，为了预防病害，播种时应进行药剂处理，以杀死种子上的病原菌。

2. 夏芝麻的播期

一般应在 6 月 10 日前播种完毕，超过 6 月 20 日播种，减产显著，因此播期最迟不宜超过 6 月 20 日。

3. 确定播种量

每亩用种量 0.4 ~ 0.5 千克为宜，精量播种每公顷用种量 0.2 ~ 0.3 千克。

4. 播种方式

播种方式有条播、撒播、点播，以条播为好。条播要下籽均匀，深浅一致，出苗整齐，便于匀苗密植和田间管理。芝麻宜浅播，播种深度以 3 ~ 4 厘米为宜，墒情不足时，可适当播深些或深播浅覆土。播后要及时镇压，以便种子萌发出苗。单秆型品种一般采取等行距条播，行距 33 厘米，株距 16.7 厘米或行距 40 厘米，株距13 ~ 15 厘米；也可以宽窄行条播，宽行 50 厘米，窄行 30 厘米，株距 13 ~ 15 厘米。分枝型品种采用 40 厘米或宽行 47 厘米，窄行 33 厘米，株距 23 ~ 26 厘米或 33 厘米。

（五）推广机械化播种、选用适宜的除草剂

机械化播种具有下籽均匀、深浅一致、出苗整齐、行距一致等优点，采用机械化播种首先要选择优良品种，对种子进行精选处理，播种前应适时对种子进行药剂拌种、包衣等处理。可用于芝麻机械化播种的机械为改良后的小麦播种机，可采用等行距播种，行距为 40 厘米，也可采用宽窄行播种，宽行为 50 厘米，窄行为 30 厘米。

机械化播种的好处

☞ 播种均匀，深浅一致，出苗整齐，便于集中施肥和间苗定苗。

☞ 机械播种行距一致，便于机械中耕培土等机械化操作。

☞ 机械播种效率高，利于抢时抢墒，一播全苗。

采用机械播种时，要注意处理好前茬作物的秸秆和茬口，做好灭茬工作，调节合适的下种孔，避免下种过多，造成苗稠苗弱，形成高脚苗，间定苗费工费时；播种机在田间行走时要求行要直，并且保持行距宽、窄一致，播种后注意镇压，使种子全部覆于土中。

播种后出苗前要用除草剂进行封闭，采用的适宜除草剂为：50%乙草胺乳油 80～100 毫升/亩、72%异丙甲草胺（都尔）乳油150 毫升对水 40～50 千克、96%精异丙甲草胺（金都尔）150 毫升/亩、50%敌草胺 150 克/亩。芝麻出苗应达到出苗均匀，没有缺苗断垄现象。若在芝麻芽前未能及时喷施封闭型除草剂时，可在芝麻出苗后 7～14 天内、杂草 3～4 叶期时，每亩用 10.8%的盖草能 25～30 毫升，对水 40～50 千克喷雾，进行芽后除草。

（六）及时化控，防止倒伏

夏播芝麻长势快，容易形成高腿位，为防止芝麻腿位过高，可采用 100 毫克/千克缩节胺或 250 毫克/千克的 784－1 溶液对芝麻浸种，对降低芝麻子叶节高度和第 1 对与第 2 对真叶间的距离效果明显。在播种早、水肥充足、密度大、有旺长趋势的情况下，为了防止芝麻旺长，控制腿高，应利用 30 毫克/千克的矮壮素或 100 毫克/千克的缩节胺、多效唑溶液，在 1～2 对真叶期和 2～3 对真叶期进行叶面喷施，一般连续喷施 2 次，时间间隔 7～10 天，可有效控制芝麻的结蒴部位，防止后期倒伏。在播种晚、地力差、干旱或施肥少、密度小、长势弱的情况下，为了促进芝麻幼苗的生长，应使用 2 000～4 000 倍液的 802 或 10～20 毫克/千克的增产灵溶液，在苗期进行一次叶面喷施,则会取得满意的结果。芝麻进入生殖生长期后,日合成与消耗的营养物质明显增加,为了促进生殖生长,增加单株蒴数,可在现蕾期和盛花期分次喷施不同类型的促进型激素,如10~20毫克/千克的增产灵、2 000~4 000倍液的802效果均很好,也可结合促进型激素的喷施,如配施0.2%硼砂和0.3%~0.4%磷酸二氢钾溶液,这些均对芝麻开花结蒴具有促进作用。

(七)适时进行病虫害防治

1. 苗期病害防控

芝麻苗期病害主要有立枯病、枯萎病、疫病、根腐病等,防治方法为:

(1)农业防治　选择优质高产、耐渍,抗病性强的品种;合理轮作,减少越冬菌源,加强肥水管理,培育健苗,采用高畦栽培。及时防治害虫等传毒介体。

(2)种子处理　温汤浸种:55℃浸种10分或60℃浸种5分;药剂拌种;用种子重量0.2%的50%多菌灵可湿性粉剂或80%代森锰锌可湿性粉剂拌种进行苗期防治。

(3)化学防治　可选用50%多菌灵可湿性粉剂500倍液,或70%甲基硫菌灵可湿性粉剂800倍液,或37%枯萎立克可湿性粉剂800倍液,或58%甲霜灵锰锌可湿性粉剂600倍液,或75%百菌清可湿性粉剂600倍液进行叶面喷洒保护。

2. 苗期虫害防控

苗期害虫主要有地老虎、金针虫、蛴螬和蝼蛄等地下害虫,旱天时易发生蚜虫。防治方法为:

(1)农业防治　施用腐熟农家肥料,清除田间地头杂草可消灭部分虫卵和早春杂草寄住,结合早春积肥铲除杂草,沤肥或烧毁,可消灭1~2龄幼虫和大量虫卵。

(2)诱杀成虫　在成虫盛发期利用黑光灯、糖、酒、醋诱蛾液,加硫酸烟碱或苦楝子发酵液,或用杨树枝把,或泡桐叶,诱杀成虫。

(3)化学防治　出苗后可用炒香的麦麸、豆饼、花生饼、玉米碎粒、新鲜碎草、泡桐树叶等拌入辛硫磷乳油作毒饵诱杀幼虫。苗后用80%敌敌畏乳油1 500倍液,或10%虫螨腈(除尽)悬浮剂2 000倍液，或5%氟虫脲（卡死克）2 000倍液喷雾防治。

3. 中期病害防控

芝麻生育中期是病害的高发期，此期易发生的芝麻病害包括枯萎病、茎点枯病、叶斑病、白粉病等芝麻生育中期也是虫害的高发期，此期易发生的防治方法为：除针对病害采取农业综合防治外，化学药剂防治可采用70%代森锰锌可湿性粉剂800倍液，或50%多菌灵可湿性粉剂500倍液，或70%甲基硫菌灵可湿性粉剂800倍液，75%百菌清可湿性粉剂600倍液，或40%氟硅唑（福星）乳油8 000倍液，72%农用硫酸链霉素可溶性粉剂4 000倍液，或20%粉锈宁乳油1 200倍液进行叶片喷施；对于病毒病主要采取苗期防治蚜虫，减少病毒传播来源，以降低病毒病发生概率，药剂防治采用有机磷类或菊酯类农药和抗病毒药剂进行叶片喷施，达到治虫防病毒的效果。

4. 中期虫害防控

虫害包括蚜虫、棉铃虫、芝麻螟、盲椿象、芝麻天蛾等对虫害除采取农业综合防治外，对于成虫防治方法为利用黑光灯、萎蔫的杨树枝把、糖醋液、性信息素等诱杀成虫。针对鳞翅目虫害可在发生时在幼虫发生初期（3龄前）采用化学或生物农业喷雾防治。可选用的药剂有：2.5%高效氯氟氰菊酯（功夫）乳油3 000倍液，或2.5%菜喜悬浮剂1 000倍液，或10%除尽悬浮剂1 000～1 500倍液，或5%氟虫脲（卡死克）乳油4 000倍液，或20%灭幼脲1号悬浮剂500～1 000倍液，或20%虫酰肼（米满）悬浮剂1 000～1 500倍液，或20%氯虫苯甲酰胺（杜邦康宽）悬浮剂4 000倍液进行叶面喷施，防治效果较好。

5. 生育后期的病虫害防控

同中期。

（八）后期防早衰、防倒伏，及时收获

1. 防早衰

芝麻生育后期是蒴果和种子相继形成、生长发育最盛的时期，极易发生脱肥早衰现象，对芝麻产量造成影响，此时，田间管理主要是通过根外追肥补充植株营养，方法是用1%尿素，0.3%～0.4%磷酸二氢钾进行叶面喷施。同时应及时补充灌浆水，对促进种子饱满，增加产量仍有一定作用。

2. 防倒伏

芝麻生育中后期,最易发生倒伏的时期是在8月上旬植株封顶前后,此时植株已结有大量蒴果,且含水量高,植株负荷大,茎秆充实度差,加之芝麻根系分布浅,固持力弱,若遇暴风雨,极易发生倒伏。

防倒伏的方法

☞ 栽培上应选择抗病虫和抗倒伏性强的品种。

☞ 结合中耕高培土,防止根系外露,造成倒伏。

☞ 严格控制氮素营养水平,防止施氮量过多过猛,造成植株徒长。

☞ 合理密植,使芝麻田间通风透光良好,个体发育健壮,茎粗腿低,高产不倒。

☞ 防治病虫害,防止因病虫害造成根系伤害和茎秆倒折。

☞ 根据土壤墒情适量灌水,切忌大水漫灌和风天灌水,并在雨天及时排除积水,防止因雨涝造成芝麻徒长,造成倒伏。

3. 适时晚收

芝麻生育期较短,上部蒴果与下部蒴果蒴龄差距较大,熟期不一致,应在植株变成黄色或绿色,叶片几乎完全脱落,下部蒴果的籽粒充分成熟,种皮呈固有色泽,并且下部有2~3个蒴果开始开裂,中部蒴果的籽粒已经饱满,上部蒴果的籽粒进入乳熟后期时进行收获。

三、秋播

秋芝麻种植主要集中在华南和赣、云、贵等地。近年来,湖北省江汉平原及江西南部种植面积有所扩大。在秋芝麻种植中，主要掌握一个“巧”字。因为秋芝麻和夏芝麻的各个生育期处于不同的光、温、水、风、土壤通透性和微生物活动性的条件下，这些条件影响了秋芝麻的生长发育、开花结蒴、籽粒饱满等。秋芝麻的栽培技术与夏芝麻有许多相似之处，但也有自己的特点。

（一）因地制宜，选用早熟品种

我国秋芝麻种植以黑芝麻为主，兼有少量白芝麻，一般应选择生育期 80 ~ 90 天的适应性广、抗病耐渍、丰产稳产性好的优良品种。应选用籽粒饱满、无霉变的优良种子，在播种前 1 ~ 2 天在阳光下均匀暴晒，切忌在水泥地面或金属器内晒种，以免高温灼伤种子。

（二）及时灭茬、精细整地、科学起垄

秋芝麻前茬作物多为春大豆、油菜。在前茬作物收获后要及时灭茬、精细整地，整地时注意田面平整、不留坷垃。结合整地每亩施农家肥 1 000 ~ 1 500 千克、尿素 20 ~ 25 千克、过磷酸钙 15 ~ 20 千克、氯化钾 10 ~ 15 千克。施肥后要立即深翻耙地并作厢，厢宽为 1.6 ~ 2.0 米，开挖排水沟，沟宽 27 ~ 33 厘米，沟深 17 ~ 20 厘米，一定要做到厢沟、腰沟、地头沟三配套。将厢面整平整细，土块整碎，中央稍高于两边，呈龟背形，利于排水。

（三）及早播种、适当增加种植密度

秋芝麻一般种植在岗坡、丘陵等旱地上，机械化程度低，播种方式主要为撒播，也可采用条播，宽窄行种植：宽行行距为 50 厘米、窄行为 30 厘米或等行距种植，行距为 40 厘米。秋芝麻的适播期在 7 月上旬，此时温度在 27℃左右，因而秋芝麻出苗快，有利于一播全苗。播种时要严格控制用种量，每亩以 0.2 ~ 0.25 千克为宜，播种深度不超 1.5 厘米。播量过多，出苗拥挤，间苗费工费时。秋播芝麻的合理密度是：分枝型品种 1.0 万 ~ 1.3 万株/亩，单秆型品种密度为 1.5 万 ~ 2.0 万株/亩，超过 2.0 万株/亩就有可能减产。秋芝麻应在 9 月中旬或秋分前后收获，以避开 9 月下旬秋寒早至的低温风险。

（四）选用适宜的除草剂

芝麻播后出芽前要用除草剂进行封闭，采用的适宜除草剂为：

50%乙草胺乳油50～70毫升/亩、72%异丙甲草胺(都尔)乳油100毫升/亩、96%精异丙甲草胺(金都尔)100毫升/亩、48%拉索乳剂100～120毫升/亩、50%敌草胺100克/亩，对水40～50千克喷雾。在芝麻出苗后1～2周，杂草3～4叶期再配合每亩用10.8%的盖草能剂型25～30毫升补施除草，这样可彻底控制芝麻田间杂草。芝麻出苗应达到出苗均匀，没有缺苗断垄现象。

（五）灌浆后期管理

我国秋芝麻多种植在北纬28°以南地区，在秋芝麻蕾花后期和灌浆期，可能会遇到空气相对湿度低于70%的情况，有些年份干旱情况持续较久，这对秋芝麻开花结蒴不利，从而导致花而不实和空秕粒。此期管理重点时结合浇水，追施3～5千克/亩尿素，或叶面喷施1%的尿素、0.1%～0.2%的磷酸二氢钾溶液，进行每3～5天喷一次稀液，可有效克服田间空气干旱。有利于种子油分和干物质的积累，减少空瘪粒，增加千粒重提高产量和品质。结合喷液，可用37%枯萎立克可湿性粉剂800倍液，或40%多菌灵悬浮液700倍液，或50%甲基硫菌灵可湿性粉剂800～1 000倍液，或80%硫酸铜可湿性粉剂800倍液对芝麻后期病害进行防治。

第四节 芝麻机械化种植技术

芝麻产业是建设现代农业的重要产业之一，在国家食用油料供给和保障食品安全方面占有重要位置。从总体来看，芝麻产业的发展具备了许多有利条件，但随着农业市场化、国际化和现代化的快速推进，也面临着严峻的挑战。影响芝麻生产发展的因素很多，其中农业机械化发展滞后是主要原因之一。因此,大力发展芝麻生产机械化,降低种植成本,已成为提高我国芝麻产品国际竞争力,发挥芝麻产业比较优势和增加农民收入的关键措施。

一、我国芝麻机械种植现状及面临的新形势

我国芝麻高产稳产高效栽培技术研究起步较晚,对机械化、轻简化种植技术的研究更少,全国机械化播种面积不到总面积的1/3,播种、间苗、收获和籽粒干燥仍以手工操作为主。这种传统的耕作方式,生产成本高,劳动效率低,不仅不利于规范化、标准化生产的实施,更不利于提高我国芝麻产品的市场竞争力。

为了达到芝麻轻简化栽培的目的,首先必须改变芝麻的手工播种、间苗、收获方式。但目前我国仍是依赖于手工播种,且多为撒播。撒播的种植方式造成出苗不匀,无法调整株行距,难于控制基本苗,不便于追肥、除草、防病治虫等田间作业,人力成本也高。芝麻人工间定苗和收获费工费时,这不仅不利于栽培管理技术的优化与推广,也不利于生产标准化的实施。

近年来,在河南、安徽、河北、辽宁等平原地区,一些芝麻种植大户尝试改造一些常规作物播种机械,如小麦、玉米、油菜播种机等,应用于芝麻播种;一些农机制造企业或农业科研院校制造出可供多种作物使用的播种机和田间管理机械;河南省农业科学院、中国农业科学院油料作物研究所和安徽省农业科学院等单位先后从韩国、苏丹等国引进一批芝麻专用播种机和收割打捆机,但这些种植机械因与我国芝麻种植制度和农艺不相配套,目前大多处于改制和试用阶段。我国芝麻机械种植技术落后,迫切需要引进、筛选和研制适合我国芝麻种植的农机与农艺配套技术。

2011~2012年,在国家芝麻产业技术体系的支持下,在全国7个主产省、50个芝麻主产县摸底调查出用于芝麻种植的机械275款,其中秸秆还田粉碎机46款,土壤深松机36款,旋耕机52款,播种机50

款，拖拉机59款，鼠道(洞)犁8款，收割、打捆机15款，其他型9款。这些机械绝大多数由其他作物或国外种植机械引进、筛选和改制而成，如FT－200S型旋耕、播种、施肥和镇压一体机，AS－502B型芝麻播种机(韩国)，2BJK－6型宽幅精量播种机，2BF－24A型鼠道(洞)犁，1GQN－200型旋耕开沟机和SGTNB－200Z41848型土壤深松机等；示范推广的机械种植技术为芝麻旋耕、施肥、播种和镇压一体化技术，化学间定苗与除草技术，种肥混拌、机械开沟与土壤深松技术，机械化除与病虫害防治技术等。

芝麻机械种植试验结果表明，芝麻机播适宜行距为30.0～40.0厘米，适宜播种量为4.5千克/公顷，播后苗前适宜除草剂为99%乙草胺，免耕机播基施复合肥375千克/公顷＋追施尿素75千克/公顷处理的产量最高，达2 265千克/公顷。免耕机播秸秆还田比不还田处理增产16.25%。播后15天、25天对撒播田进行化学间苗。使田间苗数由49.5万株/公顷降至30.0万株/公顷；在合肥、临泉和马厂湖农场等地，开展了9点次芝麻机械种植高产示范，总面积34.92公顷，平均产量1 744.5千克/公顷，比非示范区增产34.2%，取得了较好的示范效益。

二、芝麻生产机械化面临的新形势

(一) 产品需求不断增加

随着人们对芝麻营养保健价值的重视和国内加工量增加，芝麻营养保健品、深加工产品需求旺盛，我国芝麻产品需求量大幅增加，由主要出口国转为主要进口国，对外依存度越来越高，供求的矛盾越来越突出，需要大幅度提高单产和总产。

(二) 新型农民需求不断增加

当前我国涉农产业的内外环境发生了深刻变化，特别是大量农村劳动力转移出来后，农业技术使用者的结构和素质发生了很大变化，以留守老人和妇女居多，青壮劳力较少，导致农业生产管理粗放。

随着农民芝麻种植合作社的成立和发展，芝麻的种植规模扩大，数百亩、上千亩的田块增多，芝麻种植集约化水平提高，生产中迫切需要与芝麻种植相关的播种、施肥、植保和收获等农业机械及农机与农艺配套的技术。同时，农业生产资料和劳动力成本增加，农民增收难度加大，迫切需要有知识、懂经营、会技术的新型农民来支撑芝麻产业。

（三）机械化种植技术需求不断增加

目前，芝麻播种、间苗、收获、晾晒等农事操作仍旧用手工工具，种植粗放，劳动强度大，成本高，效率低，缺乏生产机械，特别是缺乏适于芝麻收获机械，难以规模化生产，前茬秸秆处理也成难题。同时，田地向种植大户集中的趋势愈来愈明显，传统的精耕细作已不能适应新形势的要求，需要研发和推广节本集约、轻简高效机械化种植技术，不断提高芝麻机械化生产程度，满足不同类型种植者和新型种植制度的需求。

（四）芝麻产业缓慢前进

目前，芝麻价格相对较低，而种子、化肥、农药及人力成本不断上涨，芝麻生产比较效益低。农村务农人员越来越少，很多农户选择了省工省时、节本增效的轻简化、机械化种植方式。基层科技力量薄弱，不少乡镇农技人员缺乏，对芝麻产业支撑乏力，新技术少且推广慢。在激烈的市场竞争和种植结构调整中，发展轻简化、机械化种植，减少生产成本，提高单产、增加种植效益成为发展芝麻产业和提高播种面积的关键点和着力点。

（五）政策层面支持少

“全国种植业发展第十二个五年规划”确定粮食作物播种面积稳定在1.07亿公顷以上，国内自给率95%以上，为维护粮食安全的刚性需求，在1.2亿公顷耕地上，既要发展粮食生产，又要发展油料，统筹难度不断增大，而食用植物油自给率仅40%。国家对种植花生、大豆、油菜的补贴远比粮食作物低，对芝麻尚无补贴，这也会影响农户的种植积极性。

(六)芝麻生产机械化的不利因素

1. 芝麻机械播种不利因素

目前,我国能满足作物机械播种要求的机械还处于引进、开发、试验和推广阶段,主要引用小麦、玉米等作物播种机械,尚无芝麻专用机械生产厂家。芝麻机械播种的不利因素主要有种子小,播种量的控制难度较大;种子贮存养分少,要求整地质量高;黄淮、江淮和长江流域芝麻主产区土壤质地多黏重,整地质量不易保证。

2. 芝麻收获机械化不利因素

现有芝麻品种花期长达 30 天以上,成熟不一致;蒴果易开裂,机械操作损失大;植株高大、招风,茎秆易倒伏;不少主产区收获季节雨水多,种子沾在果壳上,壳籽不易分离;种子易霉烂。

3. 芝麻间定苗不利因素

芝麻苗期生长缓慢,苗距小,易形成簇苗;化学喷药时不易控制喷药范围,易伤苗;目前尚无专用的喷药机械。

4. 籽粒烘干机械化不利因素

芝麻干燥储藏期间,其含油量、出油率和油脂品质易发生变化,容易发生蛾类、螨类等害虫危害。

三、芝麻生产机械化发展重点

未来 10 年,我国芝麻生产机械化应以提高芝麻产量和国际竞争力为出发点,以农业增效、农民增收为目标。以市场需求为导向,以先进适用机械化生产技术为手段,降低生产成本,提高生产效益。

通过芝麻生产机械化示范区建设,提高芝麻生产的耕整开沟、化肥机施、排灌、植保、农田运输、秸秆还田、芝麻籽初加工等机械化水平,重点突破芝麻播种、间定苗、芝麻收获与干燥等主要机械化作业环节,提出芝麻机械种植与农机农艺配套生产技术体系,加强基层农机技术推广体系建设,提高农机社会化服务水平,推动优质芝麻机械化生产的区域化、规模化、标准化和专业化,基本形成较为科学的机械化生产装备体系和技术标准体系。芝麻生产机械化重点发展的技术主要有以下几种：

（一）芝麻播种机械化技术

要求机械播量精准稳定，大小可调节；行距均匀，宽窄可调整；播种深度合理；深浅可调。研制适用于平原和坡地沙质土、黏质土和壤土等不同土壤类型的芝麻专用播种机：还应研发开沟、免（旋）耕、施肥、播种、覆土一体化的播种机械。

（二）芝麻收获机械化技术

要求采取分段收获方式：第 1 段，田间芝麻成熟时采取机械收割打捆，就地架晒；第 2 段，人工脱粒。针对我国芝麻收割作业现状，引进和研发具有适应性好、结构紧凑、可靠性高、传动简单、性能好、效率高的特点；芝麻专用收割打捆机：适于条播和撒播种植；适于中矮秆品种。

（三）芝麻间定苗配套技术

机械喷药范围可控。不易形成簇苗：化学试剂对人、畜安全，低毒无残留，能有效灭除所喷非目标幼苗和杂草；筛选和研发芝麻专用间定苗喷药机械和化控试剂。达到间定苗准确，行距和株距均匀、合理，工作效率高。

（四）芝麻籽干燥技术

收获后的芝麻籽从自然水分干燥到安全贮藏或加工要求水分含量在 7% 以下，并保持芝麻籽化学成分基本不变。

筛选和研发芝麻籽安全干燥设备：主要技术参数稳定可靠，控温、控时灵敏准确，操作简单安全。

四、芝麻生产机械化保障措施

（一）加强领导，加大投入

各级政府要把实现芝麻生产机械化作为一项重要工作内容来抓，重点扶持条件好、能力强的科研单位和企业从事芝麻生产机具的研发，提高机具质量，推动芝麻生产机械化应用和管理技术的开发和发展；鼓励农机企业、农机服务组织和农机大户从事芝麻生产机械化事业，培育出芝麻生产机械化的服务市场，营造出有利于芝麻生产机械化发展的良好氛围。

（二）加强培训，抓好示范

认真搞好芝麻生产机械化技术培训。通过作业现场会和操作演示会，进行现场培训。开展机械作业和技术服务，制定作业技术规范。通过培训使尽可能多的农民掌握技术，扩大芝麻生产机械化推广应用范围。

（三）坚持引进和自主创新相结合

一是针对芝麻生长习性，引进吸收国外先进技术，如抗裂蒴品种、专用播种机、收割打捆机等，开发出芝麻生产新型机具。重点解决芝麻机械播种不匀、播种量难调控、机械化控间定苗不匀、收割打捆受株高限制等难题，从而开发出世界先进水平的机型。二是改造现有的小麦、玉米等作物的整地、播种、施肥、植保、运输、贮藏等机械设施，使之同时适用于芝麻生产机械化管理。充分利用原有机型设备，提高机具设施的使用率。缩短芝麻机械化的进程。三是针对现有的播种机。重点解决精密播种机构等部件研发问题，与整地、施肥、覆盖等部件形成配套的一体机，从而推进芝麻机械播种一体化技术。四是筛选和研发芝麻籽安全干燥设备。五是做好芝麻分段收获机具的引进和研发工作。

（四）加强农机与农艺配套技术的研发与推广

一是引进、筛选、研发和示范推广植株紧凑、矮秆、抗倒伏，花期集中、成熟一致，抗裂蒴、收获时落粒少，优质高产芝麻品种。二是研制适用的芝麻机械化生产技术模式，推进标准化生产。三是充分发挥农机企业的主体作用。农艺与农机的结合是一个很长的过程，需要完善的制度和有效的机制加以推动。四是针对目前芝麻生产机械化中存在的问题，进一步加大力量开展专题研究，如适于不同芝麻品种的播种机和收获机研制、适应机械管理要求的配套栽培技术研究等。

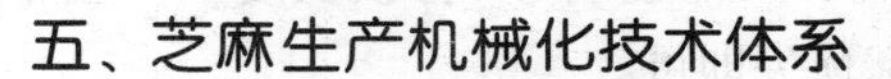

五、芝麻生产机械化技术体系

（一）夏芝麻稳产高效简化生产技术体系

1. 把好选地关

选地势高，便于排灌，肥力中上等的非重茬地块。

2. 留茬高度

小麦收获时留茬高度≤20 厘米，有利于机械化播种和幼苗生长。

3. 抢墒播种

麦收后墒情适宜，麦茬芝麻可采取免耕机械直播，及早播种；墒情不足，灌溉后播种。

4. 播种方式

机械条播，等行距或宽窄行种植，行距 40 厘米或 50 厘米：30 厘米，播种深度 3～5 厘米，使用小麦播种施肥一体机，严格控制播量和播种深度，每亩播种量 0.2～0.3 千克，播种时每亩施入 10～15 千克复合肥，播种施肥一次完成。

5. 合理密植

高肥水条件下密度每亩 1.0 万～1.2 万株，一般田块每亩 1.2 万～1.5 万株；播期每推迟 5 天播种，每亩密度增加 2 000 株。

6. 田间管理

（1）及时间苗、定苗。

（2）化学除草　播后 1～2 天内施用适宜浓度的芽前除草剂都尔或芽后除草剂盖草能进行有效除草。

（3）科学施肥　初花期追施尿素 8～10 千克/亩。

（4）病虫害综合防控　及时防治地老虎、蚜虫、甜菜夜蛾、芝麻天蛾和盲椿象等虫害。及时防治枯萎病、茎点枯病、叶部病害及细菌性角斑病等，一般在发病初期用药，全田喷雾 2～3 次，间隔时间为 5～7 天，可以防病与治虫药同时喷施，病害和虫害一次兼治。

7. 适期打顶

夏芝麻为8月25日后打顶,打顶长度1.0厘米左右,打顶方法用剪子剪掉芝麻顶尖即可。

8. 适期收获

安全贮藏:按照芝麻成熟标准进行收获,小捆架晒,及时脱粒晾晒,安全保存。

(二)新疆干旱地区高产高效机械化生产技术

由于新疆芝麻产区气候干旱,土壤属冲积扇沙砾土,土壤瘠薄、持水能力较差,但光照好,温度高,温差大,有利于芝麻干物质积累和高产潜力发挥。其关键性技术如下:

1. 播前封闭除草

播前5~7天内施用莱草通乳剂进行土壤封闭,沙壤土每亩用量,33%莱草通乳油150~180毫升,对水50千克,或用48%氟乐灵乳剂100~150毫升/亩,对水50千克,均匀喷雾。

2. 机械化播种、干播湿出

采用改良的棉花播种机,播种-铺管-覆膜-压膜-打孔一次完成,每穴2~3粒,每亩穴数1.2万~1.4万株,每亩播量100~200克。4月底播种,5月初滴水灌溉。

3. 因每穴2~3粒,不间苗、不定苗

4. 节水灌溉,看苗施肥

苗期7~10天滴水1次,中后期5~8天滴水1次;施肥应看苗施肥,随水施肥,苗期控氮肥、早中期氮磷为主、中后期以磷钾为主辅施氮肥。

5. 合理促控、控肥水封顶

7月中下旬开始控肥、8月25日控水,减少无效花序和无效蒴果。

第五章

芝麻生理性病害发生的原因与防控

本章导读：本章详细介绍并分析了僵苗不发、营养过剩与缺乏、花果发育异常和旺长与倒伏等芝麻常见生理性病害的发生原因，并针对病因提出了相应的防治措施，旨在使读者在生产中对芝麻生理性病害给予足够重视，加强栽培管理，以减缓常见生理性病害的危害。

芝麻生理性病害是由于非生物因素(即非侵染性病原)的作用造成芝麻的生理代谢失调而发生的病害,也非侵染性病害。非生物因素是指生长环境条件不良或栽培措施不当,这类病害不会传染,一旦环境改善,病害症状便不再继续,能恢复正常状态。非侵染性病害最常见的症状是畸形、变色。芝麻生理性病害在芝麻栽培中普遍存在,对产量及品质造成很大的影响。近年来,各地的生理性病害有越来越加重的趋势,原因很多,比如高温、干旱、日灼、土壤 pH 值异常、缺素等。生理性病害的发生最终将导致植株生长势衰弱,加大了次生侵染性病害和虫害发生的概率,应当给予足够重视,加强栽培管理。

第一节 僵苗不发

芝麻出苗后主根不伸长、侧根不发生;茎秆无光泽、叶片呈暗绿色、暗淡无光泽;叶片和新叶失绿、新叶发生慢;茎秆发暗、有黑色斑点或呈水渍状;叶片黄化、或叶缘、新叶黄化,出现缺素症状,幼苗十分瘦弱。芝麻一旦出现僵苗情况,轻者生长缓慢或停滞,影响生育进程,重者整株死亡,造成缺苗断垄的现象,直接影响芝麻产量。

一、僵苗不发的原因

(一)缺素造成幼苗发僵

芝麻对于营养元素的需要属于全营养类型,碳、氢、氧、氮、磷、钾、硫、钙、镁、铁、锰、硼、锌、铜、钼、氯等营养元素,无论在芝麻体内含量多少，对芝麻的生长发育都有不可代替的重要作用。缺少这些元素，芝麻的正常生长发育就会受到一定影响，从而表现出不同程度的缺素症状，造成不同程度的减产。在“铁茬”播种田块上，由于播种前没有施用底肥，容易造成芝麻因缺素而形成幼苗发僵，生长缓慢，发育不良。

1. 芝麻缺氮症状

缺氮主要表现为叶片和茎秆呈黄绿色直立，叶片小而薄，叶柄细长，基部叶片柠檬黄至橘黄色，茎细，植株矮小，分枝型品种分枝少。

2. 芝麻缺磷症状

缺磷表现为植株生长缓慢，茎细，植株矮小，基部叶片暗黑至灰绿色，坏死，脱落，中间叶色深绿色，抑制分枝。

3. 芝麻缺钾症状

缺钾表现为植株矮小，根系生长受影响叶色由淡黄转暗绿，进而在绿色的叶脉间出现黄斑，继而变褐色，以后叶片皱缩、发脆，呈红褐色，如被灼伤而脱落。

4. 芝麻缺硼症状

缺硼表现为幼苗上部叶片黄白色，严重时出现枯斑，下部叶片增厚，向外转曲，顶端生长受阻，植株矮小。

（二）化学除草剂残留毒害

1. 漂移危害

芝麻对阔叶型除草剂非常敏感，微量都能造成药害。在芝麻田相邻处尤其是上风头，喷施克阔乐、百草枯等常因药液漂移而造成药害。芝麻表现出叶片皱缩、卷曲、叶片厚、浓绿、卷曲、鸡爪状或葱管状，叶缘枯死、丛生，甚至停止生长、整株死亡。

2. 操作不当危害

使用苗后除草剂时喷头上没有安装防护罩，或者喷除草剂时不小心，将药液喷到了芝麻上，芝麻叶片萎蔫、发黄或枯焦，严重影响芝麻早发。

3. 上季作物土壤中残留除草剂药害

如磺酰尿类除草剂，使用浓度过大，土壤中残留过多，植株吸收后严重影响其正常生长。

（三）低温冷害引起发僵

芝麻出苗后遇低温阴雨。当芝麻播种后，土壤温度低于15℃时，出苗缓慢，并且出苗后植株长势慢。由于土壤湿度大，土壤通透性差，不利于芝麻根系生长，芝麻吸水吸肥能力差，生长基本处于停滞状态。据河南省农业科学院芝麻研究中心多年观察，芝麻从出苗到第一对真叶出现所需时间，依温度的高低而有很大差异。当温度为14℃时，需10天以上；16～18℃时，需6～8天；25℃时，只需4～5天。幼苗期，根层地温如果降到14.5℃以下，根系即停止生长。地温提高到17℃时，根虽能生长，但十分缓慢；24℃以上根系生长迅速；27℃最适于根系的生长；33℃以上的高温对根和下胚轴都发生危害。苗期在日平均气温20℃以下时，主茎日生长量小于0.5厘米；20～27℃时，为0.5～1.5厘米；现蕾期到开花初期，气温在15℃以下时主茎日生长量为0.3厘米左右，15～20℃时为2～2.5厘米。在日平均气温27～30℃时，1～3天出1对叶，而23～25℃时，5～7天出1对真叶。因此，在17～30℃内，随着温度的增加，根系生长加快。一般春芝麻易因低温冷害引起发僵。

（四）播种过深引起僵苗不发

芝麻籽粒小，种子中所含营养物质较少，当播种过深（播种深度超过3～5厘米时），由于幼苗出土时间过长，使得下胚轴过度伸长，消耗大量的营养物质，造成当芝麻出苗后，根系小而不发达，主动吸收养分的能力差，形成僵苗。

（五）土壤酸碱度不适引起僵苗不发

芝麻比较娇嫩，适合在中性或弱酸性土壤上生长，当土壤pH值低于5.5或高于8.5时，不适于芝麻生长。过酸或过碱的土壤会造成植株根系发育受阻，对养分和水分的主动吸收能力减弱，或者幼苗根系细胞中水分倒流，根系失水而影响植株的生长，植株整株或新叶黄化，叶片变薄变小，光合能力下降，从而形成僵化老苗。

（六）土壤水分不适宜

当土壤相对含水量超过90%时，土壤中水多气少，不但不利根系生长，而且土壤中还产生多种有害物质。同时根系进行无氧呼吸，产生并积累过量乙醇，使得根系生长严重受阻，并间接影响地上部的生长。而当土壤含水量低于60%时，由于初生苗主根短、没有或只有少量侧根，吸水能力差，造成植株主动吸水能力下降，生长发育因缺水而受阻形成僵苗。

（七）表层虚松

受耕作方式影响，当前芝麻田多采用旋耕机整地，旋而不耙，造成土壤虚而不实，致使种子播在虚浮的土层中，出苗后，根系不能接触下部紧实土层，形成“吊苗”，造成养分和水分不能正常供应，植株生长缓慢，严重者枯萎死亡，造成缺苗断垄的现象，影响产量。

（八）病虫害影响

芝麻苗期常见的病害有立枯病、炭疽病、枯萎病、根腐病等，虫害有金针虫、地老虎、蝼蛄等地下害虫和蓟马、蚜虫、盲椿象等对芝麻的危害。对地上部常常造成芝麻叶片缺孔或卷曲，叶色发黄有斑点，生长点异变，节间紧密，叶片稀少且小；对地下部常造成根系受伤，造成根系细小且稀疏，降低根系吸收功能，严重时造成缺苗断垄；病害对根系的危害主要表现为主根伸长慢，侧根不发生，根细量少，主根及下胚轴褐色甚至腐烂，植株生长细弱，植株矮小而呈僵苗。

（九）施肥不当而引起的僵苗不发

目前在芝麻主产区，种植户习惯将肥料与种子同时播入土壤，造成肥料与种子紧密接触，局部肥料浓度过大，易造成芝麻烧苗而引起僵苗不发的现象。

二、防治措施

（一）缺素造成幼苗发僵的防治措施

缺素造成幼苗发僵：缺氮引起的缺素症可追施尿素150千克/公顷或用0.1%～0.2%的尿素溶液进行叶面喷施；缺磷引起的缺素症可每亩用过磷酸钙1～2千克，加入少量的水浸泡24小时，滤出清液，加水50千克进行叶面喷施；缺钾引起的缺素症可叶面喷施0.2%～0.3%的磷酸二氢钾溶液；缺镁引起的缺素症可用1%～2%的硫酸镁溶液进行叶面喷施；缺钙引起的缺素症可用0.3%的氯化钙溶液进行叶面喷施；缺硼引起的缺素症可每亩用硼砂70克，对水50千克，进行叶面喷施。

（二）化学除草剂残留毒害的防治措施

一般在除草剂施药后1～3小时内，发现有漂移危害或用错除草剂时，可及时用惠满丰（有机腐殖酸）40～60毫升/亩，对水30千克，叶面喷施，可解除药害或减轻药害，若时间过长除草剂已进入植株体内，此法无效。其次，对土壤中残留的除草剂如磺酰尿类除草剂，在麦田使用后对后茬芝麻的药害，可用以上方法，在芝麻播种前喷于地表，效果较好；亦可在苗期用惠满丰40～60毫升/亩＋活性促根剂4克/亩，对水30千克混匀后叶面喷施，效果更好。

（三）低温冷害引起发僵的防治措施

地温稳定通过15℃时播种芝麻，如果播期提前，采用地膜覆盖栽培，可保温提墒，避免低温对芝麻造成的伤害。如果出苗后遇到“倒春寒”，影响芝麻生长发育时，可采用“烟熏”或灌水的方法，提高地温，防止冷害的发生。若种植面积较小时，可覆盖地膜以防止低温冷害的发生。

（四）土壤酸碱度不适引起僵苗不发的防治措施

芝麻生性娇嫩，播种前要选好地块，要选择质地疏松、保肥保墒的地块，过酸过碱或盐分过大的地块不能种芝麻。对偏酸性的土壤可增施农家肥，培养土壤肥力，根据土壤酸性强弱，可适量施入10～40千克/亩石灰进行土壤改良；对于偏碱性的土壤，可施入腐熟的粪肥、泥炭等增强土壤的亲和性能，并通过每亩施入30～40千克的石膏将土壤中钠离子（Na^{+}）交换成钙离子（Ca^{2+}），从而降低土壤碱性。

（五）播种过深引起的僵苗不发的防治措施

芝麻籽粒小，种子中贮存的营养物质较少，出苗时顶土能力差，在播种时一定要严格控制播种深度，播种深度原则上控制在1～2厘米，最深不能超过3厘米。若播种超过3厘米，很可能会造成幼苗不能安全出土，或出土后由于种子中的营养过度消耗，初生根量少，吸收养分的能力弱而形成僵苗，影响植株的正常生长发育。

（六）土壤水分不适宜引起僵苗不发的防治措施

土壤水分过低或过高，均对芝麻的生长发育造成不良影响。当土壤含水量低于60%时，要及时浇水，保证芝麻生长发育所需的水分，并在浇水后，地表泛白时及时中耕保墒；如遇阴雨天气，土壤湿度过大时，芝麻植株应形成渍害，此时要及时排渍，并在地表泛白时及时中耕。

（七）表层虚松引起僵苗不发的防治措施

为了避免表层土壤虚松，在用旋耕耙耙后，要及时镇压耱平，并在播种后及时镇压盖籽，避免根系悬空，跑墒严重而发生的芝麻僵苗。若遇天旱，也可采用灌水的措施，对表层土壤进行镇压。

（八）病虫害引起僵苗不发的防治措施

针对芝麻苗期病害要及时防治，防治方法见芝麻苗期管理；芝麻苗期的虫害主要为地下害虫危害，要结合整地，撒入药剂防治地下害虫，若出苗后再发生地下害虫的危害，可采用炒熟的麦麸拌入100克/亩的晶体敌百虫，并加入适量的红糖和白酒，制成毒饵，诱杀地下害虫。

（九）施肥不当引起的僵苗不发

对于由肥料浓度过大引起的僵苗不发，可采用灌水的方法及时稀释肥料浓度，并结合中耕，增加土壤通透性，促使芝麻壮根早发。

第二节 营养缺乏

一、营养缺乏的原因

我国芝麻主要分布在欠发达地区，作为填闲作物，一般种在岗坡、三角地带,机械耕作程度低,一般不施肥或少量施用氮、磷肥,钾肥基本不施。因此,芝麻生长常会出现不同情况的缺素症状。当芝麻缺乏各种营养元素时,生理代谢和生长发育过程就会受到阻碍,表现出各种不正常的形态特征。根据这些症状,结合必要的生物化学和农业化学分析,就可以判断出某种元素的供应状况。这里就已知的芝麻各种元素的缺乏症作一简要叙述。

1. 植株缺氮时

叶片呈现黄绿色,叶片薄、小而少,成长叶和下部叶受缺氮影响最明显,根系受抑制较小。芝麻生长停止较早,株矮茎细,果枝少,现蕾、开花、结蒴少,脱落多,而且蒴小、籽少。当严重缺氮时,成熟的叶片会变黄、变褐色,最后枯干而过早脱落。由于生长总量小而产量低。

2. 缺磷时

植株地上部和地下部生长均受到严重抑制,植株矮小。根不发达,叶色发暗或发红,叶片早衰脱落,茎纤细而硬,开花少,结蒴小,籽粒和油分低,结实及成熟都延迟,产量降低。缺磷一般难于从形态上诊断,待看出缺乏症状就难于补救。采用组织化学分析可作早期诊断。

3. 缺钾时

植株矮小,根系生长受影响。发病初期,叶色由淡黄转暗绿,进而在绿色的叶脉间出现黄斑,继而变褐色,以后叶片皱缩、发脆,呈红褐色,如被灼伤而脱落。植株易感病,而且难于成熟,种子品质差。

4. 缺硫时

植株矮小,根系发育不良,叶绿素消失,先由叶脉间开始,然后遍及全叶,最后叶呈紫红色,叶脉仍然保持绿色。症状先发生在幼嫩叶片。

5. 缺钙时

苗期下部叶(包括子叶和真叶)的叶柄弯曲而衰亡。植株停止生长,首先是根的生长停止。

6. 缺镁时

叶有失绿现象,叶脉仍呈绿色,叶脉间出现各色斑点,叶子呈波纹状或卷起,植株发育推迟。

7. 缺铁时

根系发育差,叶失绿,严重时整个叶片变黄或变白,植株矮小。

8. 缺硼时

苗期叶片小,叶表面皱缩并向下卷曲,上部新叶呈齿状的新月形,叶色深绿,叶片变薄。严重缺硼时,芝麻茎顶端生长点停止生长或坏死,侧芽增出形成多头状。

9. 缺锰时

叶绿素的形成受到阻碍,叶片上有失掉绿色的斑点。

10. 缺锌时

叶片的叶脉间组织极度褪色,并有坏死的斑点。

11. 缺铜时

叶片有失绿现象,影响蛋白质及碳水化合物向生殖器官中运转。

12. 缺钼时

初始幼叶较小,以后叶缘及叶尖坏死,叶片下垂萎蔫,主脉间叶组织大部分死亡。短期内全部叶子均受影响,生长极为缓慢,种子发芽率下降,萌发速度减慢。

一般情况下,植株体内微量元素不足,往往并非由于土壤里完全缺乏这种元素,而是由于这些物质处于不溶解状态,不能被芝麻的根吸收所致。

因此,可以看出,植株体内各种营养元素既有本身的独立作用,也有一些共同作用。各元素之间互相有联系,既有相互促进的作用,又有相互拮抗的作用。这都需要根据具体的分析测定,才能作出正确的判断,对症下药,以改善芝麻的营养条件,促进其正常生长发育。

二、防治措施

（一）土壤基础肥力较低

对于基础肥力较低的土壤，在整地时可增施有机肥。有机肥含有多种营养元素，除含有氮、磷、钾等大量元素外，还含有许多芝麻所需的中量元素和微量元素，能给植株生长提供全面的所需营养，特别是提供微量元素，同时能提高芝麻的品质和口感。有机肥含有机质和腐殖质，能改良土壤机构，协调土壤的水、肥、气、热，增强土壤的通气透水能力和保水、供肥、供水能力。有机肥缓冲性大，可缓和土壤酸碱性变化，清除或减轻盐碱类土壤对芝麻的危害，增加土壤的亲和性，提高肥料的效用性。

（二）缺氮、磷、钾

针对不同的缺素情况，可采取追施或叶面喷施的措施及时补充。对于大量元素氮肥的缺失，可采用每亩追施 10 千克尿素或喷施 1%～2% 的尿素溶液。缺磷和钾肥时，由于磷肥和钾肥在土壤释放较慢，属缓释性肥料，根部追肥效果较差，可每亩用过磷酸钙 1～2 千克，加入少量的水浸泡 24 小时，滤出清液，加水 50 千克喷施，钾肥可每亩用磷酸二氢钾 10～15 克，加水 50 千克或用氯化钾或硫酸钾 1 千克，加水 50 千克叶面喷施加以追肥。

当土壤的有效镁含量在 60～120 毫克/千克时，为镁缺乏区；当土壤的有效镁含量少于 60 毫克/千克时，为镁的严重缺乏区，应当及时补施镁肥。镁肥可用于基肥、追肥或叶面喷施。作基肥，要在耕地前与其他化肥或有机肥混合撒施或掺细土后单独撒施。作追肥要早施，采用沟施或对水冲施。向土壤施用镁肥每亩硫酸镁的适宜用量为 10～13 千克，折合纯镁为每亩 1.0～1.5 千克；一次施足后，可隔几茬作物再施，不必每季作物都施。叶面喷施。在作物生长前期、中期进行叶面喷施，可每亩用 1%～2% 硫酸镁溶液 50～75 千克叶面喷肥。

（四）缺钙

钙在植物体内的运输是单向的，植株根部吸收的钙，只能通过蒸腾液流从木质部运送到植株顶端，而不能通过韧皮部再往下运送。当植株缺钙时，新叶先表现出缺素症状，叶面喷施补充钙的效果较好，可用0.3%氯化钙水溶液叶面喷洒。

（五）缺硼

☛ 每亩用0.5千克硼砂拌细干土15千克或与农家肥、化肥混合施入土中，但不能使硼肥直接接触芝麻种子或根系。

☛ 作种肥施用时，用量为每亩50克；拌种用量为每千克种子2克硼肥。

☛ 叶面喷施宜在现蕾期或盛花期进行，硼肥浓度以0.1%～0.2%为宜。

（六）缺铁

☛ 每公顷用含铁量19%～20%硫酸亚铁（又称黑矾）4.5～7.5千克作底肥施入，施肥时最好与有机肥或过磷酸钙混施，利于铁离子活性增加，便于根系吸收。

☛ 可用0.1%硫酸亚铁水溶液浸种，待溶液均匀覆盖种子表皮时，将种子在通风透光处均匀摊开，晒干。

☛ 在芝麻现蕾期和花期可喷施0.2%硫酸亚铁溶液，连续喷施2～3次，每次间隔5～7天。

（七）缺锰

锰在芝麻中需求量较少，一般不易出现缺素症状。当芝麻植株缺锰时，新叶先表现出缺锰症状，可每亩用1%的硫酸锰溶液50～75千克进行叶面喷施。

（八）缺锌

锌在芝麻中需求量较少，一般不易出现缺素症状。当芝麻植株缺锌时，新叶先表现出缺锌症状，可每亩用0.1%的硫酸新溶液50～75千克进行叶面喷施。

（九）缺钼

钼发现芝麻植株缺钼时，每亩可用0.01%～0.1%的钼酸铵溶液50～75千克进行叶面喷施。

第三节 花果发育异常

一、花果发育异常的原因

（一）温度

温度对芝麻花果发育的影响主要表现在高温的影响方面，高温引起芝麻生理活性系统发生紊乱，内源激素失调，导致光合性能发生异常，叶片失绿，碳水化合物不能正常合成，进而引起叶柄、花柄和蒴果柄离层形成，导致落花落蒴，直接影响芝麻的产量和品质。

高温对芝麻光合特性的影响为随着温度的升高芝麻叶片净光合速率下降，并且高温持续时间越长，这种影响效应也越大，持续高温条件下，芝麻叶片中叶绿素降解，叶片失绿。2013年河南省农业科学院芝麻研究中心对高温胁迫下芝麻的结蒴特性进行了调查，结果（表5－1）表明，随着温度升高，芝麻落花落蒴率增加，并且花朵的脱落量明显大于蒴果的脱落量。在40℃高温条件下，单株最高花朵脱落量为42.8朵/株，落蒴为21.3蒴/株。在31～35℃内，温度每增加1℃，花朵多脱落1.38～3.48朵，蒴果多脱落3.28～3.83个，而在36～41℃内，温度每增加1℃，花朵多脱落3.42～4.62朵，蒴果多脱落0.3～1.38个。说明极端高温主要影响芝麻花朵的脱落。

表 5－1 温度对芝麻结蒴性状的影响

日均温（℃）	落花数（个）			落蒴数（个）		
	郑芝 98N09	郑芝 12 号	郑太芝 1 号	郑芝 98N09	郑芝 12 号	郑太芝 1 号
40.9	40.3	38.5	42.8	17.4	18	21.3
35.7	17.2	15.6	25.7	15.1	16.5	14.4
31.5	7.8	10.1	11.8	1.8	1.2	1.3

（二）水分

芝麻进入生殖生长期后，对水分的需求显著增加，现蕾至初花日平均需水量为 1.28 米^3/亩，初花－封顶期的日平均需水量为2.88 米^3/亩。当这一生育阶段中，日土壤提供的水分低于或高于这一数值，芝麻正常的生理活动就会被打乱。

（三）光照

芝麻是喜光作物，对光照较为敏感，生育过程中需要充足的光照，生育期日照时数需 600～700 小时。由于芝麻开花结蒴时间长，充足的阳光能加强光合作用，有助于营养物质的积累，满足开花结实的需要，使果多粒饱，有利于油分的形成。日照时数多少主要影响芝麻生育期间光合作用，间接影响产量。在芝麻生育期内日照时数与芝麻产量呈明显的正相关关系，而降雨天数与芝麻产量呈明显的负相关关系。阴雨寡照下，容易引起花粉发育不良，不能正常受精而引起落花落蕾，或受精不完全，造成单蒴籽粒数下降。

（四）密度

种植密度影响芝麻的生长发育时期。低密度植株可较高密度植株至少早 1 天进入花蕾期。种植密度过大，田间郁闭，通风透光困难，容易引起芝麻植株下部花、蕾脱落。芝麻单株蒴数不仅与株高有关，而且更取决于不同种植密度下，植株上的结蒴部位和结蒴密度，种植密度过大，下部节位蕾、花发育异常，容易落蕾落花，造成结蒴部位提高，随着种植密度的增加，结蒴部位和节间长度都有增加的趋势，蕾、花和蒴脱落数也有增加的趋势，而叶腋花数和蒴数有减少的变化趋势。一般单秆型品种合适的种植密度为10 000株/亩左右，分枝型品种为8 000～10 000株/亩。不同种植密度下芝麻的单株蒴数与单蒴粒数（见表5－2），由此可见，随着种植密度的增加，芝麻单株蒴数与单蒴粒数都呈逐渐下降的变化趋势。

表5－2 不同密度对芝麻单株蒴数与单蒴粒数的影响

项目＼密度	0.5（万株/亩）	1.0（万株/亩）	1.5（万株/亩）	2.0（万株/亩）	2.5（万株/亩）	3.0（万株/亩）
单株蒴数（个）	79.5	64.1	56.9	55.5	49.9	46.6
单蒴粒数（粒）	60.7	56.4	54.2	53.4	51.8	50.9

（五）播期

播期对芝麻生长发育的影响主要是光照时数和积温。当芝麻播期过晚，生长发育进入花蕾时，日照时数缩短，温度下降，不能保证芝麻花蕾发育所需的光照与积温，导致花蕾发育异常或不能发育，直接影响芝麻产量。夏芝麻正常的播种日期为6月10日之前。不同播种日期下芝麻的单株蒴数与单蒴粒数见表5－3，随着播种时期的推迟，都呈逐渐下降的变化趋势。

表5－3 不同播期对芝麻单株蒴数与单蒴粒数的影响

项目＼日期	5月31日	6月10日	6月20日	6月30日
单株蒴数（个）	70.8	68.4	55.5	40.2
单蒴粒数（粒）	60.9	58.3	55.1	44.0

（六）养分异常

养分过多或过少都引起植株发育异常。苗期施氮肥过多，使得植株旺长，造成芝麻植株营养不平衡，导致现蕾期、开花期延后，落花落蒴严重。反之，苗期施氮肥过少，使得植株细长，造成芝麻植株营养不良，也会导致现蕾期、开花期提前或延后，落花落蒴严重。

二、防治措施

芝麻的生长发育与环境因素密切相关,周围环境的变化对其生长发育以及产量的形成有着较大的影响,芝麻生长发育与环境形成了一个统一的动态系统,在这个系统里进行着广泛的物质交换和能量转化。芝麻在漫长的系统发育过程中,适应了一定的生态环境条件,形成了一些基本的生长发育特性,如果因某些环境发生改变,如营养过量或缺乏、高温高湿、渍害等异常情况,芝麻的生长发育会表现出异常现象。对于花蒴期由异常的环境条件造成的影响,可通过采取以下几点措施加以防治:

1. 测土配方施肥

根据土壤质地,确定适宜的施肥量,出现缺肥症状,及时追施或叶面喷肥。

2. 确保芝麻生育期内水分的正常足量供应

根据不同生育时期对土壤湿度的要求,保证各生育期内土壤水分在合理范围之内,做到旱能浇、涝能排、无暗渍。

3. 在条件允许的情况下,采用春播地膜覆盖的种植方法

此方法既保证了芝麻苗期不受低温危害,还可避开开花结蒴期的高温高湿天气,并延长了芝麻生育期,提高了芝麻对光、温等资源的利用率,利于蒴果发育与籽粒形成。

4. 确定适宜的种植密度

在土壤肥力高的地块,密度可稍微降低,而在土壤肥力低的地块,应适当增加种植密度。

第四节 旺长与倒伏

芝麻旺长倒伏是指芝麻营养生长速度过快，导致茎秆延伸过快，节间过长，造成茎秆较细，叶色变浅，易在阴雨多的条件下，出现倒伏现象，从而造成产量降低，品质下降。

一、芝麻旺长的原因、危害与防治措施

（一）芝麻旺长的原因

1. 密度过大

群众受“有钱买种，无钱买苗”的意识影响，在芝麻播种时，有意加大播种量，导致苗稠苗挤，间、定苗不及时，定苗时不按目标株距定苗，造成群体密度过大，个体弱，根系不发达。芝麻正常播种量为0.4～0.5千克/亩，精量播种为0.15～0.20千克/亩。

2. 氮肥用量过多

受小麦、玉米等大宗作物的影响，在种植芝麻时往往也采用“一炮轰”的施肥方式，造成氮肥施用量过大。若氮肥施用过多，易造成芝麻旺长，结蒴部位提高，节间延长，叶片厚而阔，芝麻抗倒伏能力下降。

3. 气候因素影响

芝麻进入开花结蒴期，若遇持续的高温高湿天气，极易旺长。

(二)芝麻旺长的危害

1. 大量养分和水分的无效消耗

因为芝麻现蕾前主要是营养生长阶段,现蕾后进入营养生长与生殖生长的并进阶段,此期是产量形成的关键时期。在土壤养分一定的情况下,营养生长消耗的养分多,则供给生殖生长的养分就少。

2. 容易倒伏

因为田间郁闭,群体通风透光性差,茎秆较细,脆弱,始蒴部位高,茎壁薄,干物质积累少,根系发育差,主根入土浅,侧根发生少,总根量小。如遇强降雨伴随大风天气,上部雨水冲淋,加上风力作用,头重脚轻,根倒和茎倒将同时发生,损失惨重。

3. 容易诱发病害

旺长芝麻田通风透光条件差,田间湿度大。加之夏季高温,易发生潮湿闷热的天气,芝麻叶部病害的发生极为有利,因此极易爆发白粉病、叶斑病、白绢病、枯萎病、茎点枯病等。

4. 产量降低

芝麻旺长,节间长度增加,始蒴部位增加,有效结蒴果节数减少,并且旺长时营养物质主要供应营养生长,生殖生长所需养分不能满足,造成大量的落花落蒴现象,直接影响芝麻产量的提高。因此,充分认识芝麻旺长所带来的严重后果,了解掌握芝麻旺长的原因,采取有效技术措施,控制芝麻旺长,尽量避免和减轻灾害所造成的损失十分重要。

(三)防止旺长的措施

1. 深耕断根,根部培土

深耕可以切断部分根系,减少植株吸收养分,抑制地上部分生长。同时深耕可以破碎坷垃,弥合裂缝,保温保墒,促进根系发育。通过深耕对芝麻根系进行培土,可增加芝麻根系入土深度,防止芝麻倒伏。

2. 控制氮肥用量

芝麻需肥量较小,一般全生育期需纯氮6~8千克/亩,一般50%的氮肥作底肥施入,出苗后,根据苗期长势确定是否施用追肥。对壮苗、旺苗及有旺长趋势的田块,一般不需要施肥,在苗期可适当控水蹲苗,防止旺长。

3. 化学调控

目前,生产上使用的主要是多效唑和壮丰安。壮丰安具有抗倒伏、抑旺长,改善后期植株养分状况,提高芝麻对高温高湿、干旱等逆境的抵抗力,增加千粒重等重要功能。对旺长或有旺长趋势的芝麻田可每亩用50毫升壮丰安对水25~30千克进行叶面喷施,可改善单株生长发育状况,降低果轴节间长度,增加茎秆弹性和硬度,增产效果显著。

二、芝麻倒伏的原因、倒伏种类与防止措施

(一)芝麻倒伏的原因

1. 密度过大

芝麻播种量大小直接影响幼苗强弱。当播种量过大时,易出现出苗时苗挤苗的现象,形成弱苗,若间、定苗不及时,在苗期就会发生倒伏。定苗过密,进入开花期后植株旺长,茎秆细弱,至开花结蒴期后,上部物质积累逐渐增多,造成头重脚轻的局面,若遇降雨或大风,容易发生倒伏。一般亩播量为0.5千克,精量播种为0.15~0.2千克/亩。

2. 病虫危害

在芝麻生长过程中遭遇棉铃虫、大豆食心虫的危害,茎秆中空,遇大风或阴雨天气容易茎秆折断或倒伏。苗期发生立枯病,直接造成芝麻倒伏、缺苗断垄,后期发生茎点枯病和根腐病,如遇大风或阴雨天气,也易发生倒伏。

3. 品种特性

一些芝麻品种本身抗逆性不良,植株过高,茎秆脆弱,根系发育差,株型松散,茎秆木质疏松或茎秆韧性差,造成遇风易折断或倒伏。

（二）倒伏种类

倒伏可分茎倒和根倒两类。在芝麻整个生育期内，若遇阴雨大风天气，都有发生倒伏的可能，以在开花结蒴期最为常见。

1. 茎倒

茎秆发生不同角度的倾斜，在一定条件下还可恢复。

2. 根倒

大角度的倒伏，甚至平铺地面，而且不能恢复直立，对芝麻生长和产量影响最大。

（三）防止倒伏的措施

1. 在芝麻现蕾前倒伏

茎秆发生不同角度的倾斜，因植株较小，顶部不沉，并且植株自身恢复直立能力较强，可以不用人工扶起。若发生根倒，可人工扶起，扶起的方法是用手将植株竖立，一只脚将植株倾倒方向的反向一侧的土壤踩实，并另外取土对植株根部进行培土。

2. 开花结蒴期倒伏

此期植株高大，倒后株间相互叠压，难以恢复直立，直接影响通风透光和光合作用进行，并且倒伏后易受病虫害的侵袭，因此必须人工扶起，扶起时要早、慢、轻，结合培土进行。

3. 化学调控

在芝麻 4 对真叶前，喷施矮壮素或多效唑，可降低植株的结蒴部位，增加茎秆的粗度，有效预防芝麻生育后期的倒伏。矮壮素合适的喷施浓度为 0.25% ~ 0.4%，多效唑为每亩用 15% 的多效唑 25 ~ 45 克，对水 50 千克，叶面喷施。化学调控最好选择在2 ~ 3 对真叶期进行，效果较好。

4. 选用抗倒伏品种

在品种选择时，应选择结蒴部位低、节间长度短、茎秆韧度大、抗倒伏性强的芝麻品种。

第六章

芝麻低温冷害与防救策略

本章导读：本章从不同生育时期、不同品种和不同地域发生的低温冷害等方面详细介绍并分析了低温冷害的发生及对芝麻不同生育时期形态结构和生理的影响，进而从选用耐低温品种、低温浸种预处理、浸种或拌种、播后地膜覆盖和其他提高抗寒性措施等方面介绍了芝麻低温危害的防救策略，旨在使读者了解低温冷害对芝麻的影响，掌握低温冷害的防救措施。

低温冷害是我国农作物生产的一大威胁，在我国由于南冷北冻的频繁发生，损失巨大。因此，在我国低温冷害是影响农业生产持续稳定发展的重要灾害之一，也是限制芝麻产业发展的重要灾害之一。近年来，随着我国各地种植制度的改革，复种指数增加，晚熟高产品种得到推广应用，如遇低温年份，灾害的影响和造成的损失将更加突出。因此，加强对芝麻低温冷害发生规律及防救策略的研究，对芝麻产业的发展尤为重要。

第一节 低温冷害对芝麻形态结构的影响

一、芝麻的低温冷害

芝麻的低温冷害是指在芝麻生长发育季节里，由于气温下降到低于芝麻当时所处的生长发育期阶段的下限温度时，致使芝麻生理活动受到障碍，严重时可使芝麻生长发育受到危害，引起正在长叶或开花的植株遇到冷害时，造成大量落花、落蒴，使结实率下降，最终导致严重减产或颗粒无收。

（一）低温冷害对芝麻不同发育期的危害程度不同

一般情况下，在出苗期和生育后期对低温冷害抗御能力较强；而在生殖器官开始分化到开花、受精及灌浆初期对冷害最为敏感。当芝麻遭到冷害时，常造成芝麻体内细胞中具有生命的胞质环流减慢，并逐渐停止流动，致使养分的吸收和输送也因细胞质的停止流动而受到障碍。如果低温冷害持续时间短，温度回升后，细胞内细胞质仍能恢复正常流动，并能继续正常的生长发育；如果低温持续时间比较长,芝麻就会因细胞质的停止流动而停止生长发育,也就是造成了低温冷害。低温危冷害的轻重程度取决于低温的强度、持续日数的长短及气温回暖的快慢。

(二)低温冷害对芝麻不同品种、不同区域的危害程度不同

北方品种的搞寒性优于南方品种:春芝麻、夏芝麻品种的抗寒性也不同。

二、芝麻低温冷害的类型

芝麻低温冷害的类型根据季节可以分为:春季低温冷害、夏季低温冷害和秋季低温冷害。具体影响如下:

1. 春季低温冷害

北方春芝麻等 4 月下旬、5 月上中旬播种后持续低温发生烂种、死苗或僵苗不发。

2. 夏季低温冷害

芝麻夏季低温冷害以延迟型为主,延迟型冷害是指芝麻营养生长期,在较长时间内遭受持续性低温天气过程,导致生育期积温不足,使芝麻生理代谢缓慢、花期延迟,以致低温到来后,致使中上部蒴果不能成熟,从而导致芝麻减产。

3. 秋季低温冷害

秋季低温冷害常因光照短缺,影响光合物质的积累,导致花冠不张,传粉受精发生障碍,空秕率较大幅度提高,产量影响较大。秋季低温主要影响南方秋芝麻生产。

近些年,由于气候变暖的趋势比较明显,芝麻生产中基本没有发生大范围的严重延迟型低温冷害,但区域性和阶段性的低温冷害仍然时有发生,而且由于气候异常的事件增多,年内气温波动幅度加大,都使芝麻障碍型低温冷害有频繁和严重的趋势。

三、低温冷害对芝麻生长的影响

芝麻是对低温反应比较敏感的喜温作物,低温、寡照是芝麻生长缓慢、结蒴部位较高、秕籽率偏高的重要原因。大多数品种在低温(0～20℃)条件下,各个生理过程都或多或少受到干扰,其中光合作用受低温影响最大。在很多地区冷害是限制芝麻生产的因素之一。

(一)芝麻低温冷害经常发生于早春和晚秋

低温冷害芝麻的危害主要表现在种子萌发、苗期与籽粒成熟期。其中早春低温冷害主要危害东北、华北和西北春芝麻种植区域,晚秋低温冷害主要危害江西、云南等秋芝麻种植区芝麻的生长。

(二)芝麻低温冷害发生在种子萌发期的影响

低温冷害常延迟发芽,降低发芽率,诱发芝麻立枯病危害加重,造成缺苗断垄。苗期冷害主要表现为叶片失绿和萎蔫。春播芝麻在5月中下旬遭受低温冷害后,造成芝麻幼苗生长迟缓,严重时造成死苗或僵苗不发。

(三)芝麻低温冷害发生在营养生长期的影响

低温冷害主要影响叶片、茎秆和根系,温度低,出叶速度减慢,叶片小而少,总叶面积减少,单位叶面积的光合作用活性减弱,植株茎秆变细,单株根数较少,根长变短,影响养分的吸收。在生殖生长期间对温度高低反映比营养生长期敏感,严重影响生育速度的快慢,此期遇低温(16℃以下),将使花芽分化进程减缓,小孢子形成期和花粉母细胞减数分裂期受低温危害机会增多,开花显著延迟,花粉发育不正常,不育率增加。且随低温时间的延长而危害加剧;开花期温度在20℃以下,则延迟开花,或闭花不开,影响授粉受精,降低其结蒴率、结实率,造成籽粒空秕。

第二节 芝麻低温危害的防救策略

低温锻炼增加抗寒性是指植株幼苗或种子在较低温度下处理一段时间后其成长后植株的抗寒性会增加。低温锻炼对提高芝麻的抗寒性具有一定的效果。据试验，在25℃中生长的番茄幼苗在12.5℃低温锻炼几个小时到两天左右，对1℃低温具有一定的抵抗力，黄瓜、番茄、芝麻、甘薯块根经过低温锻炼，同样对冷害具有一定的抵抗作用，但这种保护仅限于低度至中等的低温胁迫的芝麻品种有效，如温度过低或低温时间持续过长，芝麻还是会死亡的。

一、选用耐低温品种

芝麻是一种喜温作物，在我国栽培种植范围较广，在东北、华北、西北等区域在芝麻播种前后，易发生低温冷害，导致芝麻出苗率下降，僵苗不发。因此，选择优良耐低温品种的是该区域芝麻生产能否高产的关键。

选择一个优良耐低温的芝麻品种，就能充分利用当地自然资源和生产条件，较大程度地克服常年易发生的病害，诸如芝麻立枯病、叶斑病、茎点枯病、倒伏、低温等一些生产中常见的障碍因素，为增产增收奠定基础。

选择适宜的优良耐低温品种的标准

☞ 应选择经过当地农业推广部门试验、示范的审定推广品种。芝麻品种区域性强，应选择抗低温、丰产性好、品质优良的芝麻新品种。

☞ 具有较好的稳产性。一个稳产品种，在不同地点，不同的年际间产量波动不大，它既能反映品种的丰产性，又是该品种对当地自然条件的适应性的体现。

☞ 熟期适宜。在无霜期短的地区，选择的品种要求在霜前5天以前正常生理成熟或达到目标性状要求。

☞ 抗病、抗逆性强。选择的芝麻品种要抗当地的主要病害，对当地经常发生的自然灾害，如干旱、低温等具有较强的抗逆性。尤其是在低温(10℃)条件下，选择具有种子活力高、可溶性糖、脯氨酸含量增加幅度大、丙二醛含量较低的品种更佳，如东北品种、河北品种等。

二、播前种子预处理（低温浸种预处理）

东北、西北芝麻生态区春季干旱，无霜期短，应适时早播，以充分利用当地有限的热量资源及土壤水分，争取保全苗。一般条件下，芝麻种子发芽的最低温度(5厘米日平均地温)为12℃；15℃左右时，种子发芽缓慢，出苗率低；温度达18℃以上时，种子就能正常发芽，出苗整齐。如春播抢时播种，在15℃的条件下播种，播种前应进行种子处理，并注意播种深度，方能确保一播全苗、苗齐、苗壮。

在低温条件下播种，应注重种子预处理。处理的方法主要包括几个方面：

（一）精选种子

先用粗筛对备播的种子过一遍，除去小粒种子；再通过人工筛选或挑选，将异色种子、石块等杂质等除去，保留饱满度好、大小均匀一致的种子，以提高芝麻种子出苗率，这是保证芝麻出苗后达到苗均、苗全、苗壮的主要因素。

（二）晒种

芝麻种子经过一冬天的储藏，其不同储藏部位的温度、湿度、透气性会有所差异，再加上种子常携带有立枯病、枯萎病、茎点枯病等病原菌，因此，为提高种子的发芽率和发芽整齐性，减少芝麻病害的发生和危害，在播种前一定要晒种。

晒种的方法

选择晴朗无风的天气，把种子摊在干燥向阳的地上或席子上，连续晒2～3天，经常翻动种子，晒匀，白天晒，晚上收，防止受潮。经过晾晒后的种子，种皮通气性增强，发芽率提高，出苗率提高10%～30%。同时，日光中的紫外线可以杀死种皮表面的病原菌。

（三）低温浸种

经过低温处理的种子，在萌动过程中受到一定的低温锻炼，可以增强其抗低温能力。

低温浸种的方法

用10℃左右的凉水浸种12～24小时，捞出后放在25℃左右的温室中，将种子放在湿麻袋（或湿布）上平堆3～5厘米厚，再盖上湿麻袋（或湿布）上，种子温度保持在25℃左右，经24小时后即可露出胚根。在催芽过程中，应经常检查种子水分，以种层底部无积水、种皮表面有水膜为准，达不到此标准，可喷25℃左右温水，边喷边拌匀。在催芽过程中，以种子放出淡甜味为最好，如有异味，可立即用温水冲洗。此外，在催芽过程中，种子内部正进行着旺盛的新陈代谢作用，所以千万不要将种子堆成大堆，或装在袋子直接堆放在地上，或用塑料布围盖，要经常翻动，以防造成种子受热不均和出现无氧呼吸，导致种子闷死或变质。

三、芝麻浸种或拌种

（一）低温保护剂浸种

植物低温保护剂是一种能增强作物幼苗对低温逆境抗御力的新型植物生长调节剂——植物低温保护剂（专利产品，专利号：9310148214），具有稳定膜结构，修复低温膜伤害，改善细胞的生理生化特性等多种功能，在黄瓜、番茄、油菜、棉花和小麦等多种作物上试验和示范表现出稳定、显著的效果。

浸种的方法

使用植物低温保护剂的药液浓度2%，种液等量，浸泡24小时，晾干即可播种。通过植物低温保护剂浸种，可使超氧化物歧化酶、过氧化物酶、过氧化氢酶活性比对照显著提高。丙二醛含量明显降低，表明酶结构被稳定活性提高，低温期的自由基不断被清除。提高了细胞在低温下的代谢机能。可使根和叶的脱氢酶活性同步升高，表明通过处理芝麻是以整体对低温逆境做出反应的。

（二）稀土拌种

稀土就是化学元素周期表中镧系元素。试验证明，稀土对芝麻有促进种子萌发，提高种子发芽率，促进幼苗生长，提高根冠比；可以提高芝麻的叶绿素含量，促进根系发育，增加根系对养分吸收，增强光合作用，增加产量和种子含油量等多方面的生理作用。除了以上主要作用外，还具有作物增强抗病、抗寒、抗旱的能力。

稀土拌种的方法

用稀土2～3克对水40毫升拌1千克种子，边喷边拌匀，随拌随播。通过稀土溶液浸种，可对芝麻种子萌发过程中脂肪的分解以及游离脂肪酸进一步转化成可溶性糖均有促进作用，促进发芽和根系发育，增强芝麻的新陈代谢机和抗低温能力，达到提高产量和改善品质的效果。

四、播后地膜覆盖

地膜覆盖是用塑料薄膜覆盖地面的一种栽培措施。20世纪60年代，地膜覆盖技术在日本、欧美等国家兴起，并得到普及。我国在1979年将该技术引进。在80年代以后，我国地膜覆盖的农田面积和推广区域不断扩大，栽培作物种类不断增加。

由于地膜具有透光性好，保温性强，不透水等特点，因此，在增温、保水、保肥、改善土壤理化性质，加速有机质的转化，提高土壤肥力，抑制杂草生长，促进根系发育，减轻病害，提高群体增产能力，增产增收等方面优势明显。

（一）地膜覆盖的作用

1. 能提高地温

利用透明地膜覆盖，一般可使5厘米深表土层温度提高3～5℃。

提高地温有利于早春芝麻发芽,促进根系生长。

2. 防旱、防涝、防返盐

在覆盖了地膜的畦面上,雨水顺膜流入畦沟而被排走,土壤水分一般不至于过分饱和。不降雨时,土壤下层的水分可自下向上垂直运转,畦沟中的水也可沿畦边向畦中部横向转移,供给植株吸收。天旱时,薄膜阻碍了土壤水分蒸发,有保水作用,可减少灌溉次数。盐碱地覆盖地膜,据测定,0～5 厘米和 5～10 厘米土层全盐含量可以分别下降 41.31%、2.24%。

3. 防土壤板结

在芝麻生长期,由于地膜覆盖使土壤表面减少了风吹雨淋及人工作业管理中的践踏,能使土壤保持较好的疏松状态,防止土壤板结。

4. 防养分流失

地膜覆盖后,土壤温湿度适宜,通透性好,土壤最高温度可达 30℃以上,因此,土壤微生物增加,活性增强,可加速有机质分解和转化,促进土壤有益微生物的活动繁殖和有效养分转化,一般可节省肥料用量 1/3 左右。由于地膜的阻隔,可防止雨水冲刷而造成土壤中氮素的淋溶流失,起到保肥作用。

5. 防病虫草害

薄膜的反光可驱除蚜虫,减轻病毒病。如芝麻地膜覆盖栽培,可以降低空气相对湿度,减轻芝麻叶斑病、枯萎病和茎点枯病的危害。紧贴地面覆盖的地膜,兼有除草作用。

6. 增产增收

地面盖膜后,土壤的水、肥、气、热条件得到改善,能加速芝麻生长发育过程和根系发达,如可使芝麻出苗提早 2～3 天,花期比露地延长 7～8 天收获,提高有效成蒴率,增加干物质产量,增产 50%～75%,经济效益明显。

(二)芝麻地膜覆盖技术

地膜覆盖的方式依当地自然条件、作物种类、生产季节及栽培习惯不同而异。

1. 地膜覆盖的模式

(1)平畦覆盖　畦面平,有畦埂,畦宽1.00～1.65米,畦长依地块而定。播种前将地膜平铺畦面,四周用土压紧。主要是短期覆盖,其特点为覆盖时省工、容易浇水,但浇水后易造成畦面淤泥污染。覆盖初期有增温作用,仅限于播种期-出苗期。一般多用于北方、西北春芝麻早播,播种面积小时使用,多用于试验。

(2)起垄覆盖　整地与起垄为了充分发挥地膜栽培的除涝、防渍和防病效果,地膜芝麻必须实行垄作。畦而呈垄状,垄底宽50～85厘米,垄面宽30～50厘米,垄高10～15厘米。地膜覆盖于垄面上。垄距50～70厘米。每垄种植单行或双行芝麻。起垄覆盖受光较好,地温容易升高,也便于浇水,但旱区垄高不宜超过10厘米。

2. 地膜覆盖的方法

播种与覆膜地膜芝麻可采用条播或穴播(点播)。一般地膜栽培可先播种后盖膜,也可先盖膜然后打孔播种,但以先播种后盖膜较好。因为地膜芝麻播种较早,气温很低,地膜内温度高,宜于芝麻出苗。地膜芝麻所用地膜幅宽以70～130厘米为宜。

覆膜可使用机械或人工进行,但必须做到垄面平整,地膜与土面贴实,地膜封严,凡有孔洞处均应用土盖严。应及时破膜、放苗及间苗、定苗。地膜芝麻在4月底5月初播种的,一般4～5天可出苗。出苗后应及时破膜、放苗。春播地膜芝麻每亩适宜种植密度为9 000株左右,平均行距为40厘米时,株距为15～19厘米。如果是采用点播,可在点播时定好穴距;如果采用条播,可按株距破膜放苗。放苗时孔不宜太大,每孔放出二三棵苗即可。苗周围用土封实。如果芝麻苗出土后不能及时放苗,可先在地膜上刺孔放气,以减少或避免幼苗灼伤,但时间不可太长。地膜芝麻放苗后,长到3对真叶时即可定苗。

地膜芝麻草害的防治地膜覆盖后,膜内高温有强烈的抑草作用。但是,由于地膜春芝麻播种早,气温较低时,也会形成膜内杂草滋生的条件,尤其是地膜封闭不严或有破损、孔洞时,降低了膜内的升温、保温效果,更易造成膜内杂草的滋生。因此,地膜一定要封闭严实。

同时，为了彻底防除草害，可以采用化学除草。

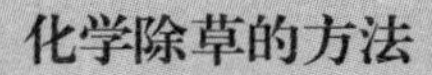

化学除草的方法

☞ 根据杂草种类采用相应除草药膜。

☞ 在播种后覆膜前喷洒芽前土壤处理除草剂。但是由于膜内温度高、湿度大，其用量要相应减少，一般为通常用量的2/3（按实际喷洒面积折算）。

五、加强管理，提高抗寒性

提高植物抗低温性最根本的方法——培育耐低温品种（系），我们主要讨论利用栽培技术改善芝麻抗低温性的一些辅助措施。

（一）低温锻炼

即在芝麻幼苗在移到大田前，先降低温室温度，让幼苗逐渐适应低温环境，而不是突然降低温度，这样移到大田后其抗冷性较强，这是一条很有效的途径。实验表明，幼苗在移栽到大田之前先在低温下适应一段时间，可有效地提高抗性。经低温处理的植株，膜的不饱和脂肪酸含量增加，相变温度降低，透性稳定，三磷腺苷（ATP）含量增高，说明低温对代谢发生了深刻影响。

（二）化学诱导

目前，对化学药剂诱导植物提高抗寒能力已有许多研究。如ABA（脱落酸）、$CaCl_2$（氯化钙）、聚乙烯醇、聚乙二醇、PP（百折服）、CCC（矮壮素）、TMTD（福美双）处理浸种或喷施苗的叶片，可提高植物抗寒性。用2，4－D、KCl（氯化钾）＋NH_4NO_3（硝酸铵）＋硼酸喷于芝麻叶面也有保护其不受低温危害的效应。

（三）调节氮、磷、钾肥比例

在低温来临前合理施肥，磷、钾肥有利于糖转化，不施氮肥，以免消耗糖去合成蛋白质，避免植株徒长，延迟休眠。

（四）合理灌溉

在低温来临前，提前灌水能提高芝麻的抗寒能力，可以避免芝麻受到低温的伤害。

第七章

芝麻高温干旱的危害与防救策略

本章导读：本章详细介绍了高温、干旱和高温干旱并发这三个自然灾害的发生原因、危害及类型，阐明了高温干旱对芝麻不同生育阶段植株不同部位的影响和芝麻对干旱适应性及抗旱能力田间表现，最后全面介绍了当前先进的芝麻抗旱防救策略，旨在使读者深入了解高温干旱的危害机制，掌握芝麻抗旱防救技术。

随着工业化、城镇化深入发展，全球气候变化影响加大，我国水利面临的形势更趋严峻，增强防灾减灾能力要求越来越迫切，强化水资源节约保护工作越来越繁重，加快扭转农业主要"靠天吃饭"局面任务越来越艰巨。就芝麻生产发展来看，由于全球气候变暖，导致极端异常气候经常出现，高温干旱等灾害的发生频率不断增高，危害范围不断扩大，灾害损失不断加重对芝麻生产带来了严重的影响，这既暴露出我国农田水利等基础设施尚十分薄弱的基本现实，也警醒了生产中必须加强对高温干旱危害的防救。

第一节 高温干旱对芝麻生长的影响

一、高温

高温胁迫引起植物的伤害称热害或高温害，指高温对植物生长发育和产量形成所造成的损害，一般是由于高温超过植物生长发育上限温度造成的。植物对高温胁迫的适应和抵抗能力称为抗热性。不同作物和同一作物的不同发育期的高温热害指标不同，一般把高温热害标准定为连续 3 天或 3 天以上日平均气温≥30℃，日最高气温≥35℃。高温热害主要阻碍光合作用正常进行，降低光合速率，使呼吸消耗量大大增强。高温还导致作物生长停滞、生育期缩短、开花授粉和结实受阻、灌浆期缩短、籽粒重下降、空蒴率上升，最终造成作物产量和品质下降，甚至绝收。

芝麻受高温危害后，会出现各种热害病征：茎秆干燥、裂开；叶片出现死斑，叶色变褐、变黄；蒴果烧伤，后来受伤处与健康处之间形成木栓，有时甚至整个蒴果死亡。高温对植物危害是复杂的、多方面的，归纳起来可分为间接伤害和直接伤害两个方面：

1. 间接伤害

间接伤害是指高温导致代谢的异常，渐渐使植物受害，其过程是缓慢的。高温持续时间越长或温度越高，伤害程度也越严重。

2. 直接伤害

直接伤害是高温直接影响细胞质的结构，在短期（几秒到半小时）高温后，当时或事后就迅速呈现热害症状。

二、干旱

干旱是指在当前的农业生产水平条件下，较长时段内因降水量比常年平均值特别偏少，影响农作物正常生长发育而造成损害的一种农业气象灾害。干旱通常分为大气干旱、土壤干旱和生理干旱三种。大气干旱的特点是空气干燥、高温和太阳辐射强，有时伴有干风，在这种环境下植物蒸腾消耗的水分增加，即使土壤并不干旱，但根系吸收的水分不足以补偿蒸腾的支出，使得植物体内水分失去平衡而受害。土壤干旱主要是土壤含水量少，水势低，作物根系不能吸收足够的水分去补偿消耗，致使植物体内水分状况不良而受害。生理干旱是由于土壤环境条件不良，影响根系的生理活动，造成植株体内缺水而受害。干旱对农业生产的影响和危害程度与其发生季节、时间长短以及作物所处的生育期有关。轻者影响农作物正常生长发育，重者导致作物死亡，使农作物减产或失收。

当植物耗水大于吸水时，植物体内即出现水分亏缺，水分过度亏缺的现象称为干旱。旱害指土壤水分缺乏或大气相对湿度过低对植物的危害。

（一）水分胁迫程度

芝麻水分亏缺的程度可用水势和相对含水量来表示。将芝麻水分胁迫程度划分为如下三个等级：

1. 轻度胁迫

水势略降低零点几个兆帕;或相对含水量降低8% ~10%。

2. 中度胁迫

水势下降稍多一些,但一般不超过 -1.2 ~1.5 兆帕;或相对含水量降低到10% ~20%。

3. 严重胁迫

水势下降超过 -1.5 兆帕或相对含水量降低20%以上。

(二)干旱类型

根据引起水分亏缺的原因,可将干旱分为三种类型:

1. 大气干旱

高温、强光、大气相对湿度过低(10% ~20%),导致植物的蒸腾强烈,失水量大于根系的吸水量而造成植物体内严重水分亏缺,如我国西北等地就常有大气干旱的发生。

2. 土壤干旱

土壤干旱是指土壤中可利用水的缺乏,使植物根系吸水困难,体内水分亏缺严重,正常的生命活动受到干扰,生长缓慢或完全停止。土壤干旱比大气干旱破坏严重,我国西北、华北、东北等地常有发生。

3. 生理干旱

生理干旱指由于土壤温度过低、土壤溶液离子浓度过高(如盐碱土或施肥过多)或土壤缺氧(如土壤板结、积水过多等)或土壤存在毒物质等因素的影响,使根系正常的生理活动受到阻碍,不能吸水而使植物受旱的现象。

三、高温干旱

干旱期间伴随有超出常年的高温出现,高温加剧了干旱的危害,由此形成了高温干旱并发的严重逆境,对芝麻生长发育极为不利。此外,高温干旱往往还伴随着病虫害的多发等多种不利于芝麻健壮生长的逆境出现,严重影响芝麻产量。

高温干旱对植株影响的外观表现,最易直接观察到的是萎蔫,即因水分亏缺,细胞失去紧张度,叶片和茎的幼嫩部分出现下垂的现象。萎蔫可分为两种:暂时萎蔫和永久萎蔫。暂时萎蔫指芝麻根系吸水暂时供应不足,叶片或嫩茎会出现萎蔫,蒸腾下降,而根系供水充足时,芝麻又恢复成原状的现象。永久萎蔫是指土壤中已无芝麻可利用的水,蒸腾作用降低亦不能使水分亏缺消除,表现为不可恢复的萎蔫。永久萎蔫与暂时萎蔫的根本差别在于前者原生质发生了严重脱水,引起了一系列生理生化变化。原生质脱水是旱害的核心,由此带来的植株生理生化变化从而伤害芝麻。高温干旱主要导致芝麻的生理特性发生改变。

四、高温干旱对芝麻生长的影响

(一)苗期高温干旱对营养生长的影响

芝麻苗期是指从出苗至现蕾,需一个月左右。这是芝麻的营养生长时期,由于芝麻幼苗生长缓慢,苗期易受苗荒、草荒及病虫危害,因此加强苗期管理,保证全苗、壮苗为后期花蕾期生长打下良好的基础,是增产、稳产的关键。

1. 根系

芝麻抗旱性是一种综合性适应机制,仅关注地上部分的反应很难揭示其抗旱性本质,所以关注根系的水分胁迫反应具有重要意义。芝麻根系对土壤水分变化极为敏感。研究普遍认为耐旱品种具有较强大的根系,根系上的化学信号可反映芝麻干旱情况。不同生长期或同一生长期的不同环境处理下,芝麻根系表现形态不完全一致,其主根长、总长度、总面积、总干重以及其根活力、吸收总面积等在不同干旱处理下具有广泛的遗传性。在受到干旱胁迫时,随着水分亏缺增大,芝麻根干重、根系吸收表面积、根伤流和根活力均呈显著的下降趋势。苗期干旱时,芝麻根系水势发生相应变化。当土壤含水量降到一定值时,根系水势降低,而脱落酸含量会大幅上升;芝麻根系相对含水量随干旱程度加重而减少，根系丙二醛含量和超氧化物歧化酶含量随干旱程度的加重而增加，且不同芝麻品种间表现形式不同。此外，芝麻受旱后其最重要的农艺性状指标——根冠比增大。

2. 茎、叶

叶片相对含水量是反映芝麻植株体内水分状况的重要指标。在受到干旱胁迫时，芝麻叶片、茎秆的生理反应变化较大，导致叶片生长速度减慢，茎秆延伸速度降低，且叶片和茎秆的干物质重均下降。干旱胁迫下芝麻叶片的相对含水量显著下降。与灌水处理相比，干旱处理的芝麻叶片叶绿素含量明显减少。同时，干旱对芝麻叶片的面积影响较大，干旱处理后芝麻不同部位的叶片均比灌水处理小。高温干旱时，芝麻叶面积变小，叶片相对电导率增大，叶温升高，叶绿素含量和比叶重都有所降低，并随着干旱胁迫加重，芝麻叶片的可溶性糖、游离脯氨酸、丙二醛含量和超氧化物歧化酶活性增强，并随着干旱胁迫的加强而升高。

（二）花期高温干旱对生殖生长的影响

芝麻花期是指从田间 60% 以上芝麻第一个花冠张开到田间 60% 以上芝麻停止开花的这段时期。其主要包括初花期、盛花期、封顶期、终花期，也是芝麻生殖生长的重要时期，由于芝麻花期生长迅速，易高温、干旱及病虫草等危害，因此加强花期管理，保证花全、花壮，为蒴果发育和籽粒灌浆打下良好的基础，是增产、稳产的关键。

1. 花期干旱的影响

花期干旱胁迫对芝麻的影响大于苗期，尤其对芝麻株高、蒴果大小、每蒴粒数、单株种子干重和根系干重等性状影响较大。有研究表明，5 个芝麻品种在花期干旱胁迫处理后 13 个产量性状值均表现不同程度下降，其中，对株高（74. 08% ~ 89. 11%）、蒴果长（79. 63% ~ 91. 08%）和单株种子干重（18. 68% ~ 49. 70%）等性状影响明显，5 个品种的株高、蒴果长和单株种子干重较对照的差异均达到显著或极显著水平；每蒴粒数（46. 41% ~ 78. 81%）和根系干重（63. 00% ~ 83. 72%）等性状较对照下降幅度较大，且较对照的差异大多达到显著或极显著水平。可见，花期干旱胁迫处理对芝麻株高、蒴果大小、每蒴粒数、单株种子干重和根系干重影响最大,品种间存在较大差异。

2. 花期高温的影响

高温可对芝麻的生长发育产生显著影响。2013 年河南农业科学院芝麻研究中心通过罩箱处理开展的花期高温胁迫试验研究结果发现(图 7 - 1):高温可显著增加芝麻落花落蒴数量,且在该试验条件下,高温胁迫对芝麻落花落蒴数量影响显著。与对照相比,高温对落花绝对数量的影响要大于落蒴数量,且随着温度的升高,影响程度增大;但高温对落蒴数相对量的影响程度要大于落花数量,影响程度也随着温度的增高而增大。这表明,芝麻生育后期高温对花蒴数量影响显著,对产量形成十分不利。此外,高温胁迫还显著降低籽粒产量及其构成因素,减小功能叶叶绿素含量和净光合速率,对芝麻生长较为不利。

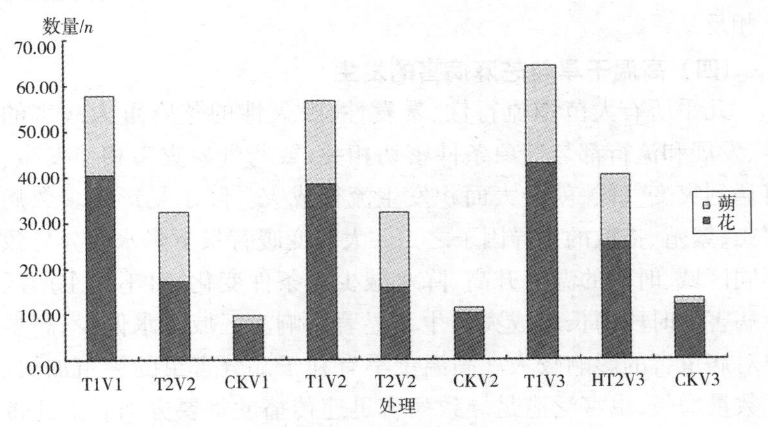

图 7 - 1　高温胁迫对芝麻落花落蒴的影响

(三)干旱对作物的影响和作物的抗旱性

1. 降低作物的各种生理过程

干旱时,气孔关闭,减弱了蒸腾降温作用,引起叶温的升高,使光合作用减弱并扰乱氮素和拟脂的代谢,从而损伤了细胞膜。当叶片失水过多时,原生质脱水,叶绿体受损伤和气孔关闭,抑制了光合作用,同时抑制叶绿素的形成。

2. 引起作物体内各部分水分的重新分配

干旱时,不同器官和不同组织间的水分,按各部位的水势大小重新分配。水势高的部位的水分流向水势低的部位。例如,幼叶在干旱时向老叶夺水,促使老叶死亡,以致减少有效光合面积。更重要的是当作物体内的水分不足时,胚胎组织细胞的水分就分配到成熟部位的细胞中去。例如,禾谷类作物,其幼穗分化时缺水,茎叶从幼穗吸水,穗子的发育即受损害;在果实生长初期缺水也是如此,生产上经常因干旱造成棉花蕾铃脱落和豆类作物落花、落荚。

3. 水分不足能影响作物产品的品质

果树在水分不足的情况下,果实小,果胶质减少,木质素和半纤维素增加,淀粉含量减少,糖的含量相对略有所增加。油料作物种子含油率降低,碘价变小,即饱和脂肪酸多使油质变劣。麦类作物的淀粉含量与油料作物的含油率有相似的变化规律,但蛋白质含量却与此相反。

(四)高温干旱与芝麻病害的发生

几乎所有大范围流行性、暴发性、毁灭性的芝麻重大病害的发生、发展和流行都与气象条件密切相关,或与气象灾害相伴发生,一旦遇到灾变气候,就会大面积发生流行成灾。降水是影响多数病菌侵染、繁殖、扩散的主导因子之一。大气变暖背景下降水变异导致的不同区域、时段的温度升高、降水减少等条件变化,对不同主产区芝麻病害的时段消长与成灾产生了显著影响。区域降水偏少、高温干旱对病虫害的影响较大。高温干旱有利于部分害虫的繁殖加快、种群数量增长,虫害泛滥是导致病害迅速传播的重要方面。由此带来了病害始发期提早,危害时间变长、程度加重、面积扩大等诸多问题。

芝麻受到高温干旱胁迫之后,由于土壤水分不足,植株根系生长不良,难于充分有效地吸收水肥,易出现植株地上部分生长势弱,叶片、茎秆发黄,严重时还会发生植株下部枝叶甚至整株缺水萎蔫、脱水脱肥现象;细胞生长受水分不均影响,植株体的生理状态差,极易被一些病菌感染。同时,在较干热的气候条件下,常有利于一些害虫的发育、滋生并侵害植株,最终造成旱灾影响及病虫危害并存的严重局面。

通常在干热环境下，对芝麻有危害作用的常见害虫是蚜虫、甜菜夜蛾、蓟马、粉虱等害虫，而对芝麻有危害作用的常见病害是病毒病、白粉病、立枯病、枯萎病等以及缺素症（生理性病害）。因此，应在积极抗旱减灾的同时，针对干热环境易见的病虫危害，做好芝麻田的病虫害综合防治工作。另外，还应选用易溶解性的肥料种类，并少量适时施用，以提高芝麻植株健壮程度，增强其抗病性。

五、芝麻对干旱适应性及抗旱能力田间表现

（一）芝麻前期对干旱的适应性

芝麻抗旱性是芝麻对旱害的一种适应反应，是指芝麻具有忍受干旱而受害最小，减产最少的一种特性。芝麻通过生理生化的适应变化以减少干旱对植物所产生的有害作用。芝麻适应和抵抗干旱的方式有三种，即逃旱性、御旱性、耐旱性。

（二）芝麻抗旱能力的田间表现

不同芝麻品种可通过不同形态特征适应干旱环境。总体而言，芝麻抗旱能力的田间表现主要有以下几个方面：

☛ 抗旱性强的芝麻品种，往往根系发达，而且伸入土层较深，深根量大，根冠比大，能更有效地利用土壤水分，特别是土壤深处的水分，并能保持水分平衡。

☛ 此外抗旱性强的芝麻，植株叶片细胞体积小，叶肉细胞排列紧密，可减少失水时细胞收缩产生的机械伤害。

☛ 维管束发达，疏导组织畅通，植株水分传导能力强，有利于植株吸水。

☛ 叶脉致密，单位面积气孔数目多，有利于加强蒸腾作用，便于植株吸水。

☛ 叶片表面角质化、蜡质化程度增加，有利于减少水分散失。

☛ 植株在受到干旱胁迫时叶片卷成筒状，以减少蒸腾作用损失。

第二节
芝麻抗旱防救技术措施

我国无论是北方还是南方芝麻主产区,均存在着季节性缺水现象,这类地区常在芝麻播种季节或某个生育阶段经常性地发生干旱,如不采取抗旱防救技术措施轻者减产,重者绝收。在这些地区可以采取的抗旱防救技术措施为:节水抗旱、化学抗旱、农艺栽培抗旱等技术。

一、节水抗旱技术

(一)节水灌溉技术

人工灌溉是最直接最有效的抗旱措施。在持续高温干旱且水资源紧缺的情况下,应尽可能采用节水灌溉方式:

1. 田间地面灌水

改土渠为防渗渠输水灌溉,可节水20%。推广宽畦改窄畦,长畦改短畦,长沟改短沟,控制田间灌水量,提高灌水的有效利用率,是节水灌溉的有效措施。

2. 管灌

利用低压管道(埋没地下或铺设地面)将灌溉水直接输送到田间,常用的输水管多为硬塑管或软塑管。该技术具有投资少、节水、省工、节地和节省能耗等特点。与土渠输水灌溉相比管灌可省水30%~50%。

3. 微灌

微灌是将灌水加压、过滤,经各级管道和灌水器具灌水于作物根系附近,微灌属于局部灌溉,只湿润部分土壤。对芝麻较为适宜。包括微喷灌、滴灌、渗灌等。微灌与地面灌溉相比,可节水80%~85%。微灌与施肥结合,利用施肥器将可溶性的肥料随水施入芝麻根区,及时补充芝麻所需要水分和养分,增产效果好。

4. 喷灌

是将灌溉水加压,通过管道,由喷水嘴将水喷洒到灌溉土地上。喷灌是目前大田作物较理想的灌溉方式,与地面输水灌溉相比,喷灌能节水50%~60%。但喷灌所用管道需要压力高,设备投资较大,能耗较大,成本较高,适宜在经济条件好、生产水平较高的芝麻产区应用。

5. 关键时期灌水

在水资源紧缺的条件下,应选择芝麻一生中对水最敏感对产量影响最大的时期灌水,如芝麻的盛花期等。

(二)覆盖节水技术

覆盖节水技术可有效促进土壤微生物的活动,改善土壤的理化性状,促进团粒结构的形成,提高土壤有机质含量。同时对于防止水土流失和克服灌水困难,提高芝麻田保肥、保水能力有良好的效果,还可显著改善芝麻生存环境,提高芝麻产量,改善芝麻品质。覆盖节水技术主要包括秸秆覆盖技术和地膜覆盖技术。

1. 秸秆覆盖

秸秆覆盖即将作物秸秆粉碎,均匀地铺盖在芝麻行间,减少土壤水分蒸发,增加土壤蓄水量,起到保墒、保温、促根、抑草、培肥的作用。实际操作中,将作物秸秆整株或铡成3~5厘米的小段,均匀铺在芝麻行间和株间。覆盖量要适中,量过少起不到保墒增产作用;覆盖量过大,可能发生压苗、烧苗现象,并且影响芝麻播种。每亩覆盖量400千克左右,以盖严为准。秸秆覆盖还要掌握好覆盖期,此外覆盖前要先将秸秆翻晒,覆盖后要及时防虫除草。

2. 地膜覆盖

选用无色、透明、超薄塑料薄膜或用黑色不透明的塑料薄膜，铺膜前要浇好水，足墒播种，施足底肥，平整好土地。播种后用机械或人工铺膜，注意把膜面展平拉直，膜四周用土压实。地温回升后要及时打孔让幼苗出膜。先铺膜后定植的，定植后要封好定植穴。在干旱地区全生育期覆盖地膜，每亩可节水 100 ~ 150 米^3，增产效果显著。芝麻收获后，应及时回收残膜。

（三）水肥耦合技术

水肥耦合技术就是根据不同水分条件，提倡灌溉与施肥在时间、数量和方式上合理配合，促进芝麻根系深扎，扩大根系在土壤中的吸水范围，多利用土壤深层储水，并提高芝麻的蒸腾和光合强度，减少土壤的无效蒸发，以提高降雨和灌溉水的利用效率，达到以水促肥，以肥调水，增加芝麻产量和改善品质的目的。

1. 技术原理

芝麻根系对水分和养分的吸收虽然是两个相对独立的过程，但水分和养分对于芝麻生长的作用却是相互制约的，无论是水分亏缺还是养分亏缺，对芝麻生长都有不利影响。这种水分和养分对芝麻生长作用相互制约和耦合的现象，称为水肥耦合效应。利用水肥耦合效应，合理施肥，达到“以肥调水”的目的，能提高芝麻的水分利用效率，增强抗旱性，促进芝麻对有限水资源的充分利用，充分挖掘自然降水的生产潜力。

不同水分胁迫条件下，水肥对芝麻的生长发育和生理特性有着不同的作用机制和效果。氮素的促进作用随水分胁迫的加剧慢慢减弱，在土壤严重缺水时甚至表现为负作用。这说明氮肥并不能完全补偿干旱带来的损失。因此，随干旱胁迫的加重应适当减少氮肥的用量。与氮肥相反，在严重水分亏缺条件下，磷肥能促进芝麻的生长，抵御干旱胁迫的伤害。氮、磷有很强的时效互补性和功能互补性，合理搭配能显著增产，达到高产、稳产和提高水分利用效率的目的。

通过对一定区域水肥产量效应的研究，同时预测底墒、降水量，就可以根据模型确定目标产量,拟定合理的施肥量,为"以水定产"和"以水定肥"提供依据,就可以在区域内"以肥调水"、"以水促肥"、"肥水协调",提高水分和肥料的利用效率,对大面积芝麻增产具有实际指导意义。但因为不同地区水量、热量、土壤肥力等条件不同,其肥水激励机制也存在明显差异。所以在某一区域建立的水肥耦合互馈效应模型,只能在相似地区适用,在另一地区用的效果则不理想或不适用。

2. 技术要点

(1)平衡施肥　平衡施肥是指芝麻必需的各种营养元素之间的均衡供应和调节,用以满足芝麻生长发育的需要,从而充分发挥芝麻生产潜力及肥料的利用效率,避免使用某一元素过量所造成的毒害或污染。

平衡施肥的技术要领

☞ 采集土样分析。

☞ 确定土壤肥力、基础产量。

☞ 确定最佳元素配比与最佳肥料施用量。

☞ 合理施用。

(2)有机肥、无机肥结合施用　有机肥与无机肥配合施用,能提高土壤调水能力,而且增产效果较好。但施用时应根据有机肥料和无机肥料种类的特点,适时、适量运用。使用中应考虑以下几点:

☞ 有机肥料含有改良土壤的重要物质,其形成腐殖质后,具有改善土壤水稳结构和增进土壤保水、保肥能力的作用,能提高芝麻对土壤水分的利用率;化学肥料只能提供芝麻矿质养分,无改土作用,对中下等肥力土壤应尽量多施用有机肥料,并根据土壤矿质养分状况配合施用一定量化肥。

☞ 有机肥料在分解过程中会产生各种有机酸和碳酸,可促进土壤中一些难溶性磷养分转化成有效性养分，在一定程度上提高了土壤磷养分总量。因此，可以适当降低使用化肥磷量的标准。

☞ 有机肥料供肥时间长，肥效缓慢，化肥肥效快，两者具有互补性。因此，有机肥应适当早施，化肥则可根据芝麻需肥情况按需施肥。

☞ 在施用碳氮比比较高的有机肥（如秸秆还田）时，要适量增施氮肥，以防止芝麻脱氮早衰，避免产量下降。

3. 适用条件

水肥耦合效应与土壤状况、芝麻种植方式等密切相关，在不同的土壤条件下，水肥耦合关系也会不同。因此，使用水肥耦合技术时应根据当地具体情况，将灌水与施肥技术有机地结合起来，调控水分和养分的时空分布，从而达到以水促肥，以肥调水，进而使芝麻产量最高，经济效益最好。

4. 与其他节水措施的关联性

水肥耦合技术可以跟各种田间灌水技术、节水高效灌溉制度以及其他农艺节水措施相结合，进行集成配套，形成节水、增产、增效的综合技术模式。

5. 使用成本

农户使用水肥耦合技术除灌水用电费和施用的肥料支出外，一般不需要增加额外的投入。

（四）保水剂的应用

保水剂使用的是高吸水性树脂，它是一种吸水能力特别强的功能高分子材料。无毒无害，反复释水、吸水，因此农业上人们把它比喻为“微型水库”。同时，它还能吸收肥料、农药、并缓慢释放，增加肥效、药效。

1. 保水剂的作用原理

水剂的吸水原理是高分子电解质分子链在水中酰胺基和（或）羧基团同性相斥，使分子链扩张力和由于交联点的限制分子链的扩张力相互作用而成的。以聚丙烯酰胺为例，保水剂会有大量酰胺和羧基亲水基团,其利用树脂内部离子和基团与水溶液相关成分的浓度之差产生的渗透压及高分子电解质与水的亲和力,可大量吸水直至浓度差消失为止。而控制保水剂达到令人满意吸水程度的是橡胶弹力。分子结构交联度越高,橡胶弹力越强,橡胶弹力和吸水力的平衡点即是其表观吸水能力。由于分子结构交联,分子网络所吸水分不能用一般物理方法挤出而起到保水作用。由于分子结构交联,分子网络所吸水分不能用一般物理方法挤出而起到保水作用。

由此,同样组成的聚合物交联度越低,吸水倍率相对越高,其保水性、稳定性和凝强度就越低,反之亦然。所以,国际上对于使用周期较长的保水剂自然要求较高的交联度,并不追求高吸水倍率和速率。以聚丙烯酰胺为例,其表观倍率并不高,吸水速率也依粒径不同差别很大,凝强度高的保水剂吸水后有一定形状,不易解体,利于土壤透气,吸放水可逆性好。因为保水剂一般掺入地下 5 ~ 15 厘米,故国际上现在更强调加压下的吸水倍率。依粒径不同,聚丙烯酰胺型吸纯水倍率为 150 ~ 300 倍。

2. 保水剂的分类

目前国内外的保水剂共分为两大类,一类是丙烯酰胺 - 丙烯酸盐共聚交联物(聚丙烯酰胺、聚丙烯酸钠、聚丙烯酸钾、聚丙烯酸铵等);另一类是淀粉接枝丙烯酸盐共聚交联物(淀粉接枝丙烯酸盐)。

(1)聚丙烯酰胺　聚丙烯酰胺呈白色颗粒晶体状,主要成分为:丙烯酰胺 65% ~ 66% + 丙烯酸钾 23% ~ 24% + 水 8% ~ 10% + 交联剂 0.5% ~ 1.0%。在国际上,法国、德国、日本、美国和比利时等国所生产的保水剂大多属于这类成分的产品。该产品的特点是:使用周期和寿命较长,在土壤中的蓄水保墒能力可维持 4 年左右,但其吸水能力会逐年降低。据黄土区造林试验观察,使用该类保水剂造林后的当年,其吸水倍率维持在 100 ~ 120 倍,第二年吸水倍率降低 20% ~ 30%,第三年降低约 40% ~ 50%,第四年降低更多。

(2)聚丙烯酸钠　聚丙烯酸钠为白色或浅灰色颗粒状晶体,主要成分有:聚丙烯酸钠 88%(其中含钠 24.5%)+ 水 8% ~ 10% + 交联剂 0.5% ~ 1.0%。国内生产的保水剂大多是这种成分的产品。其主要特点是:吸水倍率高,吸水速度快,但保水性能只能保持2年有效。据造林试验观测,这类产品的吸水能力和吸水速率明显高于聚丙烯酰胺产品,在土壤中如遇充分给水,0.5~1.0小时后可迅速吸收自重的130~140倍的水分;但第二年的吸水倍率要降低约60%左右。由于聚丙烯酸钠会造成土壤中钠离子含量的递增,林业和农业用保水剂的生产厂家大多改为生产聚丙烯酸钾或聚丙烯酸铵。

(3)淀粉接枝丙烯酸盐　淀粉接枝丙烯酸盐为白色或淡黄色颗粒状晶体,主要成分为:淀粉18%~27%+丙烯酸盐62%~71%+水10%+交联剂0.5%~1.0%。这种产品在用于造林地蓄水保墒时,使用寿命一般只能维持1年多的时间,但吸水倍率和吸水速度等性状极佳。据实验室对黄土浸提液的吸水对比试验,该类保水剂在遇水后的15~20分内即可吸收自重150~160倍的水分。

3. 保水剂的特点

(1)无毒　安全环保,无毒无味,不污染植物、土壤和地下水等。土壤保水剂和防水土流失剂到最终分解物为二氧化碳、水、氨态氮和钠/钾离子,无任何残留。

(2)保墒省水　可有效抑制水分蒸发,防止水土流失,即使在有灌溉的条件下,仍然可省水50%以上。

(3)改善土壤结构　使黏重土壤,漏水肥的沙土和次生盐碱土壤得以改良。同时促进土壤微生物发育,提高土壤有机物的周转利用效率。

(4)使用寿命长　集多种聚合物之特性,可反复吸水膨胀和释放收缩,在生产中使用寿命可达6年以上,是目前市场上使用寿命最长的土壤保湿产品。

(5)吸水速度快　一般自然水吸至饱和最长时间为15~40分,最快0.4分。

(6)水肥利用率高　土地保水剂在土壤中形成的“小水库”接受施肥,灌溉(或降雨)造成淋溶流失的微量元素减少1/3,保护环境;当再次干旱时,吸足水的保水剂使周围的土壤保持潮湿,以供给植物根系水分。即使在沙漠地区和极端的干旱气候,在年降水量达200

毫米时,也可种草植树。

(7)蓄水不烂根　吸足水的保水剂分子膨胀成为水凝胶晶体,即使紧靠植物根系也不会发生烂根现象。

(8)保水剂性能稳定　即使在极端的干旱条件下,保水剂也不会倒吸植物水分。

4. 保水剂的功能

(1)保水　保水剂不溶于水,但能吸收相当自身重量成百倍的水。保水剂可有效抑制水分蒸发。土壤中渗入保水剂后,在很大程度上抑制了水分蒸发,提高了土壤饱和含水量,降低了土壤的饱和导水率,从而减缓了土壤释放水的速度,减少了土壤水分的渗透和流失,达到保水的目的。还可以刺激芝麻根系生长和发育,使根的长度增加、条数增多,在干旱条件下保持较好长势。

(2)保肥　因为保水剂具有吸收和保蓄水分的作用,因此可将溶于水中的化肥,农药等芝麻生长所需要的营养物质固定其中,在一定程度上减少了可溶性养分的淋溶损失,达到了节水节肥,提高水肥利用率的效果。

(3)保温　保水剂具有良好的保温性能。施用保水剂之后,可利用吸收的水分保持部分白天光照产生的热能调节夜间温度,使得土壤昼夜温差减小。在沙壤土中混有0.1%~0.2%的保水剂,对10厘米土层的温度监测表明,对土温升降有缓冲作用,使昼夜温差减少为11~13.5℃,而没有保水剂的土壤为11~19.5℃。

(4)改善土壤结构　保水剂施入土壤中,随着吸水膨胀和失水收缩的规律性变化,可使周围土壤由紧实变为疏松,孔隙增大,从而在一定程度上改善土壤的通透状况。

5. 保水剂的使用

常用保水剂有无定型颗粒、粉末、细末,片状和纤维状,在国内使用的只有聚丙烯酰胺型的颗粒、粉末和细末。相对应的方法有拌土、拌种或包衣、蘸根。

拌土又可分为直接拌土和复配拌土,复配拌土又可引出喷播。直接拌土一般用于种树,采用原始粒径在2~4毫米,4~6毫米的颗粒,以0.1%干重拌于有效根系周围。复配拌土既可采用上述颗粒,也可采用0.85~2毫米和粉末的0.3~0.85毫米两个粒径。喷播表层时采用粉末保水剂,喷播内层时最好采用0.85~2毫米颗粒,此规格保水剂有更好的保水性,更长寿命,更好的透气性。一旦遇高温干旱,土壤不易板结。0.1%拌土可节水50%~70%,节肥30%以上。

拌种和包衣可为芝麻种子提供一个小水库,使种子早发芽,有利于出苗和壮苗。

蘸根是简单的方法,把超过50目细末放于溶有生根粉的水中搅拌20分,可减少脱水而缩短缓苗期,提高成活率15%~20%。

6. 保水剂使用的注意事项

当前,市场上的保水剂,无论从产地、品名、型号等方面都各不相同,在众多的保水剂中,如何选择一种成本低、效果好的产品,是每个用户都很关心的问题。

选用保水剂时应注意事项

☞ 保水剂的使用寿命在2年左右。

☞ 保水剂的吸水倍率通常在300以上,但是随着使用时间的增加,吸水倍率会减小。

☞ 以淀粉为主要原料的保水剂会自动降解,不会对环境造成危害,如果化学原料的就没有保障了。

二、化学抗旱

芝麻对逆境的适应受遗传特性和芝麻体内生理状况两种因素的制约,后者又与芝麻体内激素有着密切关系。利用生长调节剂等抗旱剂调节和控制芝麻的生长发育与生理生化过程,增强芝麻在水分胁迫下的适应能力,提高植株耐旱性,从而获得较好的产量,是目前较为广泛和有效的芝麻抗旱增产途径之一。

(一)化控方法的主要生理作用

☞ 促进芝麻根系的发育,增强根系的吸水和吸肥能力,特别是吸收土壤深层的水分和养分。

☞ 减小芝麻叶片的气孔开张度,增加气孔阻力,抑制叶面蒸腾,从而减少叶层水分散失,保持植株体内水分。

☞ 补充芝麻营养,从而增强植株的抗旱性。

☞ 通过抑制或增强芝麻植株内部的某些生理生化过程,以增强芝麻的抗旱性。

(二)抗旱剂的种类

抗旱剂是指施在土壤或作物上能减少蒸发或蒸腾或增强作物本身抗旱性的化学物质的总称,其合理应用是提高作物抗旱性和增加作物产量的一条有效、实用的技术途径,对芝麻抗旱增产有着积极的意义。近年来的研究表明,在生产上,应用抗旱剂能够显著提高芝麻的抗旱性,使芝麻在干旱条件下仍能保持正常的生长发育,获得较好的芝麻产量。近年来生产上研究应用得比较多的主要有以下种类:

1. 拌种剂

生物拌种剂含有丰富的芝麻细胞膜稳定剂,能使芝麻具有较强的抗旱性能,具有加快出苗,促进苗齐苗壮,增加绿叶面积和干物质积累,提高个体质量,增强植株抗倒伏性能,确保最大限度发挥芝麻自身生命活力,以抵抗逆境因子而达到增产的目的。

2. FA旱地龙

FA旱地龙是以黄腐酸为主要原料精制而成的多功能植物抗旱生长营养剂和植物抗蒸腾剂,能有效地缩小芝麻叶面气孔开张度,减少蒸腾,提高叶片相对含水量,促进根系发育,提高根系活力,增强根系对水、养分的吸收能力,提高叶绿素的含量和光合强度,促进养分的吸收和提高肥料利用率,增加细胞膜系统保护性关键酶超氧化物歧化酶、过氧化物酶、过氧化氢酶活性和脱落酸、脯氨酸的积累量,降低丙二醛含量和细胞液相对电导率,从而减轻膜脂的伤害,提高芝麻的抗旱性，增加芝麻产量。FA 旱地龙化学抗旱剂是一种有旱抗旱保产、无旱促进增产的理想药剂，属于居国际领先水平的多功能抗旱药物，已经成为目前生产上广泛推广应用的主要抗旱剂之一。

3. 细胞分裂素和外源脱落酸

细胞分裂素通过调节内源激素水平，阻止水分胁迫下芝麻的光合速率、叶绿素含量和叶片水势的下降，提高 1,5 - 二磷酸核酮糖羧化酶、超氧化物歧化酶和过氧化氢酶活性，降低气孔阻力和丙二醛含量，从而减轻水分胁迫下活性氧对细胞膜的伤害，增强芝麻抗旱性。外源脱落酸主要通过调节内源激素而影响芝麻抗旱性，是植株体内在逆境条件下产生的主要适应调节物质。

4. ABT 生根粉

ABT 生根粉是一种广谱、高效、无毒的复合型植物生长调节剂，又称生根促进剂，其作用机制主要是加快种子萌发，促进种子根的显著伸长和叶面积的迅速扩大，有利于形成强大的次生根系，增强植株保水力，提高芝麻抗旱性，达到抗旱节水增产的效果。

5. 2,4 - D、乙烯利、多效唑和粉锈宁

水分胁迫条件下，施用 2,4 - D 和乙烯利改变芝麻体内代谢水平，影响物质合成、积累及转运等一系列生理生化过程，最终反映在生长的生物物理参数变化上，影响芝麻的生长发育。多效唑和粉锈宁能调节芝麻体的内源激素，抑制顶端生长优势和细胞伸长，促进根系大量生长，使植株抗旱性显著增强。

6. MFB 多功能抗旱剂

是以天然甜菜碱为主要成分并经科学组配不同植物营养元素研制而成的一种非毒性渗透调节抗旱剂，其作用机制是能改善芝麻体内代谢，提高植株体的束缚水含量，维持较长的绿叶功能期，从而提高芝麻抗旱性，促进籽粒灌浆，增加芝麻产量。

7. 农林作物抗旱剂

是一种多功能生物降解型天然高分子聚合物，以玉米淀粉为主要原料，采用高新技术研制而成，具有三维空间网状结构，既能吸水吸肥，又能保水保肥。

8. MOC 抗旱剂

具有促根壮秆、抑制蒸腾、补充营养、调节植株内部某些生理生化过程,从而明显提高芝麻的耐旱性和产量,具备高效、无毒、低成本和易行等特点。

9. 多功能保水剂

是一种含有植物生长素等的高分子吸水树脂,吸水能力达 400 ~ 1 200 倍,能在种子周围形成一个含植物生长素的"小蓄水库",为种子发芽生长提供必要的水分和生长物质。土壤保水剂能改善土壤结构,调节土壤水、热、气状况和供水能力,提高土壤肥力和对天然降水的保蓄能力,增强根系吸收合成能力,维持芝麻正常生理代谢及光合生产能力,提高抗旱性,最终增加芝麻产量。

10. 其他抗旱剂

能应用于芝麻的抗旱剂种类很多,除上述外,还有茉莉酸甲酯、外源甜菜碱、外源活性氧清除剂、氯化钙、油菜素内酯、二苯基脲磺酸钙、旱宝 1 号、植抗 4 号、高吸水树脂、RE 包衣剂、钙赤合剂、乙醇胺、多效好、惠满丰、爱农、绿邦、788 诱导剂、EM、SA105、931、945 等。

三、农艺栽培抗旱技术

(一)改土抗旱

改土抗旱技术是应对高温干旱条件下的最重要的防旱抗旱措施,就是通过耕、耙、耱、锄、压等一整套有效的土壤耕作措施,改善土壤耕层结构,更好地纳蓄雨水,尽量减少土壤蒸发和其他非生产性的土壤水分消耗,为芝麻生长发育和高产稳产创造一个水、肥、气、热相协调的土壤环境。改土抗旱包括蓄墒、收墒、保墒三个方面,是干旱缺水地区防旱抗旱的重要措施。主要技术内容包括深耕蓄墒、耙耱保墒、镇压提墒、中耕保墒、深耕、深种和深锄等。同时,可采取选用抗旱良种、科学施肥、合理轮作等配套措施达到抗旱增产的目的。

1. 深耕蓄墒

(1)深耕时间　适时深耕是蓄雨纳墒的关键,深耕的时间应根据农田水分收支状况决定,一般宜在伏天和早秋进行。

(2)深耕深度　耕翻深度因耕翻工具、土壤等条件而异,应因地制宜,合理确定。一般耕深以 20～22 厘米为宜,有条件的地方可加深到 25～28 厘米,深松耕深度可至 30 厘米。

(3)深耕后效　深耕有明显的后效,一般可达 2～3 年。因此,同一块地可每 2～3 年进行一次深耕。

2. 耙耱保墒

耙耱是在耕后土壤表面进行的一种耕作技术措施,耙耱的主要作用是使土块碎散,地面平整,造成耕作层上虚下实,以利保墒和作物出苗生长。

(1)耙耱时间　耙耱可以破除地面板结,纳雨蓄墒。一般要反复进行多次耙耱,横耙、顺耙、斜耙交叉进行,耙耱连续作业,力求把土地耙透、耙平,形成"上虚下实"的耕作层,为适时一播全苗创造良好的土壤水分条件。进行深耕时必须边耕边耙耱,防止土壤跑墒。耙耱作业,可以破除板结,使表层疏松,减少土壤水分蒸发,增加通透性,提高地温,有利于芝麻适时播种和出苗。

(2)耙耱的深度　耙耱的深度因目的而异。耙耱灭茬的深度一般为 5～8 厘米,但耙茬播种的地,第一次耙地的深度至少 8～10 厘米。在播种前几天耙耱,其深度不宜超过播种深度,以免因水分丢失过多而影响种子萌发出苗。

3. 镇压提墒

镇压一般是在土壤墒情不足时采取的一种抗旱保墒措施。镇压后表层出现一层很薄的碎土时是采用镇压措施的最佳时期,土壤过干或过湿都不宜采用。土壤过干或在沙性很大的土壤上进行镇压,不仅压不实,反而会更疏松,容易引起风蚀;土壤湿度过大时镇压,容易压死耕层,造成土壤板结。此外,盐碱地镇压后容易返盐碱,也不宜镇压。

播前、播后镇压。播种前土壤墒情太差,表层干土层太厚,播种后种子不易发芽或发芽不好，尤其是芝麻这类小粒种子，不易与土壤紧密接触，得不到足够的水分时，就需要进行镇压，使土壤下层的水分沿毛细管移动到播种层上来，以利种子发芽出苗。

4. 中耕保墒

中耕是指在作物生育期间所进行的土壤耕作，如锄地、耪地、铲地、趟地等。

(1) 中耕时间　中耕可在雨前、雨后、地干、地湿时进行，亦可根据田间杂草及芝麻生长情况确定。

(2) 中耕深度　中耕的深度应根据作物根系生长情况而定。在幼苗期，作物苗小、根系浅，中耕过深容易动苗、埋苗；苗逐渐长大后，根向深处伸展，但还没有向四周延伸，因此，这时应进行深中耕，以铲断少量的根系，刺激大部分根系的生长发育；当芝麻根系横向延伸后，再深中耕，就会伤根过多，影响芝麻生长发育，特别是天气干旱时，易使芝麻凋萎，中耕又宜浅不宜深，因此，在长期生产实践中总结出“头遍浅，二遍深，三遍培土不伤根”的经验。

5. 其他配套技术

(1) 要选用良种　因地制宜地选择抗旱良种，并做到适时播种。

(2) 科学施肥　结合深耕，施足有机肥，亩增施农家肥4.5米^{3}以上。根据土壤肥力状况和作物产量水平确定合理的施肥量及氮、磷、钾肥的比例。

(3) 合理轮作。

(二) 地面覆盖抗旱

地面覆盖是在芝麻田土壤表面覆盖作物秸秆或农用塑料薄膜等，来减少土壤水分的蒸发、调节土壤温度等的农业措施。地面覆盖保墒技术在我国有着悠久的应用历史，在抗旱生产中起着重要的作用。

1. 地面覆盖的作用

☛ 地膜覆盖可以涵养土壤水分，增加土壤水的储蓄量，抑制土壤水分的蒸发。

☞ 可以提高农田水分的利用率。

☞ 可以改善土壤物理性状，降低土壤容重，增加土壤孔隙度，从而提高土壤的蓄水保墒能力。

☞ 还抑制杂草的生长，减少土壤水分的消耗。

2. 地面覆盖抗旱措施

目前，应用较广的是采用作物秸秆覆盖和地膜覆盖技术。我国农业区秸秆丰富，大部分被用作燃料或者白白烧毁。近年来，随着农业科研的深入，秸秆用于农田覆盖已被广大农业生产者所接受，秸秆覆盖对蓄水保墒、培肥土壤、增产增质有着重要作用，是芝麻抗旱生产上既经济又实惠的农业生产技术。地膜覆盖栽培在芝麻生产上已发展成一项重要的生产技术，它比秸秆覆盖更具有保墒、节水效应，重要的是薄膜覆盖前要有较好的土壤墒情，同时要注意揭膜纳水。两种地面覆盖抗旱措施具体如下：

(1)机械化秸秆覆盖保墒　秸秆覆盖就是利用秸秆、干草、残茬、树叶等植物性物质覆盖在土壤表面。秸秆覆盖可以明显减少水分蒸发。经测试：1 米土层含水量，玉米地覆盖比不覆盖的高 0.37%～4.45%；麦田高 0.79%～2.24%。秸秆覆盖除了保墒以外，还有调节地温、培肥地力、改善土壤物理性状的作用。

机械化秸秆覆盖保墒技术，是采用机械作业将秸秆抛撒在地里或预备进行覆盖地表，其特点是生产效率高，作业质量好。

秸秆覆盖量多或少对覆盖效果有一定的影响，农作物的产量随着覆盖量的增加而增加，但秸秆覆盖的也不能过多，否则适得其反。覆盖材料为玉米秆，则适宜的覆盖量为 6 000～7 500 千克/公顷。

(2)机械化塑料膜覆盖保墒技术　地膜覆盖的保墒作用主要表现在覆盖后土壤水分与大气交换受到地膜的阻隔，有效地控制了土壤水分向大气蒸发。另外，由于地膜覆盖后，地表温度升高，在无重力水的情况下，由于土壤热梯度的差异，促使深层水分向上移动，起到提水贮墒于土壤上层的作用。

机械铺膜既要满足地膜覆盖栽培的农艺要求，又要与铺膜机的使用很好地结合，达到既满足农艺要求又发挥机械化作业的优势。机械铺膜的最基本的农艺要求是用地膜把加工好的含有一定量水的土壤（土床）包盖起来，要求展平、贴实、封严、固定牢靠。

（三）优化施肥抗旱

优化施肥抗旱技术是指通过对施肥时间、种类和结构的优化而达到抗旱目的的施肥技术。主要包括以下技术手段：

1. 增施有机肥

包括农家肥、绿肥、秸秆还田等，有机肥深施，肥效持久，具有明显的改土培肥的作用，能够全面调节土壤的水、肥、气、热状态，而且可以提高化肥肥效。同时增加土壤团粒结构，增大田间持水量，有机质有持水作用，可以增施有机肥，让有机质帮助土壤提高水分利用率，是节水抗旱的重要途径。

2. 增施磷、钾肥

磷肥促进早发根、快发根，提高抗旱能力，磷肥作底肥一次性施入。钾肥对作物的生长发育有多方面的作用，增施钾肥促进根系发达，茎秆粗壮。施钾能提高作物抗旱、抗寒和抗病能力及改善品质。资料表明，干旱年不同时期施用氮肥对其增产效果不显著，氮肥以施足基肥为原则。

3. 化肥要深施

化肥深施利于作物吸收，避免烧种烧苗，适应农作物需求，也符合肥料的特性。生产实践证明，化肥合理深施可以减少肥料损失，提高化肥利用率，增强肥效，尤其干旱年份增产效果显著。

4. 要合理施肥

施肥要有个限度，要合理施肥，要适量，超过了这个限度，就是过量施肥，并不是施肥越多越好。芝麻产量的增加与肥料用量并不等比，尤其是化肥的过量使用不仅不会增加产量，还会直接影响食物安全，威胁人类健康和生态环境质量。

5. 推广深施种肥和播种一次完成的多用耕播机

使用免耕分施种肥多用耕播机，可实现深施肥与播种一次性完成，提高作业质量，确保全苗。

6. 喷洒叶面肥

叶面施肥是一种经济合理的施肥方式，其实叶面肥多数只是大量元素氮、磷、钾与微量元素锌、铜、锰、钼等混合溶解在水中，对改善作物品质和提高产量确有一定作用。叶面肥的种类繁多，使用叶面肥要有针对性，对症下药。为了与抗旱相结合，可以降低应用浓度，减少喷液量，增加追肥次数。

（四）选用抗旱性品种

同一作物不同品种的抗旱、耐旱能力差异较为显著。选用抗旱芝麻品种，利用品种对干旱环境的适应性，能有效提高对水分的利用率，同时能降低芝麻对水分的过分依赖，有效降低干旱对芝麻生产的影响，从而保证芝麻的产量产值。同芝麻品种的抗旱性不同，选用抗旱性强的品种是节水栽培的途径之一。

就一般情况而言，易发生旱灾地区对芝麻品种的选择，应选择耐旱高产的优种，即在遭遇干旱时，由于耐旱能力强，减产幅度小，产量比较稳定，在正常或多雨年份又有较大的增产潜力的品种。那些虽然抗旱稳产，但增产潜力不大的品种和那些产量大起大落，高产不抗旱的品种，均不适宜旱地种植。

生产实践表明，在非灌溉和干旱条件下抗旱品种的增产幅度为20%~30%。芝麻品种的抗旱性与稳产性有一定相关性，通常稳产性较好的品种，也表现出一定的抗旱性。郑芝系列、冀芝系列、晋芝系列等品种均有较好的抗旱性，可因地选用。

（五）适期早播

调整芝麻播期，使芝麻生育期耗水与降水相耦合，可以提高芝麻对降水的有效利用。尤其对于灌区，根据降雨季节变化特点，合理安排作物种植比例，可有效缓解用水矛盾。芝麻适时抢墒早播，可使芝麻种子能够充分利用前茬水分发芽扎根，实现保全苗、育壮苗。同时早播可利用前期气温偏低的气候条件，控制幼苗地上部分徒长，又可利用早夏干旱少雨的特点，促使芝麻根系向土壤深层伸展，促进芝麻根系发育，达到控上促下的蹲苗作用。

适期早播主要特点

☞可适当延长芝麻的营养生长期，充分利用光照和积温，积累更多的营养物质，促进植株生长健壮，为蒴大、粒多、粒重、早熟高产打下良好的基础。

☞能显著地增强植株的抗旱、抗倒伏能力，因为适时早播，使苗期处在低温干旱的天气条件下，地上部分生长缓慢，茎节粗短，但有利于根系生长，根系发达，扎根深，分布广，吸收范围广，从而能增强植株的抗旱性。

☞适时早播可以在地下虫害发生以前发芽出苗，至虫害发生时，苗已长大，抵抗力增强，因而减轻苗期虫害，保证全苗。还可以避过或减轻中后期病虫盛发期危害。

☞可使芝麻提早开花授粉，避过高温多雨天气的影响，有利授粉结实，减少空蒴、缺粒等。

"夏种晚一天，秋收晚十天"，晚熟易遭受霜害，使籽粒不能充分成熟而降低产量和品质。芝麻适时早播既有利于抢墒出苗，又可避过伏旱，使植株授粉受精良好获得丰产；但是过早播种对芝麻生长也不利，主要由于可能遇到晚霜危害，招致严重减产。

（六）减轻病虫害危害

从历史上看，大旱之年往往是病虫害的高发年。蝗虫、斜纹夜蛾、蚜虫等病虫害都可能对芝麻生长构成严重危害。同时，病虫害对芝麻的危害可进一步加重高温干旱的对芝麻的影响。芝麻受到病虫侵害后，其局部或全株受到影响，同时植株会发生一系列生理生化变化。

（七）敏感期补水

敏感期补水技术是节水灌溉技术的一个重要组成部分。即用尽可能少的水的投入，取得尽可能多的农作物产出的一种灌溉模式，它是遵循芝麻生长发育需水机制进行的适时灌溉，又是把各种水的损失降低到最小限度的适量灌溉，包含着节水与高效的双重含义。它是把有限的灌溉水量在芝麻对水分最为敏感的生育时期内进行最优分配，以提高灌溉水向根层贮水的转化效率和光合产物向经济产量转化的效率，达到水分利用效率最大化的技术措施。敏感期补水技术一般不需要增加投入，只是根据芝麻生长发育的规律，对灌溉水进行时间上的优化分配，农民易于掌握，是一种投入少、效果显著的管理节水措施。因此，敏感期补水技术是当前农艺栽培抗旱技术的一项主要内容。

根据芝麻的生长发育规律及生产和实际需要，有目的地不充分供给水分，使芝麻经受水分胁迫，在特定时期限制某些方面的生长发育，达到节水又增产的调亏灌溉技术也将进入实用。今后，我国绝大多数灌区都将实施节水灌溉制度，在水资源紧缺的地区，非充分灌溉、限额灌溉等会有大规模的发展。芝麻生长发育的自然条件和农业耕作技术对节水高效灌溉制度有很大的影响，由于不同地区或不同年份的自然条件和农业技术有很大差异，所以，同一种品种在不同地区或不同年份的水分敏感期往往也是不同的，必须根据具体条件来确定。但一般来讲，芝麻营养生长与生殖生长并进的开花期对水分丰缺反应较为敏感，此期灌水芝麻的水分利用率最高。

第八章

芝麻洪涝渍害与防救策略

本章导读：本章介绍了洪涝灾害的发生原因及特点和芝麻的耐渍涝能力，阐明了洪涝渍害对芝麻不同生育时期生长发育的影响，最后提出了洪涝渍害的针对性综合防救措施，旨在使读者深入了解洪涝渍害的危害机制，掌握芝麻抗洪涝渍害防救技术。

芝麻涝害是指土壤水分达到饱和时对芝麻正常生长发育所产生的危害。在芝麻主产区，由于自然降雨不均匀和粗放式灌溉造成的局部或短期涝害非常普遍，一些年份芝麻生长季节雨量过大、过于集中时，大面积涝害也时有发生。1949～1982 年，34 年间河南省芝麻主产区单产因涝害大减产的年份就达 14 年；湖北、安徽芝麻生产也因渍害使产量起伏较大，如 1982 年因降水量过多，平均产量均不足 20 千克/亩。涝害严重威胁着芝麻生产，涝害频繁是我国历年芝麻单产低而不稳的主要原因。因此，了解洪涝渍害的成因、特点和对芝麻的影响，掌握洪涝渍灾的防救措施，对于稳定发展芝麻生产具有重要意义。

第一节 洪涝渍害的成因及特点

一、洪涝渍害的成因及类型

涝害是因降水过多、土壤含水量过大，使作物生长受到损害的现象。

土壤含水量超过作物生长适宜含水量的上限，而田面未现出明水时，称为“渍”；田面有积水时，称为“淹”；降雨积水成灾，谓之“涝”。渍、淹、涝对作物生长所造成的危害，总称为涝害。这是淫雨连绵或集中暴雨，排水条件差，过多的雨水不能及时排走，滞留地面而形成的。地下水埋深浅，上层土壤极易蓄满，易形成渍涝，并伴有沼泽化和盐碱化现象。

（一）生理因素

芝麻渍涝害首先表现在根系。芝麻的根属于直根系，由主根、侧根和细根组成。主根有种子萌发时的胚根直接延伸生长而成，基部粗壮，向下突然变细。侧根着生于主根基部，条数不多，长短和粗细差别很大。细根则着生于侧根基部，条数较多，呈细密状分布。每条跟的尖端部分都密生很多细嫩的根毛，形成稠密而集中的根群。芝麻根系的发育与抗性有非常密切的关系，因为根系是芝麻最主要的吸收器官。芝麻生长发育所需要的水分和养料，绝大部分要靠根系从土壤中吸收，只有根系发育良好，活力强，才能保证其植株营养的充分供给，使植株生长健壮，增强其对不良环境的抵抗力。

芝麻现蕾后日生长量迅速，地上部分日生长量达 5 ~ 7 厘米，而芝麻根系浅，在初花期以后，芝麻根系生长特别迅速，在 20 天内基本形成，深度达 115 厘米左右，但大量的侧根和细根则一般分布在 15 厘米左右的土层内，而农田渍水恰恰表现在耕作层渍水，使根系处在缺氧或无氧的环境中，造成无氧呼吸产生大量有害物质，减少了根系对水分和矿质元素的吸收，容易变褐枯死，形成烂根。据研究当芝麻受到涝渍威胁时根系活力降低，伤流量下降，根系鲜重减少。

（二）气象因素

芝麻主要生育期在雨量比较集中的夏季，且降水量年际间变化较大，就河南省而言，年平均降水量 670 毫米，夏季降水集中，可达全年的 70%，且多以暴雨出现；湖北省年均降水量 1 166 毫米，但因受季风气候影响，年内、年际之间的差别很大，年降雨多集中在 5 ~ 8 月，一般占全年的 50% ~ 70%；安徽省多年的平均降水量为 883 毫米，降水量的 50% ~ 80% 都集中在 6 ~ 9 月；江西省多年平均降水量为 1 638 毫米，6、7 月平均降水量可达 300 毫米左右，正是秋芝麻的播种期至苗期。据气象报告分析，我国芝麻主产区，在芝麻苗期至初花期，旬降水量 > 150 毫米，盛花期至收获期的旬降水量 > 300 毫米，均可造成渍涝灾害。由于我国整体气候条件受东南季风气候影响，在芝麻的整个生育期内，都有可能遭受洪涝灾害的影响，造成芝麻产量的不同程度减产，遇到极端年份，多雨天气甚至可以导致芝麻绝收。

（三）地理因素

降水、地表水、地下水和土壤水等是农田渍涝形成的直接动力，地下水位随着降水量的增加而增高，特别是连续降雨的情况下，降水入渗补给地下水量极为明显。我国芝麻主产区正处于暖温带向北温带过渡地区，由于降水分布十分不均匀，60%的降雨集中在6～9月，且暴雨、连阴雨较多，加之地势低洼，区域内土壤母质黏重、有机质含量低、干时板结、干裂，湿时膨胀泥泞，蓄水保水能力差，透水性差，降水一旦稍多，就会造成土壤饱和，土壤过湿，形成渍涝。另外，由于部分芝麻种植在较为劣等的地块、边角地块，地形岗洼不平，无排灌条件，排水状况不良，也极易造成洪涝灾害的发生。

二、芝麻的耐渍涝能力

芝麻是我国重要的油料作物之一，也是世界范围内广泛栽培和利用的优质油料和特色经济作物。但芝麻对渍害极为敏感，渍害易引起芝麻植株萎蔫甚至死亡，同时可诱导或加重茎点枯病、枯萎病等病害的发生，导致芝麻产量大幅度减少和品质下降，严重危害我国芝麻生产。芝麻对渍害胁迫最敏感的时期为盛花期。黄淮、江淮和长江流域的河南、湖北、安徽和江西等芝麻主产区在6～8月降水量较为集中，此时正值芝麻花期，容易发生渍害，一般会造成芝麻减产15%～30%，严重时减产达50%～90%，甚至绝收。近年来，由于气候变化异常，芝麻主产区内的芝麻在生育期内湿害发生频繁，并表现出多个生育阶段皆有渍害发生且危害较重的特点，严重挫伤了农民种植的积极性，导致芝麻种植面积进一步萎缩，总产量大幅度下降。

不同来源品种对渍害胁迫的反应是有一定差异的，不同区域的品种在平均正常株率和平均渍害产量方面存在较大差异，自黄河以北（包括辽宁、山西和河北）至河南地区再到长江流域（包括湖北、安徽和江苏），渍害胁迫后出现品种平均正常株率和渍害产量分别依次增加,而渍害减产率依次降低的趋势。芝麻对渍害的敏感性或耐渍性表现为复杂的数量性状,它不仅受多基因调控,还受外部环境的影响,芝麻渍害胁迫后的生长受到抑制,后续效应持续到生长后期。

三、渍害土壤生产力与施肥效应

土壤是岩石圈表面的疏松表层,是陆生植物生活的基质和赖以生存的物质基础,人类耕作、劳动的对象。土壤生产力是指特定地区土壤在一定管理方式下生产某种作物或一系列作物的水平,是土壤产出农产品的能力,是由一系列土壤物理化学性质构成的综合体。土壤生产力取决于作物根系深度、土壤耕作层厚度、土壤有效含水量、植物养分储存、地表径流、土壤耕性和土壤有机碳等多种因素。

土壤中某一肥力因子达到一定水平时,对土壤肥力的贡献就达到最大,不会无限地对当季作物发挥土壤的潜在肥力,即肥力因子存在着上限值。土壤肥力综合指标值评估,发现渍害类型土壤其土壤潜在肥力较高,只要在疏通沟渠,降低地下水位的条件下,改善土壤的通气状况,就能充分发挥土壤潜能,提高作物产量。渍害土壤不施肥或不施氮肥则无法获得高产。芝麻生长期间雨水较多,常受到一定程度的涝渍灾害影响,产量就要偏低,同时降水较多和夏季温度较高都有可能导致氮素损失增多,因此,多种因素导致芝麻对氮肥利用率偏低。受到渍害的土壤在及时排出多余水分的同时,也将会带走大量的营养元素,因此,对于渍害土壤应及时地补充氮、磷、钾肥及多种微量元素,是保证土壤养分含量、芝麻植株生长恢复的重要措施。

第二节 洪涝渍害对芝麻生长发育的影响

一、不同芝麻品种幼苗期生长对湿涝胁迫的响应

芝麻是对湿害敏感的作物,其耐湿性评价是芝麻遗传改良的重要内容。

根据对芝麻种子发芽期进行淹水处理,分析相关指标的反应特点,拟探索和建立一种快速有效的芝麻发芽期耐湿性评价方法,用于耐湿种质鉴定,对我国部分芝麻核心种质、高代品系和育成品种共222 份材料淹水处理 9 小时,以相对成苗率为评价指标,分析其发芽期耐湿性遗传差异。结果表明,222 份材料的相对成苗率平均为35. 57% ,变幅为 0 ~94. 19% ,变异系数为 65. 94% ,说明这些材料芽期耐湿性存在较为广泛的变异。从相对成苗率的分布可以看出,222 份材料的发芽期相对成苗率呈偏态分布,相对成苗率在 10% ~20% 的最多,以后随着相对值的增加,芝麻材料份数逐渐减少。

根据作物耐湿性等级划分方法及芝麻种质资源耐湿性鉴定结果,芝麻发芽期耐湿性划分 5 个等级:高耐(相对成苗率≥80%),耐湿(60% ≤相对成苗率 <80%),中耐(40% ≤相对成苗率 <60%),不耐(20% ≤相对成苗率 <40%),极不耐(相对成苗率 <20%)。依此标准,222 份材料发芽期耐湿性表现为极不耐的最多,共有 70 份,占全部材料的 31. 53% ;其次为不耐的材料,有 69 份,占 31. 08% ;中耐的材料有 43 份,占 19. 37% ;耐湿的材料有 28 份,占 12. 61% ;高耐的材料有 12 份,占全部材料的 5. 40% 。研究显示筛选耐湿性材料、培育耐湿性品种是可行的,但多数材料对湿害敏感,表现耐湿或高耐

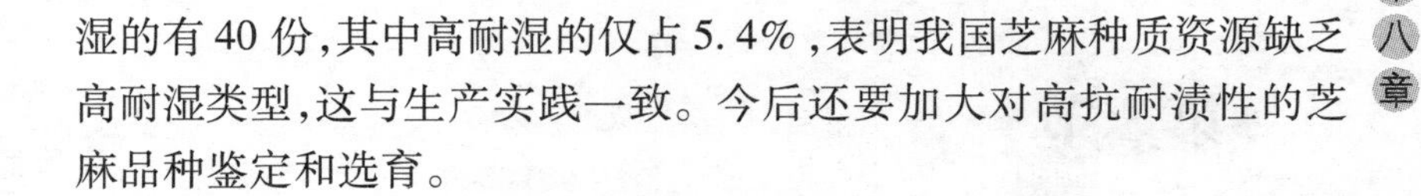

湿的有40份,其中高耐湿的仅占5.4%,表明我国芝麻种质资源缺乏高耐湿类型,这与生产实践一致。今后还要加大对高抗耐渍性的芝麻品种鉴定和选育。

二、中后期洪涝渍害对芝麻产量品质的影响

渍涝害发生后芝麻整体表现为植株矮小,生长缓慢。渍涝害形成后,根系在明水与暗渍的共同胁迫下,通风透气不畅,发育不良,更易感染繁殖速度快的多种病菌,使根系的数量和根系的重量都明显低于正常植株,并且根系在土壤中分布范围减小,吸收养分及抗倒伏能力都会减弱。据研究表明,渍涝害发生以后芝麻易早衰,日生长量减少,株高降低,心叶易出现缺铁性黄化,并出现叶缘卷曲和褐色斑点,当连续淹水后,植株对淹水敏感度下降,且经历早期淹水驯化对其后期淹水下的营养生长有促进作用。盛花后期淹水时,叶片黄化症大大减轻,但相对生物量下降明显,然后有所恢复。芝麻生长前期受渍害后,枯萎病发生严重,死病株率较高;芝麻生长后期受渍害影响是茎点枯病发生的高峰时期。芝麻受渍害后死病株率出现两个高峰期,分别是定苗至开花期,封顶期至成熟期,因此初花期和灌浆期是预防芝麻渍涝害的关键时期。

中后期受到洪涝渍害的芝麻单株结蒴数、每蒴粒数、单株千粒重、单株产量均较正常生长的芝麻有不同程度的降低,并且随着淹水时间的延长,下降的幅度增大;渍害的芝麻单株秕粒率较正常生长的芝麻升高,并且随着淹水时间的延长,单株秕粒率升高的幅度也增大。

第三节 洪涝渍害的防救策略

一、改善农田排灌条件

建立渍涝灾害的预警和预报系统;加强水利工程建设,特别是要搞好田间排水工程,遇到较大的降雨时,能及时排出由于暴雨产生的地面积水,使田间无积水,并在积水消退后及时将地下水分调控到适当的深度。尽量缩短渍涝时间,渍涝共存地区可利用沟网、暗管、鼠道、泵站等几种工程措施相结合。在田间修筑沟渠,大中小沟兼备,做到渠渠相连,沟沟相通;当雨季不需灌溉时,为防止降雨引起的渍害问题,可在田间打鼠道、修建暗管,以提高抗涝防渍能力。

二、改平播为起垄种植

平播芝麻是一种常见的传统的芝麻种植方式,它最大的不利在于一旦发生洪涝灾害,田间积水和土壤水分不能够及时有效的排出,从而导致芝麻受到严重的渍害,影响芝麻产量,严重时甚至绝收。因而需要采取一些新的耕作方法和栽培模式,采用起垄或沟厢种植,能够创造一个良好的芝麻根部通气条件,是一种预防渍害的好方法。沟垄或沟厢种植能使田间既能排明水,又能滤暗渍,调解土壤水气矛盾,也有利于通风透光,涝后易排水,其根基覆土有利于近地表次生根发生,有利于植株生长发育。沟垄种植一般是采用条播,平均行距40厘米或宽窄行种植,宽行50厘米,窄行30厘米。在芝麻生长到

3～4 对真叶时，在宽行开沟，向两边覆土形成沟垄；沟厢种植一般厢宽 1.5～2 米，厢沟宽 30 厘米左右，沟深应深于耕层。

三、防救策略

（一）及早排除田间积水

尽快及早排出地面积水。对无沟田块要抢先人工开挖简易沟，迅速排除田面积水；对有沟但不通的要组织开通沟头，理清沟底；对田外沟较浅的要组织清理加深，确保排水畅通，根据地形在田间挖设排水沟进行自流排水，地势低洼的地方要四周筑起“防水墙”，利用水泵进行机械排水，确保 24 小时以内将地表明水，耕层渍水排出田间。机械排水与自流排水相结合，挖设排水沟，才能把田间积水和耕层渍水尽快排出。

（二）增施追肥

及时追肥，一般施用尿素 5～8 千克/亩，以补充土壤中的养分含量，增强作物的抗渍能力。肥料追施种类以氮肥、钾肥为主，配合使用一定量的磷肥，施肥量应超过常规的作物旺盛生长期的追肥量，追肥方法以穴施或开沟施肥为好；配合土壤追肥还可以进行叶面喷施微肥，喷肥方法为雨后田间积水排除后用 1%～2% 尿素溶液和 0.2%～0.4% 磷酸二氢钾或 5% 草木灰溶液，喷施剂量一般为 30～40 千克/亩，同时可使用 40% 多菌灵悬浮剂 700 倍液和 40% 氧化乐果 1 000～1 500 倍液喷雾，喷施在芝麻茎叶表面，对灾后芝麻病虫害进行预防，隔 4～7 天后再次喷施叶面肥 1 次，连续喷施 2～3 次。

（三）中耕松土散墒、增温

渍后松土并结合施肥，能起到促苗增蔸的作用，由于初次中耕湿度大，要扯泥条浅锄，锄成泥块，立于田面而不打碎推平，以利散墒通气，当土块散垡易碎时，再进行精细中耕，以利于通气增温。松土能破除板结，使土壤疏松透气，但中耕不宜太深，以免伤及根系太多，影响芝麻恢复生长，同时中耕要与培土相结合，做好埋根、防倒工作。

（四）防病治虫

涝渍灾害后芝麻病害较多,主要是枯萎病、青枯病、茎点枯病、叶斑病和细菌性角斑病。具体防治方法是:每亩每次用绿亨3号40克+雷力极可善50克+水50千克,或绿亨6号40克+甲基硫菌灵可湿性粉剂50克+水50千克以喷茎秆为主,5~7天喷1次,连喷2~3次,可有效防治上述病害。其次防治蟋蟀。蟋蟀啃破芝麻基部茎皮,导致发病。亩用0.15千克90%晶体敌百虫加1千克热水溶化后,均匀喷在5千克炒香的麸皮上,于傍晚撒于田间诱杀。

第九章

冰雹对芝麻的危害与防救策略

本章导读：本章介绍了冰雹的发生原因及特点和我国冰雹灾害的地理分布特点、时间分布特点和受灾体特点，分析了冰雹灾害对农业的影响，并提出了五方面的农业生产防灾抗灾措施。旨在使读者深入了解冰雹灾害的危害机制，掌握针对冰雹的芝麻防灾减灾技术。

冰雹灾害发生的地区范围虽然较霜冻害、旱害和涝害等灾害小，但对发生的地区却往往是比较严重的灾害，它不仅使农、林、牧等生产遭受极大损失，甚至绝收，而且严重的雹灾会造成人畜伤亡和房屋倒塌。因此，掌握冰雹的成因、活动规律及防御和补救的方法，对争取芝麻丰收有着重要的意义。

第一节 冰雹的成因及特点

冰雹是坚硬的球状、锥状或形状不规则的固态降水。人们常称为“雹”，俗称“雹子”，有的地区叫“冷子”，冰雹其状小如绿豆、黄豆，大似栗子、鸡蛋，特大的比柚子还大，夏季或春夏之交最为常见，冰雹灾害是由强对流天气系统引发而产生冰雹的一种剧烈的气象灾害，它出现的范围虽然较小，时间也比较短促，但来势猛、强度大，并常常伴随着狂风、强降水、急剧降温等阵发性灾害性天气过程。中国是冰雹灾害频繁发生的国家，除广东、湖南、湖北、福建、江西等省冰雹较少外，各地每年都会受到不同程度的雹灾。尤其是北方的山区及丘陵地区，地形复杂，天气多变，冰雹多，受害重，对农业危害很大，猛烈的冰雹打毁庄稼，损坏房屋，人被砸伤、牲畜被打死的情况也常常发生，每年都给农业、建筑、通信、电力、交通以及人民生命财产带来巨大损失（图 9 – 1、图 9 – 2）。据有关资料统计，我国每年因冰雹所造成的经济损失达几亿元甚至几十亿元，因此，雹灾是我国严重灾害之一。

图9-1 冰雹

图9-2 冰雹预警图释

因此,我们有必要了解冰雹灾害时空动荡格局以及冰雹灾害所造成的损失情况,从而更好地防治冰雹灾害,减少经济损失。

一、冰雹的成因

冰雹和雨、雪一样都是从云里掉下来的。不过下冰雹的云是一种发展十分强盛的积雨云,而且只有发展特别旺盛的积雨云(图9-3)才可能降冰雹。

大气中有各种不同形式的空气运动,形成了不同形态的云。因对流运动而形成的云有淡积云、浓积云和积雨云等。人们把它们统称为积状云。它们都是一块块孤立向上发展的云块,因为在对流运动中有上升运动和下沉运动,往往在上升气流区形成了云块,而在下沉气流区就成了云的间隙,有时可见蓝天。

积状云因对流强弱不同而形成各种不同云状,它们的云体大小悬殊。如果云内对流运动很弱,上升气流达不到凝结高度,就不会形成云,只有干对流。如果对流较强,可以发展形成浓积云,浓积云的顶部像椰菜,由许多轮廓清晰的凸起云泡构成,云厚可以达4~5千

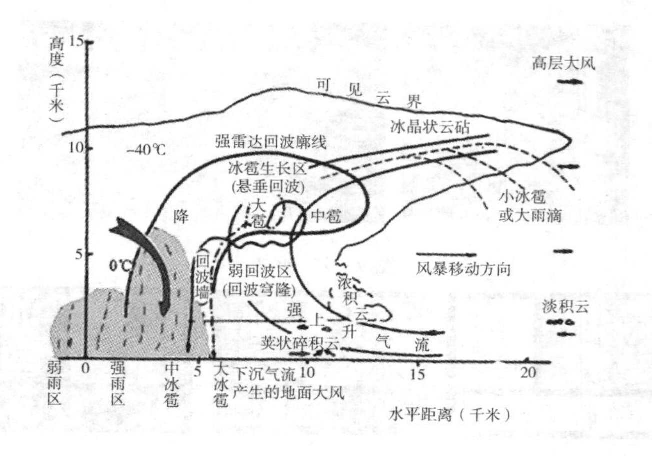

图9－3　形成冰雹的积雨云结构

米。如果对流运动很猛烈，就可以形成积雨云，云底黑沉沉，云顶发展很高，可达10千米左右，云顶边缘变得模糊起来，云顶还常扩展开来，形成砧状。一般积雨云可能产生雷阵雨，而只有发展特别强盛的积雨云，云体十分高大，云中有强烈的上升气体，云内有充沛的水分，才会产生冰雹，这种云通常也称为冰雹云(图9－4)。

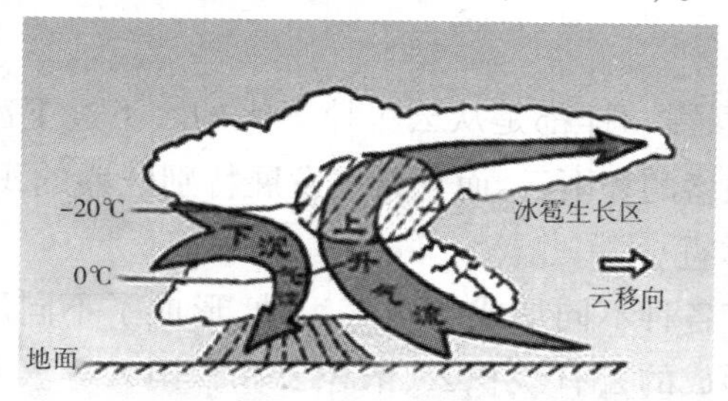

图9－4　冰雹云气流分布

冰雹云是由水滴、冰晶和雪花组成的。一般为三层：最下面一层温度在0℃以上，由水滴组成；中间温度为0～20℃，由过冷却水滴、冰晶和雪花组成；最上面一层温度在－20℃以下，基本上由冰晶和雪花组成。

在冰雹云中气流是很强盛的，通常在云的前进方向，有一股十分强大的上升气流从云底进入又从云的上部流出。还有一股下沉气流从云后方中层流入，从云底流出。这里也就是通常出现冰雹的降水区。这两股有组织上升与下沉气流与环境气流连通，所以一般强雹云中气流结构比较持续。强烈的上升气流不仅给雹云输送了充分的水汽，并且支撑冰雹粒子停留在云中，使它长到相当大才降落下来（图9－5）。

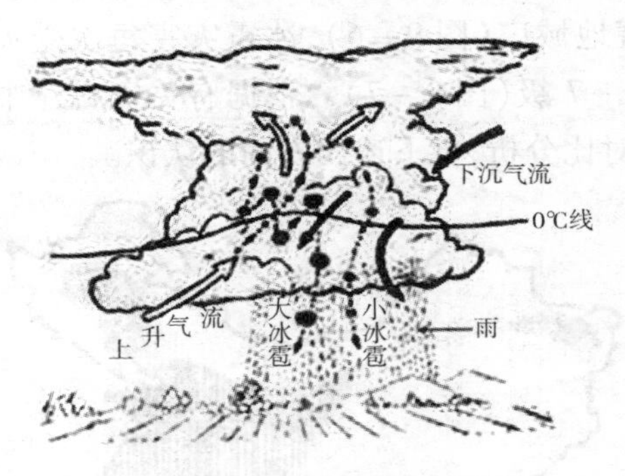

图9－5　冰雹的形成

二、冰雹的特点

冰雹的特征

☞ 局地性强，每次冰雹的影响范围一般宽几十米到数千米，长数百米到十多千米。

☞ 历时短，一次狂风暴雨或降雹时间一般只有2～10分，少数在30分以上。

☞ 受地形影响显著，地形越复杂，冰雹越易发生。

☞ 年际变化大，在同一地区，有的年份连续发生多次，有的年份发生次数很少，甚至不发生。

☞ 发生区域广，从亚热带到温带的广大气候区内均可发生，但以温带地区发生次数居多。

（一）我国冰雹灾害的地理分布特点

冰雹活动不仅与天气系统有关，而且受地形、地貌的影响也很大。我国地域辽阔，地形复杂，地貌差异也很大，而且我国有世界上最大的高原，使大气环流也变得复杂了。因此，我国冰雹天气波及范围大，冰雹灾害地域广（图 9－6），冰雹灾害每次受灾的程度级别不同，可以分为 1～7 级（图 9－7）。根据有关资料对中国冰雹灾害的空间格局进行对比分析，有下述四方面的认识。

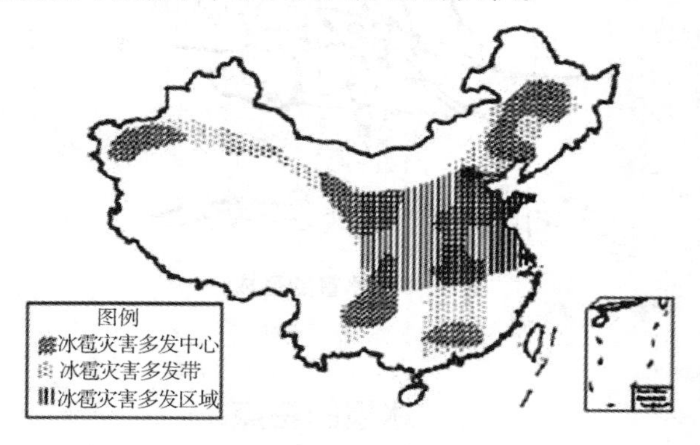

图 9－6　中国冰雹灾害多发区总体分布格局

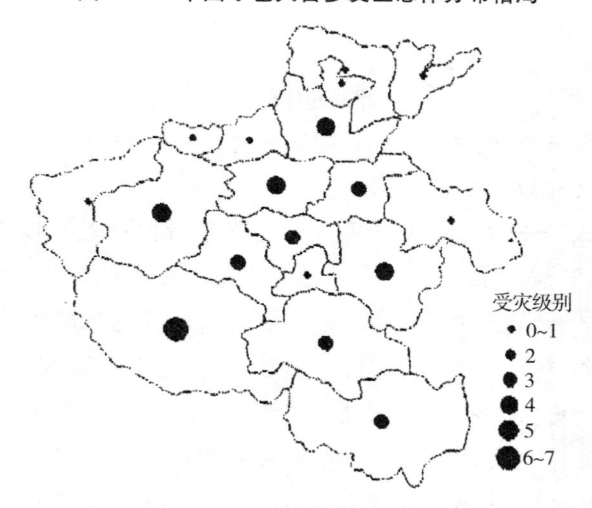

图 9－7　河南省冰雹灾害空间分布

1. 雹灾波及范围广

虽然冰雹灾害是一个小尺度的灾害事件，但是我国大部分地区有冰雹灾害，几乎全部的省份都或多或少地有冰雹成灾的记录，受灾的县数接近全国县数的一半，这充分说明了冰雹灾害的分布相当广泛。

2. 冰雹灾害分布的离散性强

大多数降雹落点为个别县、区。

3. 冰雹灾害分布的局地性明显

冰雹灾害多发生在某些特定的地段，特别是青藏高原以东的山前地段和农业区域，这与冰雹灾害形成的条件密切相关。

4. 中国冰雹灾害的总体分布格局

中东部多，西部少，空间分布呈现一区域、两条带、七个中心的格局。

其中一区域是指包括我国长江以北、燕山一线以南、青藏高原以东的地区，是中国雹灾的多发区；两条带指中国第一级阶梯外缘雹灾多发带（特别是以东地区）和第二级阶梯东缘及以东地区雹灾多发带，是中国多雹灾带；七个中心指散布在两个多雹带中的若干雹灾多发中心：东北高值区、华北高值区、鄂豫高值区、南岭高值区、川东鄂西湘西高值区、甘青东高值区、喀什阿克苏高值区。

（二）我国冰雹灾害的时间分布特点

总体来说，中国冰雹灾害的时间分布是十分广泛的。尽管一日之内任何时间均有降雹，但是在全国各个地区都有一个相对集中的降雹时段。有关资料分析表明，我国大部分地区降雹时间70%集中在地方时13～19时，以14～16时之间为最多。湖南西部、四川盆地、湖北西部一带降雹多集中在夜间，青藏高原上的一些地方多在中午降雹。另外，我国各地降雹也有明显的月份变化，其变化和大气环流的月变化及季风气候特点相一致，降雹区是随着南支急流的北移而北移，而且各个地区降雹的到来要比雨带到来早1个月左右。一般说来，福建、广东、广西、海南、台湾在3～4月，江西、浙江、江苏、上海在3～8月，湖南、贵州、云南一带、新疆的部分地区在4～5月，秦岭、黄河、淮河的大部分地区在4～8月（图9－8），华北地区及西藏部分地区在5~9月，山西、陕西、宁夏等地区在6~8月，广大北方地区在6~7月，青藏高原和其他高山地区在6~9月，为多冰雹月。另外，由于降雹有非常强的局地性，所以各个地区以至全国年际变化都很大。

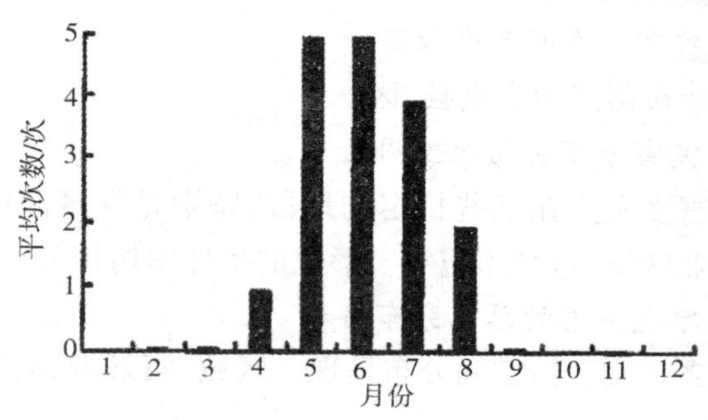

图9-8　河南各月平均降雹次数

（三）我国冰雹灾害的受灾体特点

中国冰雹灾害的区域分异深受受灾体的影响，通过对中国现有冰雹案例进行逐一的归类和分析，研究结果表明：我国冰雹灾害的主要受灾体类型有6大类、20种亚类，其中以粮食作物受灾次数最多。从动态变化角度看，有以下四种亚类值得注意：一是玉米，受灾的位次（与其他作物比）呈现上升，这与我国玉米种植的广泛性以及地膜玉米种植发展有关。通过地膜来提早作物的生长期，无疑加大了冰雹成灾的时间段。二是棉花、芝麻，受灾次数显著增加，尤其在芝麻的一些主要种植区。可见，作物品种和作物面积的变化直接影响到灾情的放大或缩小。三是蔬菜、水果、花卉受灾增加，随着城市化水平的提高，城市边缘带的蔬菜、瓜果、林果，尤其是花卉的发展，加上大棚技术的广泛使用，使其受雹灾发生的概率加大。可见土地经济作物产出的变化直接影响到受灾体的易损性程度。四是通信受灾次数猛增，随着国家通信事业的迅猛发展，特别是近几年网络的兴起，使得冰雹受灾体的易损性放大。

第二节 冰雹灾害对芝麻的影响

冰雹危害对象主要是农业。冰雹对农作物的枝叶、茎秆和果实会产生机械性损伤，造成农作物减产或绝收。

一、砸伤芝麻

芝麻的枝叶、茎秆、果实受到冰雹的砸伤，会因损叶、折秆、脱粒而减产。晚春降雹主要影响芝麻的出苗，砸死芝麻幼苗；夏季正是芝麻生长旺季，因降雹常伴有狂风暴雨，不仅造成芝麻大面积的倒伏，同时砸伤叶片，重者砸断茎秆；在早秋季出现的降雹主要危害芝麻的全株。总之，芝麻在苗期遭受冰雹危害后，可使幼苗受伤而不能正常生长，若幼苗被砸伤过重，则需重新播种而延误农事季节，芝麻在灌浆成熟期遭受冰雹袭击，会直接影响并阻碍正常灌浆成熟，造成严重减产和品质变劣，芝麻在开花、结蒴时遭受冰雹灾害，会形成严重的落花落果现象而导致大幅度减产，即使没被冰雹打伤的蒴果，因降雹时的低温，也会降低籽粒灌浆速度，影响产量。

二、冷冻影响

降雹之前，常有高温闷热天气出现，降雹后气温骤降，前后温差达7～10℃。剧烈的降温使正在生长的芝麻遭受不同程度的冷害，使被砸伤的芝麻植株伤口组织坏死，再生恢复慢，少数降雹过程伴有局部洪水灾害等。

三、表土板结

由于雨拍和雹块的降落，常使土壤表层板结，不利于芝麻根系生长和幼苗出土。特别是春、夏季冰雹天气过后，常有干旱天气出现，使土壤板结层更加干硬，给芝麻的生长发育带来严重影响。

第三节 芝麻抗雹防救策略

一、根据冰雹发生特点，进行雹灾防治区划研究

我国是冰雹灾害频繁发生的国家，除广东、湖南、湖北、福建、江西等省冰雹较少外，各地每年都会受到不同程度的雹灾，且各地冰雹灾害发生状况不尽相同。因此，针对冰雹发生特点，进行雹灾防治区划研究十分必要。

从区域自然灾害系统论角度理解，冰雹灾害是冰雹的孕灾环境与致灾因子、受灾体相互作用所形成的灾害。降雹与暴雨都是强对流天气过程，因而受地形约束，常相伴发生，因此暴雨和地形成为冰雹灾害孕灾环境的主要因素。冰雹灾害的强弱及区域分异首先取决于降雹的特点，从我国降雹的区域分异看，降雹高值区呈现一区两带的特点：一区指青藏高原多雹区；两带指南方多雹带和北方多雹带，

前者主要分布在海拔1 000～2 000米的云贵高原，向东延伸到湘西、川鄂边界，后者从青藏高原的北部出祁连山、六盘山经黄土高原和内蒙古高原连接。

中国冰雹的区域分异与冰雹致灾的区域分异三大差异

中国冰雹成害的区域分异与冰雹致灾（降雹）的区域分异相比较，有明显的向东、向南、向西扩展的趋势，具有以下三个明显的差异：

☞ 从大区域看，冰雹灾害多发区和冰雹致灾最高频区截然不同，前者为人口稠密的华北—长江中下游一带，后者则为人口稀少的青藏高原地区。

☞ 冰雹成害与致灾均存在两条多发带，但前者较后者位置更偏东，特别是在东部形成南北向的多雹灾带。

☞ 多雹灾区域均位于多降雹带内，且呈现团块状分布。

由此可见，我国冰雹灾害的区域分异深受人类活动范围的影响，呈现中东部多、西部少的空间格局特点。

再从区域的降雹和雹灾空间分异对比看，降雹仅仅是一个自然过程，受灾体性质的变化使得冰雹致灾的高值区不一定是成灾高值区。虽然受灾体并不是造成灾情的直接动力，但是它使得冰雹灾害的灾情产生相对的扩大或缩小。

二、根据灾情采取相应减灾措施

冰雹灾害性天气主要发生在中小尺度天气系统中，常在低空暖湿空气与高空干冷空气共同作用导致的大气极不稳定的条件下出现，是小尺度的天气现象，常发生在夏秋季节，中纬度内陆地区为多。

但是由于它的出现常带有突发性、短时性、局地性等特征，一旦发生，猝不及防，这使得对它的预测非常困难。因此，对冰雹灾害的防治，首先必须加强对冰雹活动的监测和预报，尽可能提高预报时效，抢时间，采取紧急措施，以最大限度地减轻灾害损失，特别是避免人员伤亡。

（一）要建立快速反应的冰雹预警系统

20 世纪 80 年代以来，随着天气雷达、卫星云图接收、计算机和通信传输等先进设备在气象业务中大量使用，大大提高了人类对冰雹活动的跟踪监测能力。当地气象台（站）发现冰雹天气，立即向可能影响的气象台、站通报。气象部门将现代化的气象科学技术与长期积累的预报经验相结合，综合预报冰雹的发生、发展、强度、范围及危害，使预报准确率不断提高。为了尽可能提早将冰雹预警信息传送到各级政府领导和群众中去，各级气象部门通过各地电台、电视台、电话、计算机服务终端和灾害性天气警报系统等媒体发布“警报”“紧急警报”，使社会各界和广大人民群众提前采取防御措施，避免和减少了灾害损失，取得了明显的社会效益和经济效益。

（二）建立人工防雹系统

我国是世界上人工防雹较早的国家之一。由于我国雹灾严重，所以防雹工作得到了政府的重视和支持。目前，已有许多省建立了长期试验点，并进行了严谨的试验，取得了不少有价值的科研成果。开展人工防雹，使其向人们期望的方向发展，达到减轻灾害的目的。

人工防雹常用的方法

☞ 用火箭、高炮或飞机直接把碘化银、碘化铅、干冰等催化剂送到云里去。

☞ 在地面上把碘化银、碘化铅、干冰等催化剂在积雨云形成以前送到自由大气里，让这些物质在雹云里起雹胚作用，使雹胚增多，冰雹变小。

☞ 在地面上向雹云放火箭，打高炮或在飞机上对雹云放火箭、投炸弹，以破坏对雹云的水分输送。

☞ 用火箭、高炮向暖云部分撒凝结核，使云形成降水，以减少云中的水分；在冷云部分撒冰核，以抑制雹胚增长。

（三）加强农业防雹措施

农业防雹常用方法

☞ 在多雹地带，种植牧草和树木，增加森林面积，改善地貌环境，破坏雹云条件，达到减少雹灾目的。

☞ 增种抗雹和恢复能力强的农作物。

☞ 成熟的作物及时抢收。

☞ 多雹灾地区降雹季节农民下地随身携带防雹工具，如竹篮、柳条筐等，以减少人身伤亡。

三、及时对受灾芝麻实施扶苗救助

芝麻受灾后，首先要摸清受灾芝麻品种、面积、灾情轻重程度，根据不同生育期的抵抗雹灾能力决定是否毁种。芝麻苗期受灾，部分能恢复生长，产量损失轻；开花期受灾，砸坏叶片者，也能结实，但产量损失较大；砸断茎秆者，不能恢复灌浆，应毁种。芝麻被砸掉（或砸断）生长点或子叶节者、侧枝形成至团棵、砸断茎基部韧皮组织者，均不能复生，必须毁种；只要茎基部韧皮组织完好，上部砸得少枝无叶也能恢复生长。遭受雹灾后的芝麻，原则上尽量不要毁种，如确需毁种，要根据降雹季节、芝麻品种、生育期长短、生产条件等选择适宜的替代品种或救灾作物，抢时播种。如因降雹季节晚而不能保证替代品种正常成熟时，可改种其他作物。不需要毁种的，要及时排除田间积水，清除田间残枝落叶，清理泥土埋压枝叶，抖掉枝叶上的泥土，扶正植株，并借墒追施速效化肥，追肥数量应大于正常用量。对倒伏严重，茎叶断损严重的作物，应根据不同作物、不同生育期决定是否帮扶。即使不能帮扶的作物，也应逐棵（苗）清理，清理时要爱护茎叶，不要人为损伤茎叶或剪除破残茎叶，以免减少绿叶面积，影响芝麻的恢复性生长。

同时要适时中耕松土，破除板结层。雹灾后地温急剧下降，另外由于土壤湿度较大，往往造成地面板结，不利于芝麻根系生长，是芝麻恢复生长的主要原因，故灾后应及时中耕、提温散湿，增强芝麻根系的活力。中耕时要深浅结合，根据芝麻不同生育时期决定中耕深度。芝麻苗期要深中耕，芝麻旺盛生长期要浅中耕，以免损伤根系。一般情况下中耕要在两遍以上，以打破板结层，疏松土壤，促进芝麻的恢复性生长。

四、加强灾后田间管理

为保证受灾地区芝麻在遭受冰雹危害后要及时进行补救，以促进芝麻正常生长，尽量减少冰雹带来的损失，可采用以下灾后田间管理措施：

1. 轻度受灾的地块的管理措施

应视苗情结合中耕培土进行追肥，结合实地气候加强肥水管理。芝麻恢复生长发育后要做好防病治虫工作，遇旱及时浇水，此外，要及时修剪，积极搞好芝麻植株的清理工作，受灾后及时剪除被严重击破或撕裂的新老茎秆和枝叶以促进新芽梢早发，并把芝麻中的枝、叶、蒴果进行集中处理，以预防气候温和多雨时病菌的滋生蔓延。

2. 严重受灾的地块，要及时补种，确保种植密度

最好实行温室育苗移栽，大田地膜覆盖栽培，以促进早生早发。

3. 受灾后，及时喷药，认真做好病菌侵入的预防工作

芝麻植株受损伤口（特别是茎秆受损部位）容易受到细菌或真菌等病原物的侵染而引发其他病害，为防止茎秆受损部位坏死，应及时使用72%农用链霉素3 000倍液或5%菌毒清水剂500倍液整株喷雾，进行植株伤口消毒。以减少病原菌侵染。

4. 追施速效氮肥

灾后，每亩酌情追施10～15千克尿素，以促进后续展开的叶片能够形成较大的叶面积，保证在籽粒灌浆期间植株能够制造较多的有机营养供给蒴果和籽粒发育。

5. 疏通三沟，排除积水

地势较平坦的芝麻地，过多的降水量往往造成田间长时间积水，土壤湿度过大，芝麻植株生长受到严重影响，根系因缺氧而窒息坏死，生理功能衰退，对产量影响很大。因此应及时疏通围沟、腰沟和厢沟，排除积水，以降低地下水位，降低田间土壤湿度。尤其是低洼地块、因排水不畅，容易造成涝灾，故疏通三沟就显得更为重要。若积水过多，不能及时排水的田块，可实行带土移苗，移栽到其他地块。

6. 加强管理，促进生长

芝麻遭受冰雹灾害后，务必加强田间管理，尽快恢复生长，要及时培土、中耕、破除板结，改善土壤通透性，使植株根系尽早恢复正常的生理活动是至关重要的。根据受灾程度，强化田间管理工作。增加追肥次数和数量，应在冰雹过后天气好转时，抓紧时间酌量抢施，并注意叶面追肥，加速植株生长。

五、分次收获，提高产量

由于受雹点密度的影响，即使是在同一块田地里，作物也有受灾轻重之分。一般来说，发生的雹灾后复生的作物成熟期较晚，在其生长发育前期要多追施磷素化肥，或在后期利用催熟剂促进早熟，而对于受灾较轻、成熟期早的芝麻要提前收获，以提高产量。

第十章

主要病虫危害与防救策略

本章导读：本章主要介绍在芝麻生长发育过程中，主要病虫害的危害症状与发生规律，提出了针对不同病虫害的防治策略，旨在使读者深入了解芝麻主要病虫害的分布地区、发生机制、危害特点和影响程度，掌握不同病虫害的防救技术，以便在生产中灵活应用。

我国是农作物病虫害多发、频发和重发大国。我国常见农作物病虫害有1 000多种,常年可造成严重危害的重大病虫害近100种,每年发生面积超过4.67亿公顷,每种作物经常同时遭受3~4种病虫危害。近年来,受全球气候变暖、耕作栽培制度变化、国际农产品贸易频繁等多种因素的影响,我国农作物病虫害暴发频率逐年提高,损失逐年加重。与其他作物相比,芝麻生性娇嫩,对外界环境相当敏感,病虫害时有发生,种类繁多,对芝麻危害十分严重,影响芝麻产量提高和品质升级,制约着芝麻的发展。引起芝麻病虫害发生的因素相当复杂,如气候、土壤及生物环境因子等,同一品种在不同的生态环境下往往表现不同的抗性。因此,掌握芝麻的病虫防治技术是一项非常重大而且具有现实意义的任务。

第一节 芝麻病害种类及防治

一、枯萎病

(一)枯萎病的发生及危害

芝麻枯萎病是一种发生普遍、危害严重的真菌性病害,俗称"半边黄"或"黄死病"。我国安徽、河南、湖北等芝麻主产区均有发生。一般发病率为5%~10%,严重者达30%以上,多发生在苗期,盛花期,对产量有较大影响。

芝麻枯萎病的病菌常称镰刀菌,属半知菌类从梗孢目瘤座菌科。产生镰刀形大分生孢子和卵圆形小分生孢子。镰刀形孢子无色,有2~3个隔膜;卵圆形孢子也无色,单胞或由2个细胞组成。病菌以菌丝潜伏在种子内或随病残体在土壤中越冬。翌年侵染幼苗的根，从根尖或伤口侵入，也能直接侵染健根，进入导管，向上蔓延到植株各部。连作地、土温高、湿度大的瘠薄沙壤土易发病。品种间抗病性有差异。

该病苗期、成株期均可发病（图 10－1）。苗期发病常导致植株根系腐烂，全株猝倒，从而造成田间缺苗。中后期发病较多，发病后植株叶片自下向上逐渐枯萎，与芝麻青枯病的凋萎顺序相反。病根部半边根系变褐，并顺延茎部向上伸展，使相应的茎部变为红褐色的干枯条斑。潮湿时病斑上出现一层粉红色的粉末，病茎的导管或木质部呈褐色，发病半边因导管阻塞，且病菌分泌毒素，使叶片变黄，并由下向上枯萎脱落，感病半侧的叶片呈半边黄现象，逐渐枯死脱落，是典型的维管束病害。该病最终导致病株早熟，蒴果短小，炸蒴落粒，籽粒瘦秕且色暗发褐。

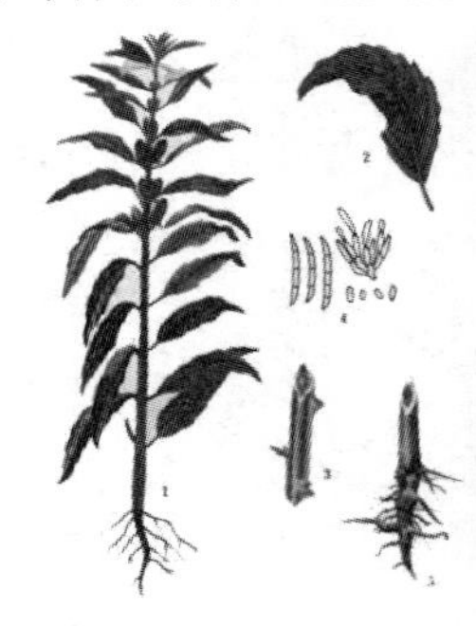

图 10－1　枯萎病发病症状

（二）枯萎病的防治

1. 合理轮作倒茬

选用 3～5 年未种过芝麻的地块种植芝麻，与甘薯、小麦、玉米等轮作，可减轻病害。

2. 选用耐病品种，精选优质无病种子

一般闭蒴、大粒及粗糙胎座的品种抗病或耐病（抗病由 1～2 对显性或隐性基因所控制）。

3. 种子处理

☞ 用 51～55℃温汤浸种 30 分，防治效果可达 90%。

☞ 用0.5%硫酸铜液浸种20分,防止种子带菌。

☞ 按用药量有效成分为用种量的0.3%的多菌灵拌种。

4. 加强栽培管理

合理施肥,农家肥应实行高温堆沤;消灭草荒,清除田间病残株,防治地下害虫;地膜覆盖;排涝抗旱,提高植株抗病能力。

5. 化学防治

在芝麻现蕾开花期用40%多菌灵500倍液喷洒病株,或用0.2%的硫酸铜液每10天喷1次,连续2~3次。

二、茎点枯病

(一)茎点枯病的发生及危害

芝麻茎点枯病又叫"黑秆疯"、"黑秆病"、"黑根疯"、"茎腐病"、"炭腐病"等,属真菌性病害。发病后,茎秆发黑,着生很多黑点,造成大风、雨后植株倒伏。我国安徽、湖北、河南和江西等芝麻主产区发病较重,一般发病率为10%~20%,严重的达60%~80%,甚至成片枯死。病株千粒重、单株产量、含油率均明显下降,轻则损失10%~15%,重则损失50%以上(图10-2)。

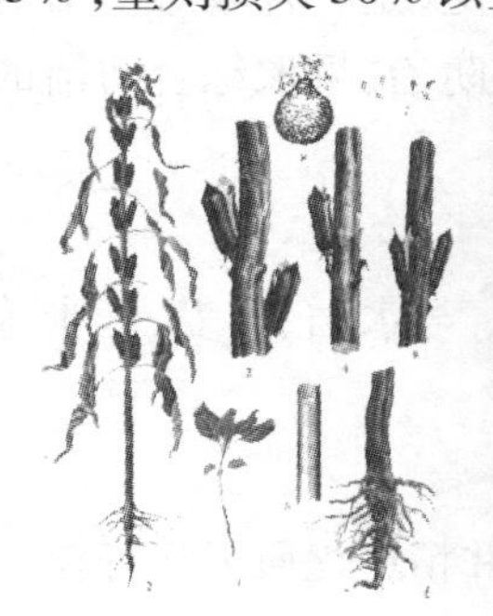

图10-2 茎点枯病发病症状

芝麻茎点枯病病原菌称菜豆壳球孢,属半知菌亚门真菌。芝麻茎点霉也是该病病原。该病在芝麻生长期间有感病-抗病-感病三个阶段:即苗期处在感病阶段,现蕾至结顶前进入抗病阶段,封顶后又感病。每年的发病高峰期都出现在高温季节,发病后 8 ~ 10 天产生分生孢子器。芝麻品种抗病性差异明显。生产上种植感病品种、菌源量大、气温高于 25℃,利于病菌侵入和扩展。7 ~ 8 月雨日多、降水量大,发病重。湖北省 7 ~ 8 月旬降雨 50 ~ 70 毫米,雨日 3 ~ 8 天,平均发病率低于 5%,属小发生年。旬降雨 130 毫米以上,雨日 7 天左右,发病率高于 20%,为大发生年。种植过密、偏施氮肥、种子带菌率高时发病重。

该病主要危害芝麻幼嫩或衰老的组织,多在苗期和开花结果期发病。苗期染病幼苗根部变褐,地上部萎蔫枯死,幼茎上密生黑色小点。开花结果期染病从根部开始发病,后向茎扩展,有时从叶柄基部侵入后蔓延至茎部。根部染病主根、支根变褐,剥开皮层可见布满黑色小菌核,致根部枯死。茎部染病多发生在中下部,初呈黄褐色水浸状,后扩展很快,绕茎一周,中心有银灰色光泽,其上密生黑色小粒点,表皮下及髓部产生大量小菌核,茎秆中空易折断。病部以上茎秆枯死,蒴果呈黑褐色干枯,病种子上生有小黑点状菌核。

(二) 茎点枯病的防治

芝麻茎点枯病是一种顽固性病害。小菌核在土壤中可存活 2 年,病原菌致病力强,寄主范围广,菌源存在广泛,是一种较难防治的病害。在防治上应以农业防治为主,辅以药剂防治,采取综合防治的策略。

1. 合理轮作倒茬

选用 3 ~ 5 年未种过芝麻的地块种植芝麻,与水稻、小麦、玉米等轮作,可减轻病害。

2. 选用耐病品种

如豫芝 4 号、豫芝 11 号、郑芝 98N09 等,并精选优质无病籽粒。

3. 种子处理

☞ 55℃温汤浸种 10 ~ 20 分。

☞ 用 0.3% 敌菌丹或 0.3% 福美双拌种。

☛ 40%多菌灵0.1%或25%瑞毒霉0.1%浸种30分，晾干播种。

4. 土壤消毒

40%多菌灵18千克/公顷或五氯硝基苯180千克/公顷搅拌适量干土播前撒入播种沟内，可有效预防或减轻茎点枯病的发生和流行。

5. 加强栽培管理

合理施用化肥，增施磷肥和有机肥；消灭草荒，清除田间病残株，防治地下害虫；地膜覆盖；排涝抗旱，提高植株抗病能力。

6. 化学防治

在芝麻苗期、蕾期、盛花期和封顶前后，进行田间药剂喷洒。选用50%退菌特1 500倍液，或40%多菌灵1 000倍液，或10%双效灵1 500倍液，或70%甲基硫菌灵1 000倍液均可，一般喷洒2次，间隔7天，可有效防治茎点枯病的发生和流行。

三、叶斑病

（一）叶斑病的发生及危害

芝麻叶斑病又名"角斑病"、"灰斑病"、"芝麻尾孢灰星病"、"芝麻蛇眼病"。在我国各产区芝麻不同生育时期普遍发生，但危害较轻。

芝麻叶斑病菌称芝麻尾孢，属半知菌亚门真菌。病原菌以菌丝在种子和病残体上越冬，翌春产生新的分生孢子，借风雨传播，花期易染病。

此病常发生于花期，主要危害叶片、茎及蒴果。叶部症状常见有两种（图10－3）。一种叶斑多为直径1~3毫米圆形小斑，中间灰白色，四周紫褐色，病斑背面生灰色霉状物，即病菌分生孢子梗和分生孢子。后期多个病斑融合成大斑块，干枯后破裂，严重的引致落叶。

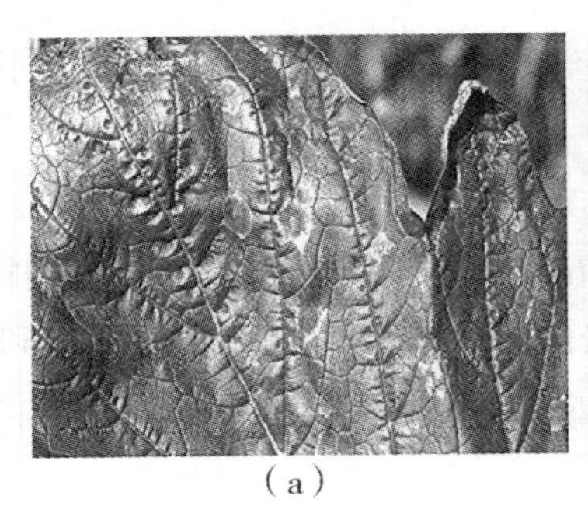
(a)

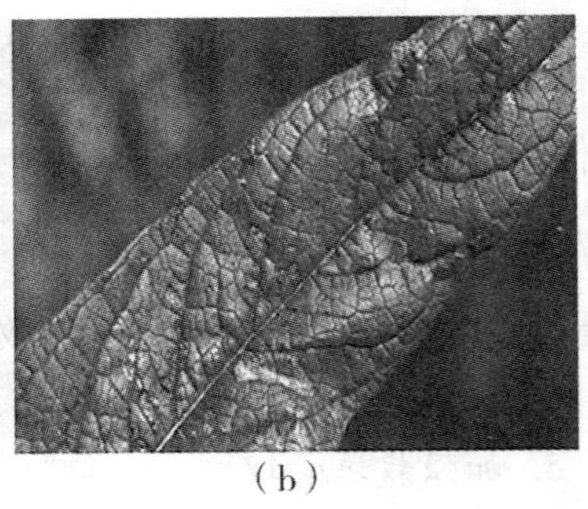
(b)

图 10-3　芝麻叶斑病发病症状

(a)芝麻叶斑病低温型蛇眼状病斑,(b)芝麻叶斑病病叶

另一种叶斑为蛇眼状病斑,中间生一灰白色小点,四周浅灰色,外围黄褐色,圆形至不规则形,大小 3~10 毫米。茎部染病产生褐色不规则形斑,边缘明显,湿度大时病部生黑点。蒴果染病生浅褐色至黑褐色病斑,易开裂。该病常与叶枯病混合发生,并行危害,症状各异。

叶斑病始发期在 7 月上中旬,盛发期在 8 月中下旬,9 月上旬后病害进入末期。芝麻叶斑病发展快慢,与芝麻生长中期降水量和相对湿度密切相关,雨水偏多,田间空气相对湿度 80% 以上时病害发展快。早播芝麻发病重,而且病害发展快;晚播的发病轻,病害发展也较慢。因此,夏播芝麻抢时早播时,应注意防治叶斑病。

(二) 叶斑病的防治

1. 种子处理

用 0.1% 升汞水处理带菌种子 30~60 分。

2. 实行合理轮作

与其他作物轮作,清除田间病株残体。

3. 化学防控

☞ 开花前喷 1:1:150 倍式波尔多液。

☞ 在开花前初发病时喷洒 70% 甲基硫菌灵可湿性粉剂 800 倍液或 75% 百菌清可湿性粉剂 800 倍液、50% 苯菌灵可湿性粉剂 1 500倍液、1:1:150 倍式波尔多液、30% 绿得保悬浮剂 500 倍液、

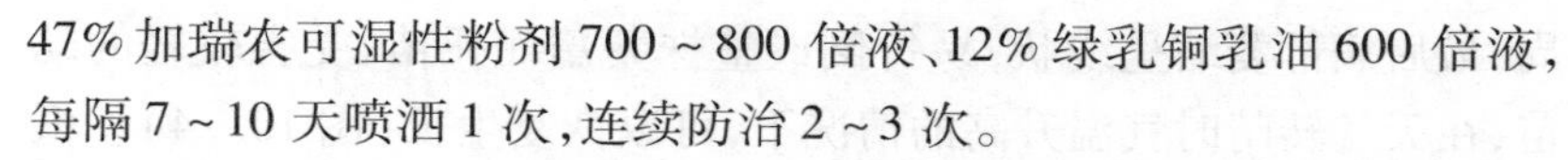

47%加瑞农可湿性粉剂700～800倍液、12%绿乳铜乳油600倍液，每隔7～10天喷洒1次，连续防治2～3次。

☞ 7月下旬、8月上旬和8月中旬用30%复方多菌灵1 000倍液，各喷雾1次，防治3次，有较好防病增产作用。

四、立枯病

（一）立枯病的发生及危害

芝麻立枯病属真菌性病害。发病范围广，在我国芝麻产区均有此病发生。病害主要发生在芝麻苗期，造成芝麻死苗、缺苗断垄。

立枯病病原菌学名为立枯丝核菌，属半知菌类丛梗孢目暗梗孢科长蠕孢属芝麻长蠕孢。病菌以菌丝或菌核随病残体在土壤中越冬，成为翌年初侵染源。气温15～22℃时或低温多雨易发病。此外，该菌寄主范围广，有160多种寄主植物，除芝麻外，还有甜菜、茄子、辣椒、马铃薯、番茄、菜豆等。土壤中的病菌可以随地面流水、风雨、农田耕作传播。

图10－4　立枯病发病症状

芝麻立枯病是苗期常见重要病害。通常幼苗茎基部开始发病，在茎基一侧出现暗褐色病斑，逐渐凹陷腐烂，严重时扩散到茎的四周,最后病部萎缩呈线状,易折倒或整株萎蔫而死苗,受害较轻的幼苗,在天气转晴时气温升高的情况下,可以恢复生长(图 10-4)。低温、湿度大易于病害发生,芝麻出苗后遇低温、高湿发病严重,如春芝麻播种过早或湿度过大时,常常发病严重。

(二) 立枯病的防治

1. 合理轮作

精细整地,采用高畦栽培,搞好田间排灌,合理密植,促进植株健壮生长,增强抗病力,可减轻病害的发生。

2. 选用耐渍性强的品种

如阳信芝麻、临沂芝麻、黄县红芝麻、冠县芝麻、单县芝麻、博山四棱白、双丰 614、中芝 9 号、郑芝 998N09、郑芝 13 号、豫芝 11 号等。

3. 土壤处理

用五氯硝基苯处理土壤,可杀死土壤中越冬病菌。

4. 化学防控

☛ 用 0.5% 硫酸铜液浸种 30 分。

☛ 用 0.2% 福美双和 0.1% 多菌灵拌种处理,可有效控制病害。

☛ 发病初期喷 25% 多菌灵可湿性粉剂 500~600 倍液,每隔 3~5 天喷 1 次,连续喷 2~3 次,可获良好的防治效果。

五、芝麻青枯病

(一) 青枯病的发生及危害

芝麻青枯病为细菌性病害,河南群众称之为“黑茎病”、“黑秆病”,在湖北、江西等地称之为“芝麻瘟”,严重发病地区常出现芝麻成片死亡。我国湖北、四川、江西、广西等南方芝麻产区发生较多,近年河南、新疆也有发生。据调查,芝麻重茬 2 年,青枯病发生率为 19.2%,重茬三年发病率高达 25.6%,连年重茬严重威胁芝麻的正常生长。该病除危害芝麻外,还侵染茄科和豆科作物。

芝麻青枯病病原菌为青枯假单胞杆菌,该菌与花生青枯病是同一种病原,属真细菌纲假单胞细菌目假单胞杆菌科。病菌形似蝌蚪、短杆状(图 10－5)。病原细菌主要随病残体在土壤中越冬,从根部或茎基部伤口或自然孔口侵入。芝麻植株染病后,初在茎秆上出现暗绿色斑块,后变为黑褐色条斑,顶梢上常有 2～3 个梭形溃疡状裂缝,起初植株顶端萎蔫,后下部叶片萎凋,呈失水状,发病轻时夜间尚可恢复,几天后不再复原,剖开根茎可见维管束变成褐色,不久蔓延至髓部,出现空洞,湿度大时有菌脓溢出,逐渐形成漆黑色晶亮的颗粒,病根变成褐色,细根腐烂。病株的叶脉出现墨绿色条斑,纵横交叉呈网状,对光观察呈透明油浸状,叶背的脉纹呈黄色波浪形扭曲突起,后病叶褶皱或变褐枯死。蒴果初呈水浸状病斑,后也变为深褐色条斑,蒴果瘦瘪,种子小不能发芽。

图 10－5　芝麻青枯病危害症状

该病在田间主要通过灌溉水、雨水、地下害虫、农具或农事操作传播。田间地温 12.8℃病菌开始侵染,在 21～43℃内,温度升高,发病重。

（二）青枯病的防治

1. 选用抗病品种

选择优质高产、耐渍、抗病性强品种，如郑芝98N09、郑芝13号、皖芝系列、赣芝系列等抗病高产品种。

2. 合理轮作

芝麻与禾本科作物或棉花及甘薯进行2～3年以上轮作，可以有效地减少土壤中青枯病病原菌的数量，降低发病概率。

3. 农业防治

加强芝麻田管理：雨后及时排水，防止湿气滞留，避免大水漫灌；及时拔除和烧毁病株；增施有机肥，尤以钾肥为佳。

4. 化学防治

用石灰水1份、石灰粉15份，进行病穴消毒。在播种前，用百菌清进行土壤处理，预防效果较好；或者在发病初期，用50%多菌灵可湿性粉剂800～1 000倍液喷施。

六、疫病

（一）疫病的发生及危害

芝麻疫病属真菌性病害，在我国芝麻产区湖北、江西等省份局部地区发病较重，河南、山东等省份发病较轻。该病花期感病严重的植株枯死，造成缺株，后期被侵害茎秆和蒴果的病株，发育不良，籽粒瘦秕，严重影响芝麻的产量和品质。其发病迅速，常致全株死亡，是一种毁灭性病害。

芝麻疫病病原菌学名为芝麻寄生疫霉，属鞭毛菌亚门藻状菌纲霜霉目腐霉科真菌。病菌以菌丝在病残体上或以卵孢子在土壤中越冬，苗期进行初侵染，病菌从茎基部侵入，10天左右病部产生孢子囊。芝麻现蕾时开始发病。病菌产生的游动孢子借风雨传播进行再侵染。菌丝生长适温23～32℃，产生孢子囊适温24～28℃，孢子囊产生的适宜温度为24～28℃，高温高湿病情扩展迅速，大暴雨后或夜间降温利于发病(图 10-6)。

图 10-6　疫病发病症状

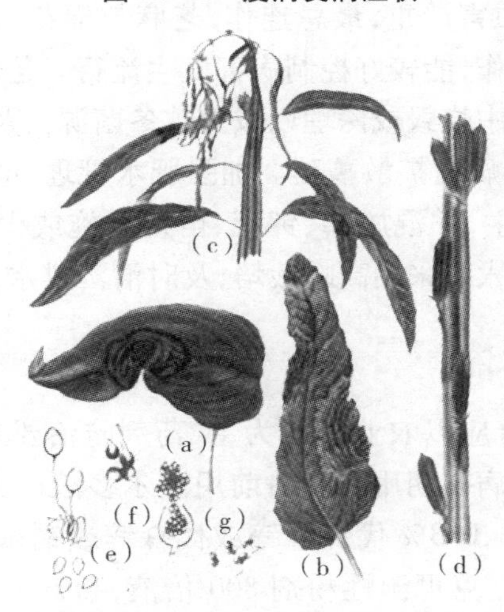

图10-7　芝麻疫病(来源于《中国农作物病虫图谱》)

(a)、(b)病叶症状,(c)顶梢症状,(d)病茎,

(e)病原菌,(f)分生孢子发芽,(g)产生游动孢子

芝麻疫病主要危害叶、茎和蒴果(图 10-7)。叶片染病初现褐色水渍状不规则病斑,湿度大时病斑扩展迅速呈黑褐色湿腐状,病斑边缘可见白色霉状物,病健组织分界不明显。干燥时病斑为黄褐色。在病情扩展过程中遇有干湿交替明显的气候条件时病斑出现大的轮纹圈;干燥条件下,病斑收缩或成畸形。茎部染病初为墨绿色水渍状,后逐渐变为深褐色不规则形斑,环绕全茎后病部缢缩,边缘不明显,湿度大时迅速向上下扩展,严重的致全株枯死。生长点染病后,嫩茎收缩变褐枯

死，湿度大时易腐烂。蒴果染病产生水渍状墨绿色病斑，后变褐凹陷。

（二）疫病的防治

1. 选用抗病品种及种子处理

选择优质高产、耐渍、抗病性强品种，如豫芝8号、豫芝11号等。播种前用，用55℃温水浸种10分或60℃温水浸种5分，晾干后播种。或用五氯硝基苯加福美双拌种（1∶1），用药量占种子重量的0.5%～1%；或用0.5%硫酸铜溶液浸种半小时，均有较好防效。

2. 农业防治

芝麻土传病虫害严重，最忌连作，芝麻与棉花、甘薯及禾本科作物实行3～5年轮作，能较好控制病害发生流行。芝麻收割后及时清除田间病残体，集中烧毁或深埋以减少越冬菌源。及时拔除病株，带出田外销毁，防止病菌扩散蔓延。加强肥水管理，增施基肥，基肥以中迟效有机肥为主，并混施磷、钾肥、苗期不施或少施氮肥，培育健苗，使病菌不易侵入。采用高畦栽培，及时清沟排水，防止田间积水，降低田间湿度。

3. 药剂防治

防治芝麻病害应以农业防治为主，药剂防治要掌握在病害发生前喷药保护，或发病初期用药。播前用波尔多液（石灰、硫酸铜和水3∶3∶50比例配制），0.3%代森锰锌或代森锌或铜杀菌剂浸种；防治药剂有37%枯萎立克可湿性粉剂800倍液，40%多菌灵悬浮剂700倍液，50%甲基硫菌灵可湿性粉剂800～1 000倍液，80%硫酸铜可湿性粉剂800倍液等；发病初期用25%甲霜灵可湿粉剂500～700倍液，或甲霜铜400～500倍液等药剂进行防治。

七、白粉病

（一）白粉病的发生及危害

芝麻白粉病是真菌性病害，在我国的山东、湖南、广西、江西、云南、河南、山西、陕西、湖北、吉林等省（区）都有发生（图10－8）。在芝麻种植密度较大、土壤湿度大时发生,一般危害不大,造成芝麻产量和品质下降。严重时导致绝收。

图 10－8 芝麻白粉病发病症状

芝麻白粉病称菊科白粉菌,属子囊菌亚门真菌(图 10－9)。北方寒冷地区病菌以闭囊壳随病残体在土表越冬。翌年条件适宜时产生子囊孢子进行初侵染,病斑上产出分生孢子借气流传播,进行再侵染。生产上土壤肥力不足或偏施氮肥,易发此病。在南方终年均可发生,无明显越冬期,早春 2 月、3 月温暖多湿、雾大或露水重易发病。

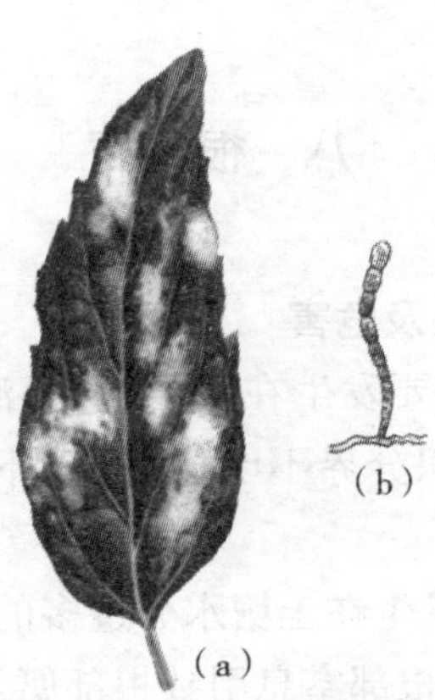

图 10－9 芝麻白粉病(来源于《中国农作物病虫图谱》)

(a)叶片症状,(b)病菌分生孢子和分生孢子梗该病多发生在迟播或秋播芝麻上。主要危害叶片、叶柄、茎及蒴果。叶表面生白粉状霉,即病菌菌丝和分生孢子,病叶光合作用减弱,生长不良。严重时白粉状物覆盖全叶,致叶变黄。病株先为灰白色,后呈苍黄色。茎、蒴果染病亦产生类似症状。种子瘦秕,产量降低。

(二)白粉病的防治

1. 农业防治

加强栽培管理,注意清沟排渍,降低田间湿度。增施磷钾肥、避免偏施氮肥或缺肥。

2. 化学防治

☛ 发病初期及时喷洒25%粉锈宁可湿性粉剂1 000~1 500倍液或60%防霉宝2号水溶性粉剂800~1 000倍液、50%硫黄悬浮剂300倍液。此外,还可喷洒2%农抗120水剂或武夷菌素(Bo-10)150~200倍液,视病情间隔10~15天喷药1次,连续防治2~3次。

☛ 发病重或产生抗药性的地区可改用40%杜邦福星乳油8 000倍液,持效期长,防治效果较好。

八、根腐病

(一)根腐病的发生及危害

芝麻红色根腐病主要发生在我国湖北、河南等省。发病植株茎基部呈褐色斑,病健组织分界不明显,根部外表变褐腐烂,根表皮内部呈红色。

该病病原不详,多发生在土壤水分过多的低洼、积水地或大水淹后,由于土壤水分过多,根部窒息引致根部腐烂,生理机能衰弱,造成植株萎蔫死亡。

该病主要危害茎基部,茎基现褐色斑,初期病健组织分界不明显，后根部外皮变褐腐烂，剥去根表皮时内部呈红色，严重的全株叶片逐渐萎蔫，病株枯死。发病植株很易遭受其他病害侵害。

（二）根腐病的防治

1. 选用抗病品种

选择优质抗病品种，并对种子进行浸种 + 种衣剂处理；播种前，种子可用种子重量 0.3% 的退菌特或种子重量 0.1% 的粉锈宁拌种。

2. 农业防治

采用高畦或选择高燥地块种植芝麻，遇雨及时清沟排水，防止田间积水；合理肥水管理。科学施肥，增施磷、钾肥，避免偏施氮肥，提高植株抗病力。在现蕾期 - 盛花期，喷施磷肥，增强植株营养，促使植株健康生长，增强抗病能力。适时灌溉，雨后及时开沟排水，防止田间积水。

3. 化学防治

可使用铜制剂或甲霜噁霉灵进行防治，即发病时用甲霜噁霉灵或铜制剂进行灌根。

九、白绢病

（一）白绢病的发生及危害

芝麻白绢病为真菌性病害，主要危害芝麻茎、根部，在我国各芝麻产区均有发生。一般发病率 5% 左右，严重时达 30% 以上（图 10 - 10）。

白绢病原菌属半知菌亚门真菌无孢群小菌核属。病原菌以菌核或菌丝体在土壤中及病残株上越冬，一般菌核均分布在 3 ~ 7 厘米的表土层内。第二年菌核及菌丝体萌发的芽管，从芝麻根颈部的表皮直接侵入，而后上生菜籽大小，先白色，后红褐色，最后为褐色的菌核。叶片自下而上渐萎黄，植株生长受阻，最后死亡。另外，种子也带菌传染。病菌主要借土壤、流水、昆虫等转播。在潮湿条件下发病较重。病菌寄主范围很广，达 60 多科 200 多种植物，烟、麻、柿、蔗、桑、茶等经济作物及瓜、茄、豆等蔬菜都是它的寄主。

图 10－10　芝麻白绢病(来源于《中国农作物病虫图谱》)

(a)根部症状,(b)病菌担子及担孢子

白绢病多在芝麻成株期发生,侵染植株的主要部位是接近地面的茎基部,也危害叶柄和蒴果。受害部位变褐软腐,病部有波纹状病斑绕茎,表面覆盖一层白色绢丝状的菌丝,直至植株中下部茎秆被覆盖。当病部养分被消耗后,植株根颈部组织成纤维状,从土中拔起时易断。土壤湿润荫蔽时,病株周围地表也布满一层白色菌丝体,在菌丝体当中形成大小如油菜粒一样的菌核。发病的植株叶片变黄,初期在阳光下闭合,在阴天张开,以后随病害扩展而枯萎,最后死亡。高温、多雨或排水不良均有利于该病的发生。

(二) 白绢病的防治

1. 农业防治

选用抗病品种。

2. 加强田间管理

清沟排渍,降低土壤湿度。实行轮作,收获后及时清除病残体,深翻。

3. 种子处理

用25%或50%多菌灵可湿性粉剂,按种子重量的0.25%～

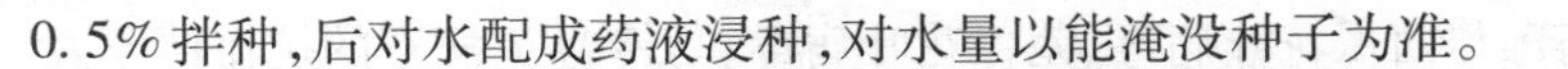

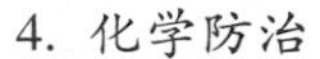

0.5% 拌种,后对水配成药液浸种,对水量以能淹没种子为准。

4. 化学防治

初花期和终花期前各喷 1 次 70% 甲基硫菌灵 700 倍液或 40% 多菌灵 700 倍液,可提高芝麻抗病性。发病初期喷淋 50% 苯菌灵可湿性粉剂或 50% 扑海因可湿性粉剂或 50% 腐霉利(速克灵)可湿性粉剂、20% 甲基立枯磷乳油 1 000 ~ 1 500 倍液,每株喷淋对好的药液 100 ~ 200 毫升。

十、花叶病

(一)芝麻花叶病的发生及危害

芝麻花叶病又叫"龙头病",是病毒性病害,主要发生在河南、湖北、江西、安徽省等芝麻产区,尤以河南最为常见。我国局部地区的个别年份危害较重,如 1984 年曾在河南省驻马店地区大发生,1992 年在全国范围的大面积流行,对芝麻生产造成了严重损失。该病常年发病率为 5% ~ 10%(图 10 - 11)。

图 10 - 11 芝麻花叶病发病症状

芝麻花叶病病原为芝麻花叶病毒,属马铃薯 Y 病毒组。病毒可经汁液传染,由蚜虫以非持久方式传毒,种子不能传毒。能系统侵染大豆,心叶烟、三生烟等表现花叶。侵染番茄、甜菜时产生叶片皱缩、卷曲畸形。不侵染菜豆、豇豆、绿豆、西瓜、曼陀罗、苋色藜和假酸浆。

该病毒与西瓜花叶病毒、芜菁花叶病毒、马铃薯 Y 病毒的抗血清不发生反应。

芝麻花叶病发病后病株出现花叶、皱缩，茎秆扭曲、矮化，一般不结实或结蒴果小、籽粒秕瘦。花叶扩展后变黄。

（二）芝麻花叶病的防治

1. 利用抗病毒品种

减轻病毒危害的经济有效措施，当前推广的抗病较强的品种如豫芝 4 号、豫芝 11 号、中芝 7 号、中芝 9 号等。

2. 苗期防治蚜虫，减少病毒传播

即喷施有机磷、菊酯类，病毒 A 等药剂，可以防治蚜虫，预防病毒病发生。

十一、芝麻黄花叶病

（一）芝麻黄花叶病的发生及危害

芝麻黄花叶病是芝麻上常见病毒病（图 10－12），主要危害芝麻叶部，造成叶片中间或边缘叶绿素减少，叶色黄绿相间的典型黄花叶症状。

图 10－12　芝麻黄花叶病发病症状

芝麻黄花叶病病原称花生条纹病毒，属马铃薯 Y 病毒组。钝化温度 55 ~ 60℃，体外保毒期 4 ~ 5 天，稀释限点 1 000 ~ 10 000 倍。该病毒寄主范围窄，除侵染芝麻外，还可侵染花生、望江南、决明、绛三叶草和鸭跖草,引致斑驳或花叶。该病毒种传率高达 21.3%,一般 1% ~10%,带毒芝麻种子是主要初侵染源,花生、鸭跖草也是初侵染源之一。通过豆蚜、桃蚜、大豆蚜、洋槐蚜、棉蚜等传毒,且传毒效率较高。此外麦长管蚜、禾谷缢管蚜、萝卜蚜也能传毒,但传毒率较低。生产上由于种子传毒形成病苗,田间发病早,花生出苗后 10 天即见发病,到花期出现发病高峰,品种间传毒率差异较明显。据研究,该病发生程度与气候及蚜虫发生量正相关。

该病发病后新生叶初沿叶脉间褪绿,后致整叶均匀淡绿或黄化,稍下卷,不脱落。染病株稍矮化、植株生长瘦弱,不同程度矮化。有些芝麻品种后期表现病叶黄化、窄小、卷曲或扭曲,茎秆变细,上部病叶易脱落,严重的呈光秆,蒴果小或畸形,基部的腋芽萌发后变为细小的枝或芽。感病早的植株严重矮化,无蒴果或蒴果小且畸形。

(二)芝麻黄花叶病的防治

1. 合理轮作

由于芝麻黄花叶病也侵染花生,因此发病重地区不要与花生邻作或间作。

2. 选用抗病毒病品种

如湖北的八股叉、宿选 5 号、鄂芝 1 号、河南的郑芝 1 号、襄引 55、柳条青、豫芝 4 号、郑芝 98N09、豫芝 11 号、郑芝 13 号等。

3. 化学防治

蚜虫可传播黄花叶病,注意及时防治芝麻蚜虫。

十二、变叶病

(一)变叶病的发生及危害

芝麻变叶病是一种对芝麻危害较大的病毒病,又称“丛枝病”或“芝麻公”,1980 年在我国广东发现。芝麻染病后,植株矮化,叶片变小丛生,节间缩短,花柄拉长,花瓣转绿,柱头伸长,长出叶子,病株不能结实,损失率39%左右(图10-13)。

图10-13　芝麻变叶病发病症状

病原为MLO称类菌原体。传毒介体据研究是一种叶蝉。病原能危害芝麻属的其他种和芥属及猪尿豆属植物。该病发生与传毒叶蝉数量、种群密度、播期有关。播期早、叶蝉密度高易发病。

(二)变叶病的防治

1. 拔除病株

目前,此病在我国尚属零星发生,如早期发现病株,应立即拔除,以防止病原菌蔓延扩大。

2. 抗病品种

印度已培育出抗病品种,如Tel03、E1036等。我国仅在少数品种中发现有病株,因此,今后应加强抗病品种的选择和选育。

3. 化学防治

病害主要由刺吸式口器害虫传播,一旦发现这类害虫危害宜及早防治。

第二节 芝麻主要地上害虫种类及防治

一、蚜虫

（一）蚜虫的发生及危害

芝麻生产上危害的蚜虫为桃蚜，也称烟蚜，属同翅目蚜虫科，俗称腻虫、蜜虫、油旱等。全国各地均有分布，寄主广泛，约有170种。芝麻上发生很普遍，夏播芝麻产区在旱年发生危害也普遍较重，同时传播病毒病。蚜虫多集中在嫩茎、幼芽、顶端心叶及嫩叶的叶背上和花蕾、花瓣、花萼管及果针上危害（图10－14）。受害后植株生长停滞，叶片卷曲、变小、变厚，影响叶片光合作用和开花结实。成年蚜危害芝麻时，群集在嫩叶背面吸食汁液，致叶片萎蔫卷缩，影响芝麻生长发育，造成不同程度减产。

图10－14　蚜虫的危害症状

桃蚜以卵在桃树上越冬。越冬卵的孵化期，黄河以北多在3月中下旬；黄河以南长江以北多在2月下旬至3月上旬；长江以南多在

2月上旬至3月上旬。越冬卵孵化为干母,在桃树上繁殖3代,第三代为有翅迁飞蚜,在4~5月迁飞到烟草和其他作物上繁殖。6月中下旬开始危害芝麻,7~8月危害较盛。蚜虫繁殖很快,一般4~7天完成1代,虫口密度剧增,造成蚜虫猖獗发生。7~8月如果雨季来临早,湿度大,气温高,天敌增多,田间蚜虫数量就少,蚜虫隐蔽在比较阴凉的场所生活。大气相对湿度是决定蚜虫能否大发生的主导因素。在适宜温度(15~24℃)范围内,相对湿度在60%~70%时有利于蚜虫的繁殖危害。相对湿度超过80%或低于50%对蚜虫繁殖有明显抑制作用。盛发期如遇阴雨连绵,蚜虫会急剧减少,天敌也可显著影响蚜量的消长。

(二)蚜虫的防治

☛ 在芝麻栽培区,必要时防治越冬期桃树上的芝麻蚜,在冬初或春季往桃树上喷洒40%乐果乳油1 500倍液。如能做到成片大面积联防,对压低虫源有作用。

☛ 芝麻田危害初期及时喷洒40%乐果乳油1 500倍液、50%马拉硫磷乳油1 500倍液、10%一遍净(吡虫啉)可湿性粉剂2 500~3 500倍液。

二、盲椿象

(一)盲椿象的发生及危害

芝麻盲椿象即烟草盲椿象,属半翅目、椿象科。多分布于湖北、河南、安徽、山东等省,成虫和若虫均能危害。通常在芝麻幼叶背面、幼芽和嫩果处刺吸汁液,造成叶中脉呈黄色斑点,心叶呈畸形,顶芽枯死或幼果僵黄,影响芝麻正常生长开花,造成落蕾落果(图10-15)。

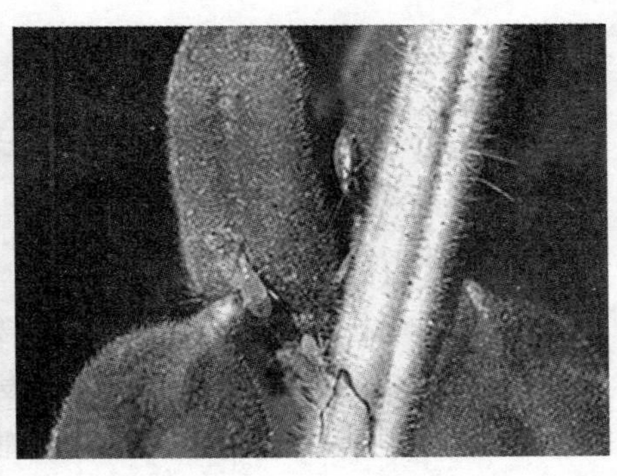

图 10－15　盲椿象的危害症状

芝麻盲椿象 1 年发生 3～4 代，以卵在苜蓿、蓖麻、豆类、木槿等枝内和树皮内以及附近浅层土中越冬，翌年 3～4 月，平均气温达 10℃以上，相对湿度 70%左右时开始孵化。4 月中下旬葡萄、枣树发芽后即开始上树危害。5 月下旬后，气温渐高，虫口渐少。第二、第三、第四代分别在 6 月上旬、7 月中旬和 8 月中旬出现。成虫寿命 30～40 天。飞翔力强，白天潜伏，稍受惊动迅速爬迁，不易发现。清晨和夜晚爬到芽、嫩叶及幼蒴上刺吸危害。盲椿象的发生与气候条件有密切关系。卵在周围相对湿度 65%以上时，才能大量孵化。气温 20～30℃，相对湿度 80%～90%的高湿气候，最适发生危害。高温低湿的气候条件发生危害较轻。

（二）盲椿象的防治

1. 农业防治

铲除田边地头杂草，消灭越冬卵。

2. 化学防治

在大田发生初期，喷洒 4.5%高效氯氰菊酯 4 000～5 000 倍液，或 10%吡虫啉 4 000～5 000 倍液，或 5%辛硫磷 1 000 倍液进行药剂防治。喷药时药液一定要喷到芝麻叶片正反两面，特别是被害芝麻叶面、茎秆上下及地面周围裂缝都要喷施药液。

三、棉铃虫

（一）棉铃虫的发生及危害

棉铃虫属鳞翅目夜蛾科，别名棉铃实夜蛾。广泛分布在我国及世界各地，我国棉区和芝麻种植区均有发生。以黄河流域、长江流域受害最重，近年危害十分猖獗。幼虫食害芝麻的嫩叶、花和蒴果等，咬成孔洞或缺刻；危害芝麻蒴后，蒴的下部有蛀孔，不圆整，蒴内无粪便，青蒴受害时，基部有蛀孔，孔径粗大，近圆形，粪便堆积在蛀孔之外，赤褐色，蒴内被食去部分芝麻籽粒，未吃的籽粒呈水渍状，蒴果成烂蒴。1 只幼虫常危害十多个芝麻蒴，严重时芝麻蒴果脱落一半以上（图 10－16）。

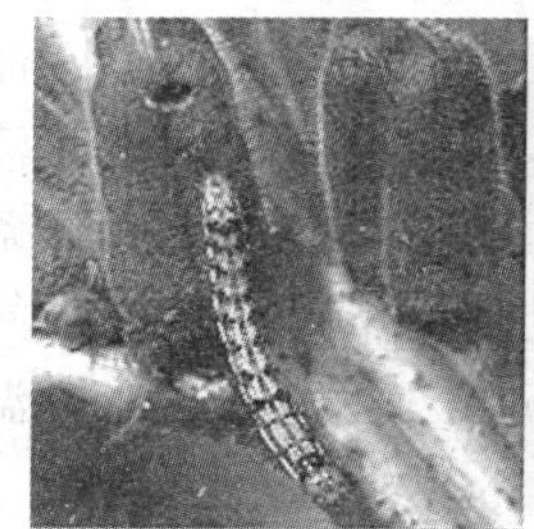

图 10－16　棉铃虫的危害症状

辽宁及西北年生 3 代，华北及黄河流域 4 代，长江流域 4～5 代，华南 6～8 代，以滞育蛹在土中越冬。黄河流域越冬代成虫于 4 月下旬始见，第一代幼虫主要危害小麦、豌豆、亚麻、蔬菜，其中麦田占总量 70%～80%，第二代成虫始见于 7 月上中旬，7 月中下旬盛发，主害芝麻和棉花且虫量十分集中，约占总量 95%。第三、第四代除危害芝麻外，还危害棉花、玉米、高粱、花生、豆类、番茄等，虫量较分散，棉田内占 50%～60%，三代成虫始见于 8 月上中旬，发生时间长，长江流域四代成虫始见于 9 月上中旬。棉花 6 月进入现蕾盛期，一代棉铃虫的卵主要产在棉株嫩头、嫩叶正面，现蕾早长势好的棉田着卵多，卵量大,受害重。二代成虫于7月及8月上旬盛发,把卵产在棉株顶心、边心的嫩叶及嫩蕾苞叶上,蕾花多、生长旺盛棉田着卵多,三代成虫于8月中下旬盛发,卵多散产在嫩蕾、嫩铃苞叶上,三代发生期长,发生量大,后期旺长、迟发棉田受害重。

成虫于夜间交配产卵,每雌平均产卵1 000粒,卵发育历期15℃为6~14天;20℃,5~9天;25℃,4天;30℃,2天。初孵幼虫先食卵壳,第二天开始危害生长点和取食嫩叶,第四天转移到幼蕾上蛀孔,2龄后钻入嫩蕾中取食花蕊。3~4龄幼虫主要危害蕾和花,引起落蕾,5~6龄进入暴食期,多危害青铃、大蕾或花朵,危害蒴果的从基部蛀食,蛀孔大,孔外虫粪粒大且多,幼虫有转铃危害习性,蛀害蕾铃时身体后半部留在外边,整个幼虫期可危害10余个蕾、花、铃。阴天老龄幼虫常盘踞在花内取食花器,3龄以上幼虫常互相残杀。幼虫大多数共6龄,个别5龄或7龄,幼虫在不同温度下发育历期:20℃为31天,25℃为22.7天,30℃为17.4天。

老熟幼虫在3~9厘米表土层筑土室化蛹,土室具有保护作用,羽化时成虫沿原道爬出土面后展翅,冬耕冬灌破坏土室,影响羽化率。蛹发育历期:20℃为28天,25℃为18天,28℃为13.6天,30℃为9.6天。棉铃虫属喜温喜湿性害虫,成虫产卵适温在23℃以上,20℃以下很少产卵;幼虫发育以25~28℃和相对湿度75%~90%最为适宜。在北方尤以湿度的影响较为显著,月降水量在100毫米以上,相对湿度70%以上时危害严重。但雨水过多造成土壤板结,则不利于幼虫入土化蛹同时蛹的死亡率增加。此外,暴雨可冲掉棉铃虫卵,也有抑制作用。

棉铃虫的天敌有赤眼蜂、绒茧蜂、茧蜂、姬蜂、寄蝇、蜘蛛、草蛉、瓢虫、螳螂、小花蝽等60多种。

棉铃虫成虫需在蜜源植物上取食作补充营养,近年来,对芝麻危害日趋严重。主要原因:一是种植结构变化和芝麻田水肥条件不断改善,为各代棉铃虫提供了适生的环境和适宜的食物。二是麦田水肥充足,改善了一代棉铃虫的生境,加快了发育速度,为第二代在芝麻田发生提供了大量虫源。三是长期以来以化防为主的综合防治措施跟不上，造成抗药性迅速增加，且天敌遭到杀伤，减少了自然控制作用。四是前作为麦类或绿肥的芝麻田及与棉花邻作的芝麻田，对棉铃虫发生有利。此外，遇有适合棉铃虫大发生的气象条件（棉铃虫生育适温为25～28℃，相对湿度75%～90%），均可造成棉铃虫猖獗危害。

（二）棉铃虫的防治

1. 中短期预测预报

南方从5月上中旬，北方从5月中下旬，采用随机选点调查法或扫网法调查当地一代棉铃虫的数量和幼虫龄期，与历年对比预测棉田二代棉铃虫发生量。短期测报，据黑光灯和杨树枝把诱到上代成虫和田间查到当代卵的时间和数量，预测出当代幼虫发生期和发生量，指导生产上防治。

2. 人工诱蛾

用杨树枝把诱蛾，在芝麻田中种植300～500株玉米或高粱等作物诱蛾前来产卵，集中杀灭，以减少着卵量。麦收后及时中耕，消灭部分一代蛹，压低虫源基数；或安置高压汞灯，每亩安300瓦高压汞灯1只，灯下用大容器盛水，水面撒柴油，效果比黑光灯高几倍。

3. 生物防治

在二代棉铃虫的初孵盛期，每亩释放赤眼蜂1.5万～2万头，卵寄生率70%以上，也可喷洒含每克孢子量100亿以上的Bt乳剂400毫升，每3天1次。还可每亩释放草蛉5 000～6 000头，也可喷洒棉铃虫病毒、7216等生物农药防治初孵幼虫，同时注意保护利用其他天敌。千方百计压低二代棉铃虫基数。

4. 化学防治

当芝麻田二代、三代棉铃虫达到防治指标（高产芝麻田二代棉铃虫每百株累计卵量250粒或中产芝麻田150粒、低产芝麻田80粒）时，应马上全面防治。关键是要抓住卵孵化盛期至2龄盛期，幼虫蛀蒴前喷洒10.8%凯撒乳油，每亩10～15毫升或32.8%保棉丹乳油80毫升、42%特力克乳油80毫升对水75千克、2.5%天王星乳油3 000倍液。1.88%农家乐（阿维菌素B_1）4 000～5 000倍液，或30%

灭铃威乳油 1 500 倍液、40% 灭抗铃乳油 1 000 倍液、10% 吡虫啉可湿性粉剂 1 500 倍液、20% 灭多威乳油 1 500 倍液、35% 顺丰 2 号乳油 1 000 倍液、2. 5% 氯氰灵乳油 1 500 倍液、20% 农绿宝乳油 1 500 倍液、20% 虫死净可湿性粉剂 2 000 倍液、45% 丙 · 辛乳油 1 500 倍液,均对抗性棉铃虫有效。40% 水胺硫磷乳油 2 000 倍液、43% 辛 · 氟氯氰乳油 1 500 倍液对棉铃虫卵和幼虫毒力较高。

在对棉铃虫防治时,应注意交替轮换用药,以避免棉铃虫产生抗药性。还要保护芝麻顶尖,把药集中喷在顶部叶片上,以保护蒴果不受害或少受害。

四、蟋蟀

(一) 蟋蟀的发生及危害

蟋蟀俗称促织、蛐蛐儿、蟋蟀欶、蟀子,是直翅目昆虫的一科,啮食植物茎叶、种子和根部,都是农业害虫。身体呈黑色至褐色,头部有长触角,后腿粗大善跳跃,极具爆发力(图 10 - 17)。其雄性好争斗,两翅摩擦能发出声响。以昼伏夜出的为多,生性孤僻,通常一穴一虫,发情期,雄虫才招揽雌蟋蟀同居一穴。为了方便听到公蟋蟀的求偶鸣声,蟋蟀具有位于前脚关节略下方的耳鼓。每种蟋蟀的鸣声不尽相同。雌虫不发声,俗称三尾子。

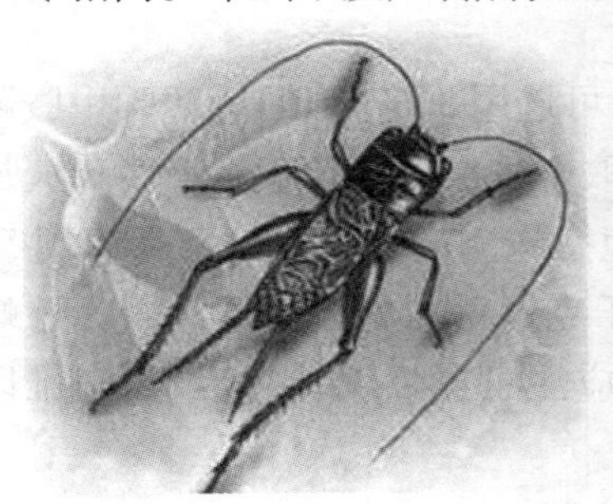

图 10 - 17　蟋蟀危害症状

蟋蟀通常1年发生1代,以卵在泥土中越冬。若虫共6龄,4月下旬至6月上旬若虫孵化出土,7~8月为大龄若虫发生盛期,8月初成虫开始涌现,9月为发生盛期,10月中旬成虫开始死亡,个别成虫可存活到11月上中旬。气候条件是影响蟋蟀发生的重要因素。通常4~5月雨水多,泥土湿度大,有利于若虫的孵化出土。5~8月降大雨或暴雨,不利于若虫的生存。

蟋蟀为杂食性昆虫,啃食芝麻植株的幼苗,新出的幼苗子叶被吃光,细茎被咬断,造成缺苗断垄,甚至全田被毁重播,见图10-17。6月中下旬至7月上旬的夏芝麻苗期是蟋蟀大龄若虫发生盛期,9~10月是蟋蟀成虫的发生盛期,这两个时期是蟋蟀的主要危害期。啮食芝麻茎、叶、蒴果和根部,造成芝麻倒伏。尤其是近年来,随着免耕直播面积的扩大,蟋蟀危害程度加重。

(二)蟋蟀的防治

1. 翻土埋卵

蟋蟀通常将卵产于1~2厘米的土层中,冬春季耕翻地,将卵深埋于10厘米以下的土层,若虫难以孵化出土,可显著降低卵的有效孵化率。

2. 堆草诱杀

蟋蟀若虫和成虫白天有明显的隐藏习惯,在玉米田间或地头设置一定数量5~15厘米厚的草堆,可大批诱集幼、成虫,集中捕杀,具备较好的节制效果。

3. 药剂防治

玉米田蟋蟀发生密度大的地块,可选用50%辛硫磷、50%甲胺磷等稀释1 500~2 000倍喷雾。或采取麦麸毒饵,用50克上述药液加少量水稀释后拌5千克麦麸,每亩地撒施1~2千克;鲜草毒饵用50克药液加少量水稀释后拌20~25千克鲜草撒施玉米田。因为蟋蟀活动性强,迁移速度快,防治蟋蟀时应注意连片统一防治,否则难以获取较理想的效果。

五、蓟马

（一）蓟马的发生及危害

蓟马是缨翅目约5 000种昆虫的统称。体小，长1.5～3厘米（最小者0.6厘米，最大者15厘米），能钻入最小的花中及茎和树皮上的小缝中。取食植物汁、腐败有机质、真菌、螨类或其他小昆虫。

蓟马生活史介乎渐变态和全变态之间。在渐变态，若虫经数龄转变为成虫，此数龄期间其外形和食性均似成虫。具特征性的尾鬃。锥尾类的二期幼虫变成前蛹，管尾类的幼虫经成原蛹阶段而为前蛹。数小时至数日后前蛹变为蛹。蛹藏于土砾、植物中或茧内。梨蓟马等1年1代，葱蓟马1年数代。缨翅目广泛分布于世界热带及温带地区。日间活动，常紧贴于叶脉或裂缝中。若虫在叶背取食，到高龄末期停止取食，落入表土化蛹。成虫极活跃，善飞能跳，可借自然力迁移扩散。成虫怕强光，多在背光场所集中危害，阴天、早晨、傍晚和夜间才在寄主表面活动，这也是蓟马难防治的原因之一。用常规触杀性药剂时，白天喷不到虫体而见不到药效。蓟马喜欢温暖、干旱的天气，其适温为23～28℃，适宜空气相对湿度为40%～70%；湿度过大不能存活，当湿度达到100%，温度达31℃时，若虫全部死亡。在雨季，如遇连阴多雨，葱的叶腋间积水，易导致若虫死亡。大雨后或浇水后致使土壤板结，使若虫不能入土化蛹和蛹不能孵化成虫。

蓟马以成虫和若虫锉吸芝麻幼嫩组织（枝梢、叶片、花、蒴果等）汁液，被害的嫩叶、嫩梢变硬卷曲枯萎，植株生长缓慢，节间缩短；幼嫩果实被害后会硬化，严重时造成落果，严重影响产量和品质。嫩叶受害后使叶片变薄，叶片中脉两侧出现灰白色或灰褐色条斑，表皮呈灰褐色，出现变形、卷曲，生长势弱，易与侧多食跗线螨危害相混淆。幼果受害表皮油胞破裂，逐渐失水干缩，疤痕随果实膨大而扩展，呈现不同形状的木栓化银白色或灰白色的斑痕。但也有少部分发生在果腰等部位。疤痕蒴大约可分成三类：一是距蒴蒂约0.5厘米周围，有宽2~3毫米的环状疤痕;二是蒴果面上有一条或多条宽1毫米左右的不规则线状或树状疤痕;三是蒴果面出现一个或多个纽扣大小的不规则圆形疤痕。圆形疤痕常与树状疤痕相伴。在幼果期疤痕呈银白色,用手触摸,有粗糙感;在成熟蒴果上呈深红或暗红色,平滑有光泽。

(二)蓟马的防治

1. 农业防治

根据蓟马繁殖快、易成灾的特点,应以预防为主,综合防治。早春清除田间杂草和枯枝残叶,集中烧毁或深埋,消灭越冬成虫和若虫。苗期汰除有虫株,带出田外沤肥或深埋,可减少虫源。加强肥水管理,促使植株生长健壮,减轻危害。

2. 诱杀成虫

利用蓟马趋蓝色的习性,在田间设置蓝色粘板,诱杀成虫,粘板高度与作物持平。

3. 化学防治

可选择25%吡虫啉可湿性粉剂2 000倍液或5%啶虫脒可湿性粉剂2 500倍液,或20%毒啶乳油1 500倍液、4.5%高氯乳油1 000倍液与10%吡虫啉可湿性粉剂1 000倍液、5%溴氰菊酯1 000倍液混合喷雾,见效快,持效期长。为提高防效,农药要交替轮换使用。在喷雾防治时,应全面细致,减少残留虫口。

六、白粉虱

(一)白粉虱的发生及危害

白粉虱,同翅目粉虱科,俗名小白蛾子。

在北方,温室一年可发生10余代,白粉虱周年发生。冬季在室外不能存活,因此白粉虱是以各虫态在温室越冬并继续危害。成虫羽化后1~3天可交配产卵,也可进行孤雌生殖,其后代为雄性。成虫有趋嫩性,在寄主植物打顶以前,成虫总是随着植株的生长不断追逐顶部嫩叶产卵,白粉虱卵以卵柄从气孔插入叶片组织中,与寄主植物保持水分平衡,极不易脱落(图 10－18)。若虫孵化后 3 天内在叶背可做短距离游走,当口器插入叶组织后就失去了爬行的机能,开始营固着生活。粉虱繁殖的适温为 18～21℃,在生产温室条件下,约 1 个月完成 1 代。冬季温室作物上的白粉虱,是露地春季蔬菜上的虫源,通过温室开窗通风或菜苗向露地移植而使粉虱迁入露地。因此,白粉虱可通过人为因素蔓延。白粉虱的种群数量,由春至秋持续发展,秋季数量达高峰,集中危害瓜类、豆类和茄果类蔬菜。

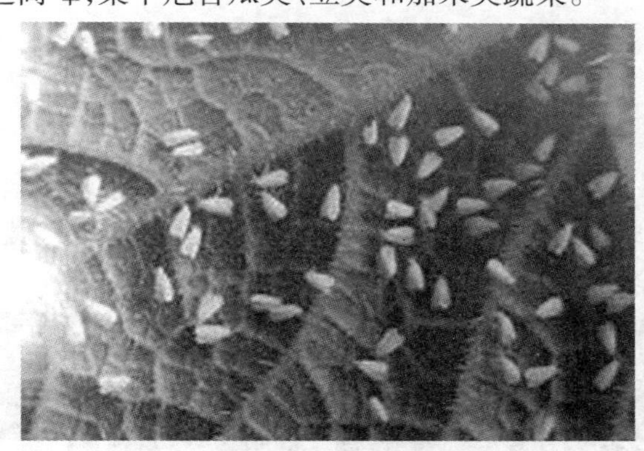

图 10－18　白粉虱危害症状

(二)白粉虱的防治

1. 加强检疫

要重视植物检疫工作,在引进芝麻品种时注意检查籽粒重有无粉虱类虫体,杜绝此类害虫的侵入。

2. 农业防治与生物防治相结合

要加强芝麻地中耕除草,改善芝麻田通风透光条件。开展生物防治措施,保护和利用粉虱类天敌如瓢虫、草蛉、斯氏节蚜小蜂和黄色蚜小蜂等寄生蜂。

3. 物理防治

利用白粉虱对黄色有强烈的趋势,可在桂花树旁埋插黄色木板或塑料板。板上涂黏油,然后振动桂花枝条,促使成虫飞起黏到黄板上,起到诱杀作用。也可用吸尘器吸捕成虫,降低虫口密度。

4. 化学防治

当害虫虫口密度高、危害严重而天敌又较少时，可采用化学药剂喷杀。喷药要在成虫期和幼虫盛孵期进行，药剂可用国光必治(40%啶虫 · 毒死蜱)2 000 倍液、国光依它(45%丙溴 · 辛硫磷)1 000 ~ 1 500倍液、国光崇刻 3 000 倍液，隔 10 天左右 1 次，防治 2 ~ 3 次。如遇世代重叠时，每隔 7 ~ 10 天喷药 1 次，连续喷 3 ~ 4 次。

七、斜纹夜蛾

(一) 斜纹夜蛾的发生及危害

斜纹夜蛾(图 10 - 19)，鳞翅目夜蛾科，别名莲纹夜蛾、莲纹夜盗蛾，分布在全国各地。

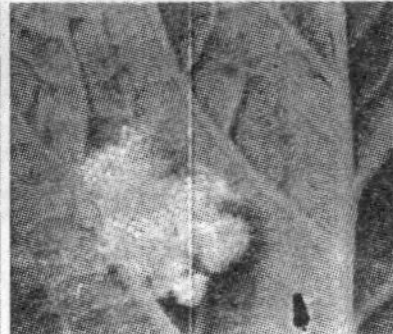
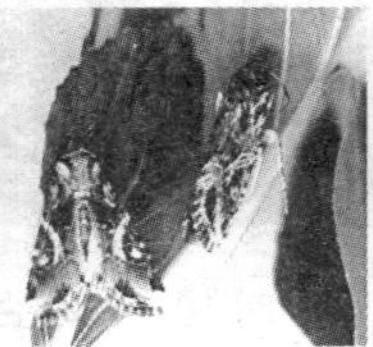

图 10 - 19　斜纹夜蛾的形态特征

在我国华北地区年生 4 ~ 5 代，长江流域 5 ~ 6 代，福建 6 ~ 9 代，在两广、福建、台湾可终年繁殖，无越冬现象；在长江流域以北的地区，越冬问题尚无结论，推测春季虫源有从南方迁飞而来的可能性。长江流域多在 7 ~ 8 月大发生，黄河流域多在 8 ~ 9 月大发生。成虫夜间活动，飞翔力强，一次可飞数十米远，高达 10 米以上，成虫有趋光性，并对糖醋酒液及发酵的胡萝卜、麦芽、豆饼、牛粪等有趋性。成虫需补充营养，取食糖蜜的平均产卵 577. 4 粒，未能取食者只能产数粒。卵多产于高大、茂密、浓绿的边际作物上，以植株中部叶片背面叶脉分叉处最多。卵发育历期，22℃约 7 天，28℃约 2. 5 天。初孵幼虫群集取食，3 龄前仅食叶肉，残留上表皮及叶脉，呈白纱状后转黄，易于识别。4 龄后进入暴食期，多在傍晚出来危害。幼虫共 6 龄，发育历期21℃约27天,26℃约17天,30℃约12.5天。老熟幼虫在1~3厘米表土内筑土室化蛹,土壤板结时可在枯叶下化蛹。蛹发育历期,28~30℃约9天,23~27℃约13天。斜纹夜蛾的发育适温较高(29~30℃),因此各地严重危害时期皆在7~10月。

幼虫食芝麻叶、花、蒴及籽粒,严重时可将全田作物吃光。并在芝麻叶上排泄粪便,造成污染和腐烂,使之失去商品价值。

(二)斜纹夜蛾的防治

1. 诱杀成虫

结合防治其他害虫,可采用黑光灯或糖醋盆(参见地老虎)等诱杀成虫。

2. 化学防治

3龄前为点片发生阶段,可结合田间管理,进行挑治,不必全田喷药。4龄后夜出活动,因此施药应在傍晚前后进行。药剂可选用5%锐劲特悬浮剂2 500倍液或15%菜虫净乳油1 500倍液、2.5%天王星或20%灭扫利乳油3 000倍液、5.7%百树菊酯乳油4 000倍液、10%吡虫啉可湿性粉剂2 500倍液、5%来福灵乳油2 000倍液、5%抑太保乳油2 000倍液、20%米满胶悬剂2 000倍液、44%速凯乳油1 000~1 500倍液、4.5%高效顺反氯氰菊酯乳油3 000倍液等,10天1次,连用2~3次。

八、甜菜夜蛾

(一)甜菜夜蛾的发生及危害

甜菜夜蛾又名贪夜蛾、玉米叶夜蛾,属鳞翅目夜蛾科,其食性杂,危害广。我国芝麻产区都有发生,局部地区危害严重。常将幼苗生长点咬断,或把叶片吃成孔洞、缺刻,或将叶片全部吃光,仅剩叶脉、叶柄和落秆,影响植株正常生长。除危害芝麻外,还危害玉米、高粱、大豆、甜菜、棉花、各种蔬菜及杂草(图10-20)。

甜菜夜蛾1年发生3~4代,第1代幼虫在6月下旬至7月上旬

图 10－20　甜菜夜蛾的形态特征与危害症状

发生，第 2 代在 8 月上中旬，第 3 代在 9 月上中旬，第 4 代在 10 月上中旬。以第 2 代、第 3 代危害最重。初孵幼虫常群集于叶的背面，吐丝结网，咬食叶肉。幼虫昼出夜伏，有假死性，略受震动虫体即蜷曲下落。老熟幼虫大多钻入表土裂缝中筑室化蛹越冬。成虫白天不活动，常隐避在植株茂密及杂草丛生的地方或土壤缝隙内，傍晚飞出交尾产卵，晚上 8～12 时活动最盛。成虫喜产卵，在叶色浓绿植物中部叶片背面，呈块状，1 头雌蛾产卵 3～5 块，每块 300～500 粒，多的达 2 000 粒左右，成虫具有较强的趋化性及趋光性。

（二）甜菜夜蛾的防治

1. 农业防治

江苏、陕西以北以蛹越冬的地区，晚秋要深翻地，消灭部分越冬蛹，减轻翌年发生。幼虫化蛹盛期进行灌溉或中耕，可减轻危害。除草灭虫，消除成虫部分产卵场所，可减少幼虫早期食料来源。

2. 人工诱杀

根据成虫发生早晚，利用其趋光、喜食蜜源植物等习性，夜晚设置黑光灯诱杀成虫。用杨树枝捆扎成束喷上氧化乐果插在田间，对诱杀成虫也有一定效果。

3. 化学防治

在卵孵化盛期及幼虫 1 龄、2 龄高峰期，喷洒 50% 辛硫磷乳油 1 500倍液或 25% 爱卡士乳油 1 500 倍液、5% 抑太保乳油 3 000～4 000倍液、25% 灭幼脲 3 号悬浮剂 1 000 倍液、20% 灭扫利乳油3 000倍液。防治时应注意把药剂均匀喷到叶尖和幼果上及叶背面，做到两面喷透，灭卵。

九、芝麻天蛾

（一）芝麻天蛾的发生及危害

危害芝麻的天蛾主要是灰腹天蛾，属鳞翅目天蛾科，俗称芝麻鬼脸天蛾、茄天蛾、猴天蛾、人面天蛾、灰腹天蛾。国外分布于日本、马来西亚、印度、斯里兰卡等国，国内分布于河南、山西、山东、湖北、浙江、江苏、江西及广东等省区。幼虫食害芝麻叶片，食量很大，严重时叶片被吃光。有时也危害嫩茎和蒴果，使芝麻不能结实，发生数量多时，对产量影响很大，个别年份局部发生较重。除危害芝麻外，还危害马铃薯、茄子、马鞭草科、豆科、木樨科、唇形科等植物（图 10－21）。

图 10－21　芝麻天蛾的形态特征与危害症状

芝麻天蛾在河南、湖北每年发生一代，幼虫危害盛期为 7～8 月。在江西、广东、广西每年发生两代，第一代幼虫发生在 7 月中下旬，第二代发生在 9 月。蛹在土内土室中越冬。在河南越冬蛹于翌年 5 月下旬至 6 月上旬羽化为成虫，6 月中下旬产卵，7 月中下旬幼虫危害盛期，8 月上中旬至 9 月上旬，幼虫老熟后入土化蛹越冬。在湖北地区，成虫 6 月上旬出现，多在夜间活动，6 月中下旬产卵，7 月下旬，芝麻生长后期，为幼虫危害盛期，8 月上旬到 9 月上旬，老熟幼虫化蛹。江西南昌灯下成虫有三次出现：在 5 月上旬至 6 月上旬；在 7 月中旬至 8 月中旬；在 9 月上旬至 10 月上旬。广西 6 月下旬可看到卵，7 月中下旬幼虫大量发生，8 月上旬化蛹后，下旬羽化为成虫，9 月发生第二代幼虫，卵散产于叶片上，幼虫孵化后食芝麻叶片、嫩茎及嫩蒴，可转株危害，老熟后入土6～10厘米筑土室化蛹。成虫昼伏夜出，有趋光性。卵散产于叶的正面或背面，成虫受惊后，腹部间摩擦可发出吱吱声。幼虫孵化后先集中于嫩叶上危害，3龄后食量大增，有转株危害习性。老龄幼虫食量倍增，抗药性强，因此，必须防治于3龄以前。

（二）芝麻天蛾的防治

1. 人工捕捉与诱杀

芝麻天蛾3龄以上幼虫，体大易见，可用人工捕杀。对成虫可利用其趋光性，在成虫盛发期用黑光灯诱杀。

2. 化学防治

幼虫期用25%灭幼脲3号悬浮剂500～600倍液、90%晶体敌百虫800倍液或2%巴丹粉剂，每亩加水2.5千克；或喷洒10%吡虫啉可湿性粉剂1 500倍液、25%喹硫磷乳油1 500倍液，20%溴氰菊酯乳油2 000倍液喷雾。采收前9天停止用药。

第三节 芝麻主要地下害虫种类及防治

一、地老虎

（一）地老虎的发生及危害

地老虎俗称地蚕、土蚕、切根虫、夜蛾虫等。危害芝麻的地老虎主要为小地老虎、大地老虎和黄地老虎，均属鳞翅目夜蛾科。这3种地老虎危害在全国芝麻产区都普遍发生，咬食嫩茎叶，常引起芝麻缺苗断垄。除危害芝麻外，还危害棉花、玉米、高粱、烟草、马铃薯、麻类及各种蔬菜、瓜类等幼苗(图 10 - 22)。

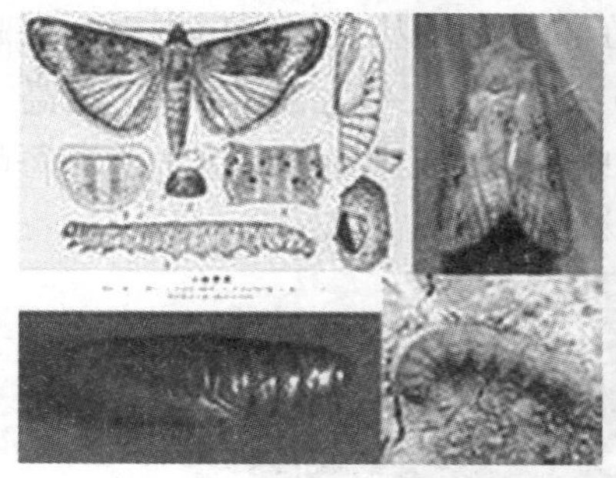

图 10 - 22　小地老虎的形态特征及危害症状

1. 小地老虎

小地老虎每年发生代数由北至南不等,黑龙江 2 代,北京 3 ~ 4 代,江苏 5 代,福州 6 代。越冬虫态、地点在北方地区至今不明,据推测,春季虫源系迁飞而来;在长江流域能以老熟幼虫、蛹及成虫越冬;在广东、广西、云南则全年繁殖危害,无越冬现象。成虫夜间活动、交配产卵,卵产在 5 厘米以下矮小杂草上,尤其在贴近地面的叶背或嫩茎上,如小旋花、小蓟、藜、猪毛菜等,卵散产或成堆产,每雌虫平均产卵 800 ~ 1 000 粒。成虫对黑光灯及糖醋酒等趋性较强。幼虫共 6 龄,3 龄前在地面、杂草或寄主幼嫩部位取食,危害不大;3 龄后昼间潜伏在表土中,夜间出来危害,动作敏捷,性残暴,能自相残杀。老熟幼虫有假死习性,受惊缩成环形。幼虫发育历期:15℃67 天,20℃32 天,30℃18 天。蛹发育历期 12 ~ 18 天,越冬蛹则长达 150 天。小地老虎喜温暖及潮湿的条件,最适发育温区为 13 ~ 25℃,在河流湖泊地区或低洼内涝、雨水充足及常年灌溉地区,如属土质疏松、团粒结构好、保水性强的壤土、黏壤土、沙壤土均适于小地老虎的发生。尤在早春菜田周缘杂草多,可提供产卵场所;蜜源植物多,可为成虫提供补充营养的情况下,将会形成大量的虫源,灾害发生严重。幼虫将芝麻幼苗近地面的茎部咬断,使整株死亡,造成缺苗断垄,严重的甚至毁种。

2. 大地老虎(图 10－23)

大地老虎年生 1 代,以幼虫在田埂杂草丛及绿肥田中表土层越冬,长江流域 3 月初出土危害,5 月上旬进入危害盛期,气温高于 20℃则滞育越夏,9 月中旬开始化蛹,10 月上中旬羽化为成虫。每雌可产卵 1 000 粒,卵期 11～24 天,幼虫期 300 多天。

图 10－23 大地老虎成虫的形态特征

3. 黄地老虎(图 10－24)

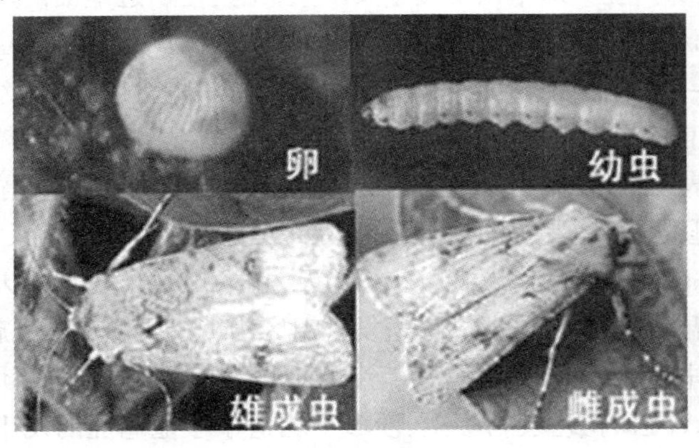

图 10－24 黄地老虎的形态特征

东北、内蒙古年生 2 代,西北 2～3 代,华北 3～4 代。一年中春、秋两季危害,但春季危害重于秋季。一般以 4～6 龄幼虫在 2～15 厘米深的土层中越冬,以 7～10 厘米最多,翌春 3 月上旬越冬幼虫开始活动,4 月上中旬在土中做室化蛹,蛹期 20～30 天。华北 5～6 月危

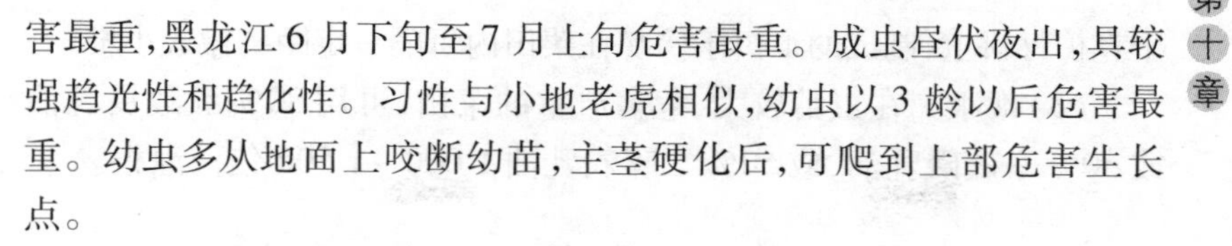

害最重，黑龙江 6 月下旬至 7 月上旬危害最重。成虫昼伏夜出，具较强趋光性和趋化性。习性与小地老虎相似，幼虫以 3 龄以后危害最重。幼虫多从地面上咬断幼苗，主茎硬化后，可爬到上部危害生长点。

（二）地老虎的防治

1. 农业防治

（1）田间管理　清洁田园，铲除菜地及地边、田埂和路边的杂草；实行秋耕冬灌、春耕耙地、结合整地人工铲埂等，可杀灭虫卵、幼虫和蛹。

（2）种植诱集植物　在华北地区利用小黄地老虎喜产卵在芝麻幼苗上的习性，种植芝麻诱集产卵植物带，引诱成虫产卵，在卵孵化初期铲除并携出田外集中销毁，如需保留诱集用芝麻，在 3 龄前喷洒 90% 晶体敌百虫 1 000 倍液防治。

2. 诱杀成虫

用糖醋液或黑光灯诱杀越冬代成虫，在春季成虫发生期设置诱蛾器（盆）诱杀成虫。

3. 诱捕幼虫

地老虎多在 3 龄后开始取食时，应用采用新鲜泡桐叶，用水浸泡后，每亩 50～70 片叶，于 1 代幼虫发生期的傍晚放入菜田内，翌日清晨人工捕捉。也可采用鲜草或菜叶，在菜田内撒成小堆诱集捕捉，每亩 20～30 千克。

4. 化学防治

在幼虫 3 龄前施药防治，可取得较好效果。

（1）喷粉　用 2.5% 敌百虫粉剂每亩 2.0～2.5 千克喷粉。

（2）撒施毒土　用 50% 辛硫磷乳油 0.5 千克加适量水喷拌细土 125～175 千克制成毒土，每亩撒施毒土 20～25 千克。

（3）喷雾　可用 90% 晶体敌百虫 800～1 000 倍液、50% 辛硫磷乳油 800 倍液、50% 杀螟硫磷 1 000～2 000 倍液、20% 菊杀乳油 1 000～1 500 倍液、2.5% 溴氰菊酯（敌杀死）乳油 3 000 倍液喷雾。

（4）毒饵　多在 3 龄后开始取食时应用，每亩用 90% 晶体敌百虫 1 000 倍液均匀拌在切碎的鲜草上，或用 50% 辛硫磷乳油 50 克拌在 5

千克棉籽饼上,制成的毒饵于傍晚在菜田内每隔一定距离撒成小堆。

(5)灌根　在虫龄较大、危害严重的菜田,可用80%敌敌畏乳油或50%辛硫磷乳油,或50%二嗪农乳油1 000～1 500倍液灌根。

二、金针虫

(一) 金针虫的发生及危害

1. 沟金针虫(图10－25)

鞘翅目叩头虫科,别名沟叩头虫、沟叩头甲、土蛐蜒、芨芨虫、钢丝虫,主要分布在我国的北方。

图10－25　沟金针虫幼虫的形态特征

沟金针虫2～3年1代,以幼虫和成虫在土中越冬。在河南南部,越冬成虫于2月下旬开始出蛰,3月中旬至4月中旬为活动盛期,白天潜伏于表土内,夜间出土交配产卵。雌虫无飞翔能力,每雌产卵32～166粒,平均产卵94粒;雄成虫善飞,有趋光性。卵发育历期33～59天,平均42天。5月上旬幼虫孵化,在食料充足的条件下,当年体长可至15毫米以上,到第三年8月下旬,幼虫老熟,于16～20厘米深的土层内做土室化蛹,蛹期12～20天,平均约16天。9月中旬开始羽化,当年在原蛹室内越冬。在北京,3月中旬10厘米深,土温平均为6.7℃时,幼虫开始活动;3月下旬土温达9.2℃时,开始危害,4月上中旬土温为15.1～16.6℃时危害最烈。5月上旬土温为

19.1～23.3℃时，幼虫则渐趋13～17厘米深土层栖息；6月10厘米土温达28℃以上时，沟金针虫下潜至深土层越夏。9月下旬至10月上旬，土温下降到18℃左右时，幼虫又上升到表土层活动。10月下旬随土温下降幼虫开始下潜，至11月下旬10厘米土温平均1.5℃时，沟金针虫潜于27～33厘米深的土层越冬。由于沟金针虫雌成虫活动能力弱，一般多在原地交尾产卵，故扩散危害受到限制，因此在虫口高的田内一次防治后，在短期内种群密度不易回升。

幼虫在土中取食播种下的种子、萌出的幼芽、农作物和菜苗的根部，致使作物枯萎致死，造成缺苗断垄，甚至全田毁种。

2. 细胸金针虫（图10－26）

鞘翅目叩头虫科，别名细胸叩头虫、细胸叩头甲、土蚰蜒。

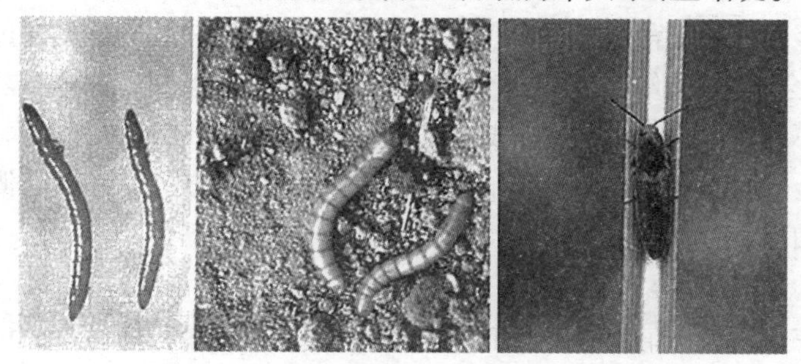

图10－26　细胸金针虫幼虫、成虫的形态特征

细胸金针虫分布于北起黑龙江、内蒙古、新疆，南至福建、湖南、贵州、广西、云南。我国北方地区，在东北地区约3年1代。6月中下旬成虫羽化，活动能力强，对刚腐烂的禾本科草类有趋性。6月下旬至7月上旬为产卵盛期，卵产于表土内。在黑龙江克山地区，卵发育历期8～21天。幼虫喜潮湿及微偏酸性的土壤，一般在5月10厘米土温7～13℃时，危害严重，7月上中旬土温升至17℃时即逐渐停止危害。

危害同沟金针虫。

（二）金针虫的防治

1. 加强虫情预测预报

每平方米沟金针虫数量达1.5头，细胸金针虫3头以上为严重发生,即应采取防治措施。调查的时间一般从夏收后到播种前进行。

2. 农业防治

(1)合理安排茬口　前茬为油菜的地块,常会引起细胸金针虫的严重危害,这与细胸金针虫成虫的取食与活动有关。

(2)避免施用未腐熟的厩肥　金针虫成虫对未腐熟的厩肥有强烈趋性,常将卵产于其内,如施入田中,则会带入大量虫源。

(3)合理施用化肥　碳酸氢铵、腐殖酸铵、氨水、氨化过磷酸钙等化学肥料,散发出氨气对细胸金针虫等地下害虫具有一定的驱避作用。

(4)合理灌溉　土壤温湿度直接影响着细胸金针虫的活动,对于细胸金针虫,发育最适宜的土壤含水量为15%~20%,土壤过干过湿,均会迫使细胸金针虫向土壤深层转移,如持续过干或过湿,则使其卵不能孵化,幼虫致死,成虫的繁殖和生活力严重受阻。因此,在细胸金针虫发生区,在不影响作物生长发育的前提下,对于灌溉要合理地加以控制。

3. 药剂防治

在芝麻播种前或移植前施用3%米乐尔颗粒剂,每亩2~6千克,混干细土50千克均匀撒在地表,深耙20厘米,也可撒在定植穴或栽植沟内,防效可达6周。要选用50%辛硫磷乳油1 000倍液、25%爱卡士乳油1 000倍液、40%乐果乳油1 000倍液、30%敌百虫乳油500倍液或80%敌百虫可溶性粉剂1 000倍液喷洒或灌杀。

三、蝼蛄

(一)蝼蛄的发生及危害

1. 华北蝼蛄(图10－27)

直翅目蝼蛄科,别名单刺蝼蛄、大蝼蛄、拉拉蛄、地拉蛄、土狗子、地狗子,分布在北纬32°以北地区。

图 10－27　华北蝼蛄的形态特征

华北蝼蛄 3 年左右完成 1 代。北京、山西、河南、安徽以 8 龄以上若虫或成虫越冬，翌春成虫开始活动，6 月开始产卵，6 月中下旬孵化为若虫，进入 10～11 月以 8～9 龄若虫越冬。第二年越冬若虫于 4 月上中旬活动危害，经 3～4 次蜕皮，到秋季以大龄若虫越冬，第三年春又开始活动，8 月上中旬若虫老熟后，最后再蜕一次皮羽化为成虫，补充营养后又越冬，直到第四年。该虫完成 1 代共 1 131 天，其中卵期 11～23 天，若虫 12 龄历期 736 天，成虫期 378 天。黄淮海地区 20 厘米土温达 8℃的 3 月、4 月即开始活动，交配后在土中 15～30 厘米处做土室，雌虫把卵产在土室中，产卵期 1 个月，产 3～9 次，每雌平均卵量 288～368 粒，雌虫守护到若虫 3 龄后，成虫夜间活动，有趋光性。4～11 月危害芝麻等多种农作物播下的种子和幼苗。成虫、若虫均在土中活动，取食播下的种子、幼芽或将幼苗咬断致死，受害的植株根部呈乱麻状。由于蝼蛄的活动将表土层串成许多隧道，使苗根脱离土壤，致使芝麻幼苗因失水而枯死，严重时造成缺苗断垄。在温室条件下，由于气温高，蝼蛄活动早，加之幼苗集中，受害更重。

2. 东方蝼蛄（图 10－28）

直翅目蝼蛄科，别名非洲蝼蛄、小蝼蛄、拉拉蛄、地拉蛄、土狗子、地狗子、水狗。国内从 1992 年改为东方蝼蛄，分布在全国各地。

东方蝼蛄在北方地区 2 年发生 1 代，在南方 1 年 1 代，以成虫或

图 10－28　非洲蝼蛄的形态特征

若虫在地下越冬。清明后上升到地表活动,在洞口可顶起一小虚土堆。5 月上旬至 6 月中旬是蝼蛄最活跃的时期,也是第一次危害高峰期,6 月下旬至 8 月下旬,天气炎热,转入地下活动,6～7 月为产卵盛期。9 月气温下降,再次上升到地表,形成第二次危害高峰,10 月中旬以后,陆续钻入深层土中越冬。蝼蛄昼伏夜出,以夜间 9～11 时活动最盛,特别在气温高、湿度大、闷热的夜晚,大量出土活动。早春或晚秋因气候凉爽,仅在表土层活动,不到地面上,在炎热的中午常潜至深土层。蝼蛄具趋光性,并对香甜物质,如半熟的谷子、炒香的豆饼、麦麸以及马粪等有机肥,具有强烈趋性。成虫、若虫均喜松软潮湿的壤土或沙壤土,20 厘米表土层含水量 20% 以上最适宜,小于 15% 时活动减弱。当气温在 12.5～19.8℃,20 厘米土温为 15.2～19.9℃时,对蝼蛄最适宜,温度过高或过低时,则潜入深层土中。

东方蝼蛄危害芝麻造成枯心苗,导致芝麻茎基部被咬,严重的被咬断,呈撕碎的麻丝状,心叶变黄枯死,受害植株易拔起,茎上无蛀孔,无虫粪。东方蝼蛄还有与华北蝼蛄类似的危害特点,参见华北蝼蛄。

(二)蝼蛄的防治

1. 农业防治

深翻土壤、精耕细作造成不利蝼蛄生存的环境,减轻危害;夏收后，及时翻地，破坏蝼蛄的产卵场所；施用腐熟的有机肥料，不施用未腐熟的肥料；在蝼蛄危害期，追施碳酸氢铵等化肥，散出的氨气对蝼蛄有一定驱避作用；秋收后，进行大水灌地，使向深层迁移的蝼蛄，被迫向上迁移，在结冻前深翻，把翻上地表的害虫冻死；实行合理轮作，改良盐碱地，有条件的地区实行水旱轮作，可消灭大量蝼蛄、减轻危害。

2. 灯光诱杀

蝼蛄发生危害期，在田边或村庄利用黑光灯、白炽灯诱杀成虫，以减少田间虫口密度。

3. 人工捕杀

结合田间操作，对新拱起的蝼蛄隧道，采用人工挖洞捕杀虫、卵。

4. 药剂防治

当田间每平方米有蝼蛄0.3～0.5头或0.5头以上时，即应该进行防治。

(1)播种时施用毒谷　用40%甲基异柳磷乳油50毫升或50%辛硫磷乳油100毫升，对水2～3千克，拌麦种(或麦麸)50千克，拌后堆闷2～3小时。对蝼蛄、蛴螬、金针虫防效好。

(2)种子处理　播种前，用50%辛硫磷乳油，按种子重量0.1%～0.2%拌种，堆闷12～24小时后播种。

(3)毒饵诱杀　一般把麦麸等饵料炒香，每亩用饵料4～5千克，加入90%敌百虫的30倍水溶液150毫升左右，再加入适量的水拌匀成毒饵，于傍晚撒于苗圃地面，施毒饵前能先灌水，保持地面湿润，效果尤好。

(4)土壤处理、灌溉药液　当菜田蝼蛄发生危害严重时，每亩用3%辛硫磷颗粒剂1.5～2千克，对细土15～30千克混匀撒于地表，在耕耙或栽植前沟施毒土。

(5)生育期间防治　可用50%辛硫磷或20%甲基异柳磷乳油2 000倍液浇灌。

四、蛴螬

(一) 蛴螬的发生及危害

蛴螬(图 10－29)是鞘翅目金龟甲总科幼虫的总称。金龟甲按其食性可分为植食性、粪食性、腐食性三类。植食性种类中以鳃金龟科和丽金龟科的一些种类,发生普遍危害最重。蛴螬大多食性极杂,同一种蛴螬不仅危害芝麻而且常可危害多种蔬菜、油料、芋、棉、牧草以及花卉和果、林等播下的种子及幼苗。

图 10－29 蛴螬的形态特征

蛴螬年生代数因种、因地而异。这是一类生活史较长的昆虫,一般 1 年 1 代,或 2～3 年 1 代,长者 5～6 年 1 代。如大黑鳃金龟 2 年 1 代,暗黑鳃金龟、铜绿丽金龟 1 年 1 代,小云斑鳃金龟在青海 4 年 1 代,大栗鳃金龟在四川甘孜地区则需 5～6 年 1 代。蛴螬共 3 龄。1 龄、2 龄期较短,第 3 龄期最长。蛴螬终生栖生土中,其活动主要与土壤的理化特性和温湿度等有关。在一年中活动最适的土温平均为 13～18℃,高于 23℃,即逐渐向深土层转移,至秋季土温下降到其活动适宜范围时,再移向土壤上层。因此蛴螬对果园苗圃、幼苗及其他作物的危害主要是春、秋两季最重。蛴螬幼虫终生栖居土中,喜食刚刚播下的种子、根、茎以及幼苗等,造成缺苗断垄。成虫则喜食害叶和花器，是一类分布广，危害重的害虫。

（二）蛴螬的防治

1. 虫情预测测报

调查虫口密度，掌握成虫发生盛期及时防治成虫。

2. 农业防治

应抓好蛴螬的防治，如大面积秋、春耕，并随犁随拾虫；避免施用未腐熟的厩肥，减少成虫产卵；合理灌溉，即在蛴螬发生严重地块，合理控制灌溉，或及时灌溉，促使蛴螬向土层深处转移，避开幼苗最易受害时期。

3. 土壤处理

如用50%辛硫磷乳油每亩200～250克，加水10倍，喷于25～30千克细土上拌匀成毒土，顺垄条施，随即浅锄，或以同样用量的毒土撒于种沟或地面，随即耕翻，或混入厩肥中施用，或结合灌水施入；或用2%甲基异柳磷粉亩2～3千克拌细土25～30千克成毒土，或用3%甲基异柳磷颗粒剂，或5%辛硫磷颗粒剂，或5%地亚农颗粒剂，每亩2.5～3千克处理土壤，都能收到良好效果，并兼治金针虫和蝼蛄。

4. 药剂处理种子

当前用于拌种用的药剂主要有50%辛硫磷，其用量一般为药剂(1)：水(30～40)：种子(400～500)；也可用25%辛硫磷胶囊剂等有机磷药剂。或用种子重量2%的35%克百威种衣剂拌种，亦能兼治金针虫和蝼蛄等地下害虫。

5. 使用毒饵

每亩用25%辛硫磷胶囊剂150～200克拌谷子或麦麸等饵料5千克左右，或50%辛硫磷乳油50～100克拌饵料3～4千克，撒于种沟中，兼治蝼蛄、金针虫等地下害虫。

第十一章

芝麻田间杂草的发生与防治技术

本章导读：本章主要介绍芝麻田间杂草的发生及分布以及针对芝麻田间不同杂草的防治技术。旨在使读者充分认识杂草的发生及分布并采取正确的田间杂草防治技术，实现高产。

第一节 杂草的发生及分布

一、田间杂草的种类

根据对全国主要芝麻产区地块的调查结果，我国芝麻田杂草共66种。其中，禾本科杂草16种，莎草科1种，阔叶类杂草45种，分别隶属于25个科。禾本科杂草占发生杂草种类的24.2%，阔叶杂草及莎草科杂草占杂草发生总数的75.8%。一年生杂草约占杂草发生数量的81%，多年生杂草占杂草发生总数约19%。

二、田间杂草的发生与分布

芝麻田杂草主要在5月下旬到6月中旬有一个出苗高峰期，出苗数占总数的95%~98%，此时正值高温多雨，杂草萌发速度快、单株生长量大且快速生长，而芝麻苗尚小，生长缓慢，竞争不过杂草。若再遇到连续阴雨天气，很容易造成草荒。到7月中下旬后，芝麻田中后生的杂草由于受到高大芝麻植株的荫蔽和抑制作用，很难造成明显危害。

在全国分布广泛并主要发生的芝麻田杂草有马唐、马齿苋、反枝苋、牛筋草、狗尾草、香附子、刺苋等。以下重点介绍这几种杂草的发生规律与分布。

（一）马唐

马唐，别名抓地龙（图11-1），一年生草本。苗期4~6月，花果期6~11月。种子繁殖,边成熟边脱落,繁殖力极强。秋熟旱作地恶性杂草。发生数量、分布范围在旱地杂草中均居首位,以作物生长的前中期危害为主。

图11-1 马唐的形态特征

（二）马齿苋

马齿苋(图11-2),别名马齿菜、马蛇子菜、马菜,一年生草本。春、夏季都有幼苗发生,盛夏开花,夏末秋初果熟。在土壤肥沃的蔬菜地芝麻、大豆、棉花等地块危害严重,为秋熟旱作田的主要杂草。

图11-2 马齿苋的形态特征

（三）反枝苋

反枝苋(图11-3),别名西风谷、野苋菜、人苋菜,一年生草本。华北地区早春萌发,4月初出苗,花期7~8月,果期8~9月,种子边成熟边脱落。为芝麻和玉米等旱作地及菜园、果园、荒地和路旁常见杂草,局部地区危害重。反枝苋分布广泛,喜湿润环境,比较耐旱,适应性强。

图 11-3 反枝苋的形态特征

(四)牛筋草

牛筋草(图 11-4),别名蟋蟀草,一年生草本。5 月初出苗,并很快形成第一次出苗高峰,而后于 9 月出现第二次高峰。颖果于 7~10 月陆续成熟,边成熟边脱落,种子经冬季休眠后萌发,种子繁殖。多生长于荒芜之地、田间、路旁,为秋熟旱作物田危害较重的恶性杂草,尤以棉田危害严重,也危害果、桑园。

图 11-4 牛筋草的形态特征

（五）狗尾草

狗尾草(图 11－5)，别名谷莠子、莠，一年生草本。4～5 月出苗，5 月中下旬形成高峰，以后随降雨和灌水还会出现小高峰，7～9 月陆续成熟，种子经冬眠后萌发，种子繁殖。荒野、路边等生境发生最多，为秋熟旱作地主要杂草之一。对玉米、芝麻、大豆、谷子、高粱、马铃薯、甘薯和果、桑、茶园则发生危害更甚。

图 11－5　狗尾草的形态特征

（六）香附子

香附子(图 11－6)，别名莎草、香头草，多年生草本。香附子在 4 月发芽出苗，6～7 月抽穗开花，8～10 月结籽成熟。多以块茎繁殖。为秋熟旱作物田杂草。喜生于疏松性土壤上，于沙土地发生较为严重，严重影响作物的前期生长发育。分布遍及全国各地，也是世界广布性的重要杂草。

图 11－6　香附子的形态特征

（七）刺苋

刺苋(图 11－7)，别名勒苋菜，一年生草本。苗期 4～5 月，花期 7～8 月，果期 8～9 月。为蔬菜地主要杂草,局部地区危害较为严重,亦发生于秋熟旱作物田。

图 11 －7　刺苋的形态特征

第二节

芝麻田间杂草防治技术

农田杂草的防治方法主要有人工防治、化学防治、机械防治、替代控制和生态防治等。

一、人工防治技术

(一) 控制杂草种子

大田人工防除首先是尽量勿使杂草种子或繁殖器官进入芝麻田,清除地边、路旁的杂草,严格杂草检疫制度,精选播种材料,特别注意国内没有或尚未广为传播的杂草,必须严禁输入或严加控制,以防止扩散,减少田间杂草来源。用杂草沤制农家肥时,应将农家含有杂草种子的肥料经过用薄膜覆盖,高温堆沤 2~4 周,腐熟成有机肥料,杀死其发芽力后再用。

(二) 人工除草

结合农事管理活动,如在杂草萌发后或生长时期直接进行人工拔除或铲除,或结合中耕施肥等农耕措施剔除杂草。

二、化学防治技术

利用芝麻和杂草的土壤位差和空间位差,通过化学除草剂土壤处理或茎叶处理杀死杂草。主要特点是高效、省工,免去繁重的田间除草劳动。化学除草的关键是要强调一个"早"字,必须在杂草萌芽时或 4 叶期以前将其杀死,这样才能避免杂草可能造成的危害。

(一) 播后芽前进行地表封闭

每亩用 50% 乙草胺乳油 70~100 毫升,或 72% 异丙甲草胺(都尔)乳油 150 毫升,或 48% 拉索乳油 200~250 毫升,对水 40~50 千克稀释后均匀喷雾。要注意保持土壤湿润,在施药后 50 天内不宜进行中耕松土,以免破坏药层而影响除草效果。

(二) 芝麻出苗后使用选择性除草剂

杂草 2~3 叶期,将药剂稀释后直接喷于杂草茎叶上。每亩用 10.8% 高效盖草能乳油 20~30 毫升,加水 50 千克稀释后喷雾。并要注意保持田间湿润,在施药后 20 天内不宜进行中耕松土。

(三) 苗后茎叶喷雾

芝麻出苗后,在杂草 2~4 叶期,于晴好无风的天气进行施药。可用 12% 收乐通乳油 25~35 毫升/亩,或 10.8% 高效盖草能乳油 25~30 毫升/亩,或 15% 精稳杀得乳油 50~75 毫升/亩对水 20~30 千克喷雾,在土壤水分适宜、杂草生长旺盛时施药,对 1 年生和多年生禾本科杂草有很好的防除效果。对禾本科杂草与阔叶杂草混生田,在禾本科杂草 3~5 叶期、阔叶杂草 2~4 叶期,用盖草能与苯达松、虎威等适量混用,可达到有效防除杂草的目的。

三、农业防治技术

结合农事活动,利用农机具或大型农业机械进行各种耕翻、耙、中耕松土等措施进行播种前、出苗前及各生育期等到不同时期除草,直接杀死、刈割或铲除杂草,主要有春播田秋冬早耕、夏播田播种前耕地、适度深耕、苗期机械中耕等。据调查春播田秋耕比春耕杂草减少 24.5%。适当深耕,耕深达 30~50 厘米,配合增施肥料,以消灭杂草繁殖体,降低表层土壤杂草种子的萌发率。

四、其他防治技术

(一)替代控制

即利用覆盖、遮光等原理,用塑料薄膜覆盖或播种其他作物(或草种)等方法进行除草。

(二)合理轮作

采用种植芝麻与小麦、玉米两年三作,有利于改变杂草群体,减少伴随性杂草种群,可有效减少杂草基数,控制杂草危害。

第十二章

其他（工业粉尘与废气等）

本章导读：环境污染不仅直接危害人类的健康与安全，而且对芝麻生长发育带来很大的危害，如引起严重减产、降低品质、积累毒素等。本章主要介绍工业粉尘、工业废气和工业废液对芝麻的危害及防救策略，旨在使读者了解环境污染对芝麻的生育影响，以减少工业污染对芝麻造成的损失。

随着近代工业的发展,厂矿、居民区、现代交通工具等所排放的粉尘、废气和废水越来越多,扩散范围越来越大,再加上现代农业因大量使用农药化肥等化学物质,引起残留的有害物质增加,环境污染日趋严重。

工业污染可分为工业粉尘、工业废气和工业废液。控制和治理工业污染不仅是维持和提高区域性环境质量、保护作物生长环境和人体健康的迫切需要,也是社会经济可持续发展的迫切需求。

第一节 工业粉尘对芝麻的危害与防救策略

环境污染是关系到人类生存的严峻问题,受到当今世界各国的普遍关注和重视。我国大气污染总体上仍十分严重,且有继续恶化的趋势。粉尘是危害大气环境质量的主要因素之一。粉尘污染不仅破坏环境空气质量,影响人体的健康,同时也会对植被造成不可估量的伤害。

粉尘基本性质有多种表示方法,了解和掌握粉尘的性质,对防治粉尘污染对芝麻的影响有重要意义。粉尘的概念广义地说,目前人类所知道的构成物体的最简单的物质如电子、质子、中子、光子、介子、超子、变子、反粒子等叫作粒子或基本粒子。在除尘范围内,固体物料的细小颗粒称为固体粒子。这种固体粒子的堆积状态叫作粉体。能在空气中分散一定时间的固体粒子叫作粉尘。粉尘是一种分散系,该分散系中的介质是空气,分散相是固体粒子。这种分散系叫作气溶胶。分散于空气中的粉尘,多数以不均匀、不规则和不平衡的复杂运动状态存在,只有大于 10 微米的颗粒,才依靠其重力做种种形式的沉降运动。

粉尘划分

如果是燃料燃烧过程中产生的微粒物,其直径大于1微米的部分称为煤尘,直径小于0.1微米的部分称为煤烟。

粉尘划分直径大于10微米的颗粒,在大气中很容易自然沉降,称为降尘。

直径小于10微米的颗粒,因其在大气中长时间飘浮而不易沉降下来,故称为飘尘。

飘尘中,粒径小于0.1微米称为浮沉,粒径在0.25~10微米的称为云尘。

在工业生产中由于物料的破碎、筛分、堆放、转运或其他机械处理而产生的直径介于1~100微米的固体微粒称为粉尘或灰尘。粉尘的成分十分复杂、各种粉尘均不同。所谓粉尘的成分主要是指化学成分,有时指形态。一般说来,化学成分常影响到燃烧、爆炸、腐蚀、露点等,而形态成分常影响到除尘效果等。

工业粉尘,主要来源于固体物料的机械粉碎和研磨,粉状物料的混合、筛分、包装及运输,物质燃烧产生的烟尘和物质被加热时产生的蒸气在空气中的氧化和凝结等。按其性质可分为无机粉尘和有机粉尘。前者是在无机物产品生产过程中产生的。此外,还有两种粉尘的混合尘。按其来源工业粉尘分为锅炉尘、水泥尘、钢铁尘、泥尘、煤炭尘等。

工业粉尘严重危害芝麻植株的正常生长发育,有毒的金属粉尘和非金属粉尘(铬、锰、镉、铅、汞、砷等)进入植物体后,可能引起中毒致其死亡。

一、工业粉尘的发生及危害

(一)芝麻体内有毒物积累

工业粉尘中含有多种一次性污染物如苯、一氧化碳、有机铅化合物、二氧化硫和悬浮颗粒物如烟、金属镉、钴、铜、锌等和惰性粉尘,改变芝麻叶表面特性,产生严重的次生胁迫或者允许有毒金属渗透和有毒气体污染物进入植物组织,使得芝麻植株体内的有毒物质含量积累。

(二)影响土壤环境

工业粉尘对芝麻的影响也可能是通过改变土壤化学性质而间接作用于植物。水泥粉尘通过水合作用和结晶作用,在土壤表面形成一个硬的外壳,影响土壤的物理、化学和生物性质,导致重污染区的土壤孔隙性和持水能力下降,降低了有机碳含量,造成芝麻生长受阻。工业粉尘污染会导致土壤有机物质分解缓慢,可能是由于高 pH 值降低了微生物活性;重金属沉降导致土壤严重酸化,有效营养贫瘠,增加了土壤潜在污染物质(铝、镉)浓度,影响植物生理生态响应。

(三)影响芝麻植株形态和结构

工业粉尘可以使芝麻植株高度降低,叶片面积减小,叶片褪绿、枯斑、卷曲和脱落。受工业粉尘破坏的芝麻植株叶表面特征明显改变,如气孔堵塞,角质层瓦解,蜡质层变薄、表皮细胞频繁增加和气孔增大等。如氟化物释放使叶表面特征如蜡、角质层和表皮细胞发生明显改变。石灰石的自然碱性会破坏蜡质层。由此可见,芝麻植株沉积的各种工业粉尘,能极大地破坏植株的形态,影响植株的正常生长发育。

(四)影响芝麻水分代谢

工厂生产水泥释放出大量有毒化合物,如氟化物、镁、铅、锌、铜、铍、硫酸和盐酸等,附着于植物叶面影响植物生长。研究发现部分粉尘具有细小土壤结构,具有高比率的最大持水量(65.27%),影响芝麻正常水分代谢,产生次生胁迫。

(五) 影响芝麻植株的光合作用

芝麻叶面蒙受工业粉尘可以降低光的入射和渗透,产生“阴影效应”,改变植物叶片微环境,堵塞气孔,减少气体交换量,使二氧化碳同化效率降低,阻碍蒸腾作用和光合作用,影响矿物质和有机营养物质的积累,进而引起蛋白质、脂肪和产量下降。

工业粉尘可使叶绿素减少,暴露在粉尘中的叶片中总叶绿素含量的降低可归因于碱性环境,这种碱性环境是由于细胞液中粒子的化学增溶作用,使得叶绿素破坏。粉尘沉降引起光合叶绿素 a 的减少也可归因于阴影效应,粉尘覆盖可降低叶表面对光子的吸收,影响叶绿素 a 的合成。此外,叶绿素减少也可能归因于叶绿素生物合成的必需酶受工业粉尘粒子干扰而受抑制。

(六) 影响芝麻植株生理功能的发挥

受工业粉尘污染严重的芝麻植株中铅汞等重金属浓度较高,易引起不同器官中的酶活性发生变化。受污染植株的叶片和根表现出酸性磷酸酶活性升高同时叶中硝酸盐还原酶活性降低的特点,但根中硝酸盐还原酶活性变化不大。

工业粉尘中的重金属还会干扰芝麻的各种新陈代谢过程,阻碍芝麻的花粉发芽,降低芝麻的生物量和产量。

二、工业粉尘的防治

(一) 田间管理

注意田间通风降湿,合理密植,保持田间通风透光,构建合理的群体结构,以利于工业粉尘的随风清除。

(二) 种植防护林,耐粉尘植物,隔离粉尘

防护林的主要作用是改善田间环境条件,降低风速,减少粉尘对芝麻植株的侵袭,滞尘防沙,保护芝麻的健康生长。

（三）土壤保墒

保持适当的田间湿度不仅可以维持芝麻植株体内适当含水量，而且能够增强芝麻植株蒸腾，增加空气湿度，是防治工业粉尘对芝麻植株危害的较佳应对措施。

（四）集成抗尘壮株芝麻高产栽培技术

健壮的芝麻植株对于工业粉尘的抵御能力较强，培育健壮植株乃御尘之本。

第二节 工业废气对芝麻的危害及防救策略

一、工业废气的发生及危害

（一）工业废气的种类

对芝麻有毒的工业废气是多种多样的，主要有二氧化硫（SO_2）、氟化氢（HF）、氯气（Cl_2）以及各种矿物燃烧的废气等（图 12－1）。有机物燃烧时一部分未被燃烧完的碳氢化合物如乙烯、乙炔、丙烯等对芝麻也可产生毒害作用；臭氧（O_3）与氮的氧化物如二氧化氮（NO_2）等也是对芝麻有毒的物质；其他如一氧化碳（CO）、二氧化碳超过一定浓度对芝麻也有毒害作用。

此外，光化学烟雾对芝麻的伤害非常严重。所谓光化学烟雾是指工厂、汽车等排放出来的氧化氮类物质和燃烧不完全的烯烃类碳氢化合物，在强烈的紫外线作用下，形成的一些氧化能力极强的氧化性物质，如臭氧、二氧化氮、醛类、硝酸过氧化乙酰等。

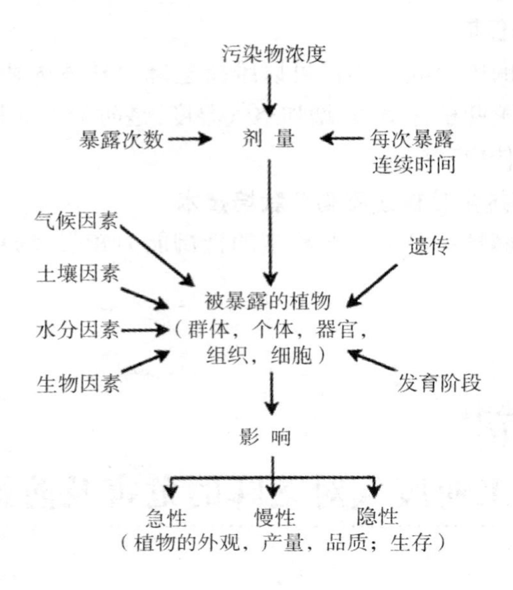

图 12－1 大气污染对芝麻的伤害程度及影响因素

（二）工业废气的侵入途径与伤害方式

芝麻对工业废气敏感，容易受到伤害。因为芝麻有大量的叶片，在不断地与空气进行着气体交换，且芝麻根植于土壤之中，固定不动、无法躲避污染物的侵入。工业废气对芝麻的伤害程度和影响因素可用图 12－1 表示。废气浓度大、暴露次数多、持续时间长对芝麻的伤害就大，另外，工业废气对芝麻伤害的程度还受内外因素影响。

1. 侵入的部位与途径

芝麻与大气接触的主要部位是叶，所以叶最易受到工业废气的伤害。花的各种组织如雌蕊的柱头也很易受污染物伤害而造成受精不良和空秕率提高。芝麻的其他暴露部分，如芽、嫩梢等也可受到侵染。

气体进入芝麻的主要途径是气孔。白天气孔张开，既有利于二氧化碳同化，也有利于有毒气体进入。有的气体直接对气孔开度有影响，如二氧化硫促使气孔张开，增加叶片对二氧化硫的吸收；而臭氧则促使气孔关闭。另外，角质层对氧化氢和氯化氢有相对高的透性，它是后二者进入叶肉的主要途径。

2. 伤害方式

废气中的污染物进入细胞后如积累浓度超过了芝麻敏感阈值即产生伤害,危害方式可分为急性、慢性和隐性三种。

(1)急性伤害　指在较高浓度有害气体短时间(几小时、几十分或更短)的作用下所发生的组织坏死。叶组织受害时最初呈灰绿色,然后质膜与细胞壁解体,细胞内含物进入细胞间隙,转变为暗绿色的油浸或水渍斑,叶片变软,坏死组织最终脱水而变干,并且呈现白色或象牙色到红色或暗棕色。

(2)慢性伤害　指由于长期接触亚致死浓度的污染空气,逐步破坏叶绿素的合成,使叶片缺绿,变小,畸形或加速衰老,有时在芽、花、蒴和顶梢上也会有伤害症状。

(3)隐性伤害　从植株外部看不出明显症状,生长发育基本正常,只是由于有害物质积累使代谢受到影响、导致芝麻品质和产量下降。

(三)主要工业废气对芝麻的伤害

1. 二氧化硫

硫是芝麻必需矿质元素之一,芝麻中所需的硫一部分来自大气中,因此一定浓度的二氧化硫对芝麻是有利的。但大气中含硫如超过了芝麻可利用的量,就会对芝麻造成伤害。

(1)伤害症状　芝麻受二氧化硫伤害后的主要症状为:①叶背面出现暗绿色水渍斑,叶失去原有的光泽,常伴有水渗出;②叶片萎蔫;③有明显失绿斑,呈灰绿色;④失水干枯,出现坏死斑。

(2)伤害机制　二氧化硫通过气孔进入叶内,溶化于细胞壁的水分中,成为重亚硫酸离子和亚硫酸离子,并产生氢离子,这三种离子会伤害细胞。

1)直接伤害　氢离子降低细胞 pH 值,干扰代谢过程;亚硫酸离子、重亚硫酸离子直接破坏蛋白质的结构,使酶失活。低浓度、短时间二氧化硫引起的光合障碍是可逆的,如浓度高、暴露时间长则恢复慢,甚至无法复原。

2)间接伤害　在光下由硫化合物诱发产生的活性氧会伤害细胞,破坏膜的结构和功能,积累乙烷、丙二醛、过氧化氢等物质,其影响比直接影响更大。在这种情况下,即使外观形态还无伤害症状也会使物质积累减少,促使器官早衰,产量下降。

2. 氟化物

氟化物有氟化氢(HF)、氟气(F_2)、四氟化硅(SiF_4)、硅氟酸(H_2SiF_6)等,其中排放量最大、毒性最强的是HF。当HF的浓度为1~5微克/升时,较长时期接触可使芝麻受害。

(1)伤害症状　芝麻受到氟化物危害时,叶尖、叶缘出现伤斑,受害叶组织与正常叶组织之间常形成明显界限(有时呈红棕色)。表皮细胞明显皱缩,干瘪,气孔变形。未成熟叶片更易受害,枝梢常枯死,严重时叶片失绿、脱落。

(2)伤害机制

1)干扰代谢,抑制酶活性　氟能与酶蛋白中的金属离子或钙离子(Ca^{2+})、镁离子(Mg^{2+})等离子形成络合物,使其失去活性。氟是一些酶(如烯醇酶、琥珀酸脱氢酶、酸性磷酸酯酶等)的抑制剂。

2)影响气孔运动　极低浓度HF会使气孔扩散阻力增大,孔口变狭,影响水分平衡。

3)降低光合速率　氟可使叶绿素合成受阻,叶绿体被破坏。

3. 臭氧

(1)伤害症状　臭氧为强氧化剂,当大气中臭氧浓度为0.1毫克/升,且延续2~3小时,芝麻就会出现伤害症状。通常出现于成熟叶片上,伤斑零星分布于全叶,可表现出如下几种类型:①呈红棕、紫红或褐色;②叶表面变白,严重时扩展到叶背;③叶片两面坏死,呈白色或橘红色;④褪绿,有黄斑。随后逐渐出现叶卷曲,叶缘和叶尖干枯而脱落。

(2)伤害机制

1)破坏质膜　臭氧能氧化质膜的组成成分,如蛋白质和不饱和脂肪酸,增加细胞内物质外渗。

2)影响氧化还原过程　由于O_3氧化-SH基为-S-S-键,破坏以-SH基为活性基的酶(如多种脱氢酶)结构,导致细胞内正常的氧化-还原过程受扰,影响各种代谢活动。

3）阻止光合进程　O_3 破坏叶绿素合成，降低叶绿素水平，导致光合速率和作物产量下降(图 12－2)。

4）改变呼吸途径　O_3 抑制氧化磷酸化水平，同时抑制糖酵解，促进戊糖磷酸途径。

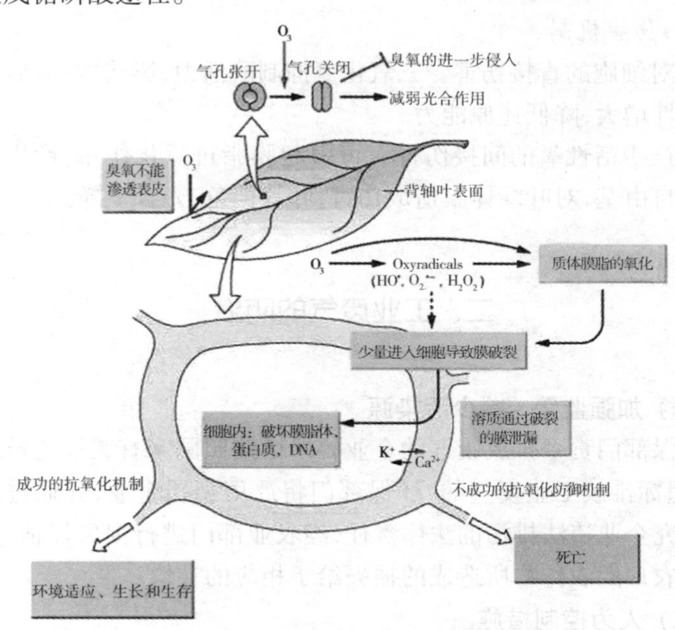

图 12－2　臭氧的作用和芝麻的反应

因为臭氧的极性和亲水性物质，它不能够渗透到皮层中，仅能微弱的侵入质体膜中。由于气孔的关闭，臭氧进入质膜空隙可以消失。因而，臭氧的破坏发生最初结果是质膜脂体的过氧化反应和刺激 ROS 产物。臭氧可以激活芝麻体细胞内的抗氧化防御机制。抗氧化防御机制是否有效取决于臭氧的浓度、芝麻植株忍耐能力、植株生育时期和基因型。

4. 氮氧化物

包括二氧化氮、一氧化氮和硝酸雾，以二氧化氮为主。少量的二氧化氮被叶片吸收后可被芝麻利用，但当空气中二氧化氮浓度达到

2~3 毫克/升时,芝麻即受伤害。

(1)伤害症状　叶片上初始形成不规则水渍斑,然后扩展到全叶,并产生不规则白色、黄褐色小斑点。严重时叶片失绿、褪色进而坏死。在黑暗或弱光下芝麻更易受害。

(2)伤害机制

1)对细胞的直接伤害　二氧化氮抑制酶活力,影响膜的结构,导致膜透性增大,降低还原能力。

2)产生活性氧的间接伤害　可引起膜脂过氧化作用,产生大量活性氧自由基,对叶绿体膜造成伤害,叶片褪色,光合下降。

二、工业废气的防治

(一)加强监管,减少污染源

环保部门责令排放废气的企业要严格按照国家有关规定排放废气,凡超标排放工业废气的,环保部门将严厉惩罚企业,并通过法律手段追究企业违法排污的法律责任,经农业部门进行损失评估,企业对附近农户的农作物所造成的损失给予相应的补偿。

(二)人为控制措施

根据农作物受空气污染危害的规律,芝麻受害时间集中在每年的6~7月,9~10月的低气压、阴雨天,因而建议排污企业看到无风、阴雨、烟直冒,气压很低的情况下,采取封炉等措施控制废气排放量,晴天气压较高时再开炉。

(三)秸秆还田

秸秆焚烧造成严重的大气污染,危害人体健康。焚烧秸秆时,大气中二氧化硫、二氧化氮、可吸入颗粒物3项污染指数达到高峰值,其中二氧化硫的浓度比平时高出1倍,二氧化氮、可吸入颗粒物的浓度比平时高出3倍。秸秆还田不仅可以减少二氧化硫、二氧化氮等废气的产生,而且是有效培肥地力的增产措施,在杜绝了秸秆焚烧所造成的大气污染的同时,具有增肥、增产作用。但若方法不当,也会导致土壤病菌增加,作物病害加重及缺苗(僵苗)等不良现象。

(四)培育健壮芝麻植株

健壮的芝麻植株对于工业废气的抵御能力较强,在生产中应培育健壮植株,以抵御废气侵袭,降低芝麻生产损失。

第三节 工业废液对芝麻的危害及防救策略

一、工业废液的发生及危害

工业废水包括生产废水和生产污水,指工艺生产过程中排出的废水和废液,其中含有随水流失的工业生产用料、中间产物、副产品以及生产过程中产生的污染物,是造成环境污染,特别是水污染的重要原因。工业废水的处理虽然早在19世纪末已经开始,但由于许多工业废水成分复杂,性质多变,仍有一些技术问题没有完全解决。

(一)工业废水的基本分类

图12-3 工业废水

☞ 按受污染程度不同，工业废水可分为生产废水及生活污水两类（图 12－3）。生产废水是指在使用过程中受到轻度污染或温度增高的水（如设备冷却水）；生活污水是指在生活使用过程中受到严重污染的水，大多具有严重的危害性。

☞ 按工业废水中所含主要污染物的化学性质分类，可分为含无机污染物为主的无机废水、含有机污染物为主的有机废水、兼含有机物和无机物的混合废水、重金属废水、含放射性物质的废水和仅受热污染的冷却水。例如电镀废水和矿物加工过程的废水是无机废水，食品或石油加工过程的废水是有机废水。

☞ 按工业企业的产品和加工对象可分为造纸废水、纺织废水、制革废水、农药废水、冶金废水、炼油废水等。

☞ 按废水中所含污染物的主要成分可分为酸性废水、碱性废水、含酚废水、含铬废水、含有机磷废水和放射性废水等。

（二）工业废水的危害

工业废水造成的污染主要有有机需氧物质污染、化学毒物污染、无机固体悬浮物污染、重金属污染、酸污染、碱污染、植物营养物质污染、热污染、病原体污染等。工业废水对环境的破坏是相当大的，20世纪的“八大公害事件”中的“水俣事件”和“富山事件”就是由于工业废水污染造成的。

2012 年，龙江镉污染、镇江苯污染等突发性水污染事件接连发生，让中国饮水安全屡次面临水污染的严峻挑战。这些污染的源头均为工业生产污染企业的违规排放。2012 年中国监察部统计显示，中国水污染事故近几年每年都在 1 700 起以上，中国水安全面临水污染的严峻挑战。

水体污染物种类繁多，包括各种金属污染物、有机污染物等。比如各种重金属、盐类、洗涤剂、酚类化合物、氰化物、有机酸、含氮化合物、油脂、漂白粉、染料等。

还有一些含病菌的污水也会污染植物，比如城市下水道的污水等，这些还会对食用者造成危害。

土壤污染主要来自水体和大气。以污水灌溉农田,有毒物质会沉积于土壤;大气污染物受重力作用随雨、雪落于地表渗入土壤内,这些途径都可造成土壤污染;施用某些残留量较高的化学农药,也会污染土壤,例如,六六六农药在土壤里分解95%要6年半之久。

污染水质中的各种金属,如汞、铬、铅、铝、硒、铜、锌、镍等,其中有些是芝麻必需的微量元素,但在水中含量太高,会对植株造成严重危害,主要因为这些重金属元素可抑制酶的活性,或与蛋白质结合,破坏质膜的选择透性,阻碍植株体内的正常代谢。

水中酚类化合物含量超过50微克/升时,就会使芝麻生长受抑制,叶色变黄。当含量再增高,叶片会失水,内卷,根系变褐,逐渐腐烂。

氰化物浓度过高对植株呼吸有强烈的抑制作用,使芝麻的生长和产量均受影响。

其他如甲醛、三氯乙醛、洗涤剂、石油等污染物对芝麻的生长发育也都有不良影响。

酸雨或酸雾也会对芝麻植株造成非常严重的伤害。因为酸雨、酸雾的pH值很低,当酸性雨水或雾、露附着于芝麻叶面时,它们会随雨点的蒸发而浓缩,从而导致pH值下降,最初损坏叶表皮,进而进入栅栏组织和海绵组织,形成细小的坏死斑(直径0.25毫米左右)。由于酸雨的侵蚀,在叶表面会生成一个个凹陷的小洼,以后所降的酸雨容易沉积在此,随着降雨次数的增加,进入叶肉的酸雨越积越多,它们会引起原生质分离,且被害部分徐徐扩大。叶片受害程度与H^+浓度和接触酸雨时间有关,另外温度、湿度、风速、叶表面的润湿程度等都将影响酸雨在叶上的滞留时间。

酸雾的pH值有时可达2.0,酸雾中各种离子浓度比酸雨高10~100倍,雾滴的粒子直径约20微米,雾对叶片作用的时间长,而且对叶的上下两面都可同时产生影响,因此酸雾对植物的危害更大。

花瓣比叶片容易受酸雨、酸雾危害,一定程度的酸雨可以使芝麻花发生脱色斑,这是由于H^+容易浸湿花瓣细胞,破坏膜透性,细胞坏死,花青素等色素从细胞内溶出所致。酸雨对植株的危害可归纳为

表 12－1。

表 12－1　酸雨对芝麻的影响

序号	酸雨的影响	造成的后果
1	芝麻从酸雨中吸收硫酸盐和硝酸盐	产生叶片施肥效益
2	加强芝麻中营养淋失	导致营养缺乏
3	侵蚀叶片角质层	增加水分丧失和营养淋失,易受病虫危害
4	破坏气孔的保卫细胞,使气孔机制失灵	加强蒸腾作用,增加对干旱的敏感性,减少二氧化碳吸收,降低光合作用
5	干扰生殖过程,影响花粉萌发	减少蒴果和种子形成,降低种子生活力
6	改变细胞膜透性	降低代谢速率
7	使细胞中成分中毒或杀死细胞	产生可见伤害症状,抑制或延缓生长,降低生产力
8	改变叶片表面的化学性质	改变叶际微生物区系,改变芝麻对病原体的敏感性
9	与其他环境胁迫相互作用	增加大气污染物或极端环境条件对芝麻的危害
10	使根的溢泌发生变化	根际微生物种群发生变化

二、工业废液的防治

在芝麻生产环节中,对工业废液的防治有四个关键防治点十分重要,分别为种植基地的环境,水质和水源,农药、化肥等化学投入品,种植环节生产。

(一)种植基地的环境

种植基地的选择和控制防治应该注意以下方面:

1. 预防措施

进行土壤分析;实施污染监测计划。

2. 关键限值

土质及水质指标;土壤控制因子。

3. 监控措施

基地及其周围土壤的分析;水质分析;污染源的调查。

4. 纠正措施

重新选择远离污染的基地。

5. 对种植地的选址必须认真进行

农田灌溉水如果受到工业废水的污染,会引起镉、铬、铅等重金属在农田中过度积累,对芝麻生长产生影响,造成人体内积累,引起畸形、致癌;废水的不合理灌溉也会引起土壤理化性质的变化,导致土壤污染。若土壤受到污染,芝麻的生长发育和产量品质也将受到污染,危及人体健康。土壤的污染主要来源于工业"三废"和城市生活"三废"以及肥料、农药和生物污染。如果农田与工矿区相连,化学物质必然会进入种植地,引起对植株的化学污染。

6. 防治策略

建立适合芝麻种植的土质标准;土壤中重金属及其他化学污染物的分析技术。要做好这方面的控制,就要严格选择生产基地,要求基地周围没有工业废水的污染源。生产用水不得含有污染物,特别是不能含有重金属元素和有毒有害物质及剧毒农药残留。水源的选择和水质的处理都是种植地监控的重点,工业、居住区的废水排放,都可能带来过量的重金属、农药、病毒、细菌等,为此,农产品种植地要远离工业及居住区,以避免水源受到污染。种植地的水质应该满足农业用水标准,要水质清新,不能含有过量的对人体有害的重金属及化学物质,种植地周围土壤中的重金属含量指标不超标。在日常的管理中,应定期对水质进行测定。通过水质分析和对污染指标的监测,从而测出污染物的组成、变化及迁移的情况。以上监控都要建立纠偏和验证程序,并保存记录。国家已颁布了 GB 15618—1955 土壤环境质量执行二级标准、GB 3838—1988 地面水环境质量标准等,这些标准均可作为检测、评价是否符合农产品种植环境条件要求的依据。

(二) 水质和水源

1. 危害

水中的化学污染物。

2. 预防措施

选择符合标准的水质和水源。

3. 关键限值

水源水质和基地水质应符合国家标准或国际标准。

4. 监控措施

实验室分析水源水质是否被农药、重金属污染。

5. 纠正措施

选择新的水源;重新选择种植基地;进行水质处理;改造农田。

6. 防治策略

国家已颁布了 GB 5084—1992 农田灌溉水质标准、GB 3838—1988 地面水环境质量标准等,这些标准均可作为检测、评价水质是否符合农产品种植环境条件要求的依据。

(三) 农药、化肥等化学投入品供应

1. 危害

化学污染及农药的滥用。

2. 预防措施

从正规厂家进购农药,要保证三证齐全;按照国家规定和使用说明用药。

3. 关键限值

符合国家颁布的标准或国际标准;遵照生产厂家的说明。

4. 监控措施

对供应商的质量验证;实验室分析试验;用药量进行监控;观察分析降解周期。

5. 纠正措施

杜绝不合格的农药;延长用药间隔时间。

6. 防治策略

制定国家用药安全标准,包括标准中安全项目及安全限量的确定;建立分析实验室及系统完善的分析技术,如有害金属、有害化合物、药物残留等分析技术。农药、化肥使用上的控制。在芝麻种植过程中,田间管理、病虫害防治方面,农药和化肥使用是重点控制环节。由于芝麻植株的安全性直接影响到芝麻产品的安全性,所以,每个种植地都应建立农药使用监管记录保持程序。从源头上控制高毒农药残留对人类及生态环境的危害。合理运用化学防治手段,在病虫害防治中,应选用高效、低毒、低残留的化学农药;禁止使用剧毒、高毒、高残留农药。推荐使用生物农药,在做好病虫害预测预报和正确诊断的基础上,适时对症用药防治。坚持按农药使用说明要求的剂量施药,注意多种药剂交替使用,克服长期使用单一药剂、盲目加大施用剂量和将同类药剂混合使用的倾向。应严格按照农药使用说明要求的安全使用间隔期用药,并严格按照安全间隔期采收产品。

在农药使用方面,国家颁布了农药安全使用标准、农药残留检测等国家标准。据此,有许多属于限量使用或者禁止使用。但目前市场上销售的农药种类繁多,有许多是没标明药物成分和含量的,很容易造成药物的非法使用,种植者在购买农药时一定要选择有药物成分和含量及生产批号的药物。避免选用高毒、高残留的农药,多选用中草药或生物制剂等高效低残留药物。在芝麻种植基地中要有专门的场所用来贮存农药,并要做到干燥、通风,不能被阳光直晒。

实施种植基地环境控制、水质和土质安全、栽培管理等操作程序,进而建立以农药、化肥喷施、田间作业等为主要内容的关键控制点,设置施用农药及化肥种类、用药量、施肥量、用药时间、施肥时间、果实套袋、修剪时期、收获时间等关键限值,制订相应的危害分析,预防措施及控制手段和验证程序,并要有完整的记录。

(四)种植环节生产

种植环节生产包括芝麻品种的选择和种植。

1. 危害

化学品残留;农药残留、病原菌。

2. 预防措施

科学地选择良种或原种;对外来种植品种进行检疫;种子种植前消毒(无病无伤);科学合理地及药物使用;调节水质防止土壤污染。

3. 关键限值

国家标准和技术操作规程或国际上的规定。

4. 监控措施

对品种的来源、种植用水、农药及其使用进行监督;监测处理的时间及条件;检测、观察降解周期。

5. 纠正措施

调整种植品种及其来源;误用农药后可转移。

6. 防治策略

建立芝麻种植的土质标准;土壤中重金属及其他化学污染物的分析技术;建立和完善农产品种植生产技术规程,制定芝麻产品中各种残留的最大残留限量国家标准;主要包括农药残留(有机氯类、有机磷类、氨基甲酸酯类、拟除虫菊酯类等),重金属残留,其他化学物残留等;建立芝麻产品品质及残留分析实验室,建立、完善并规范对以上各种残留项目的分析测定技术。